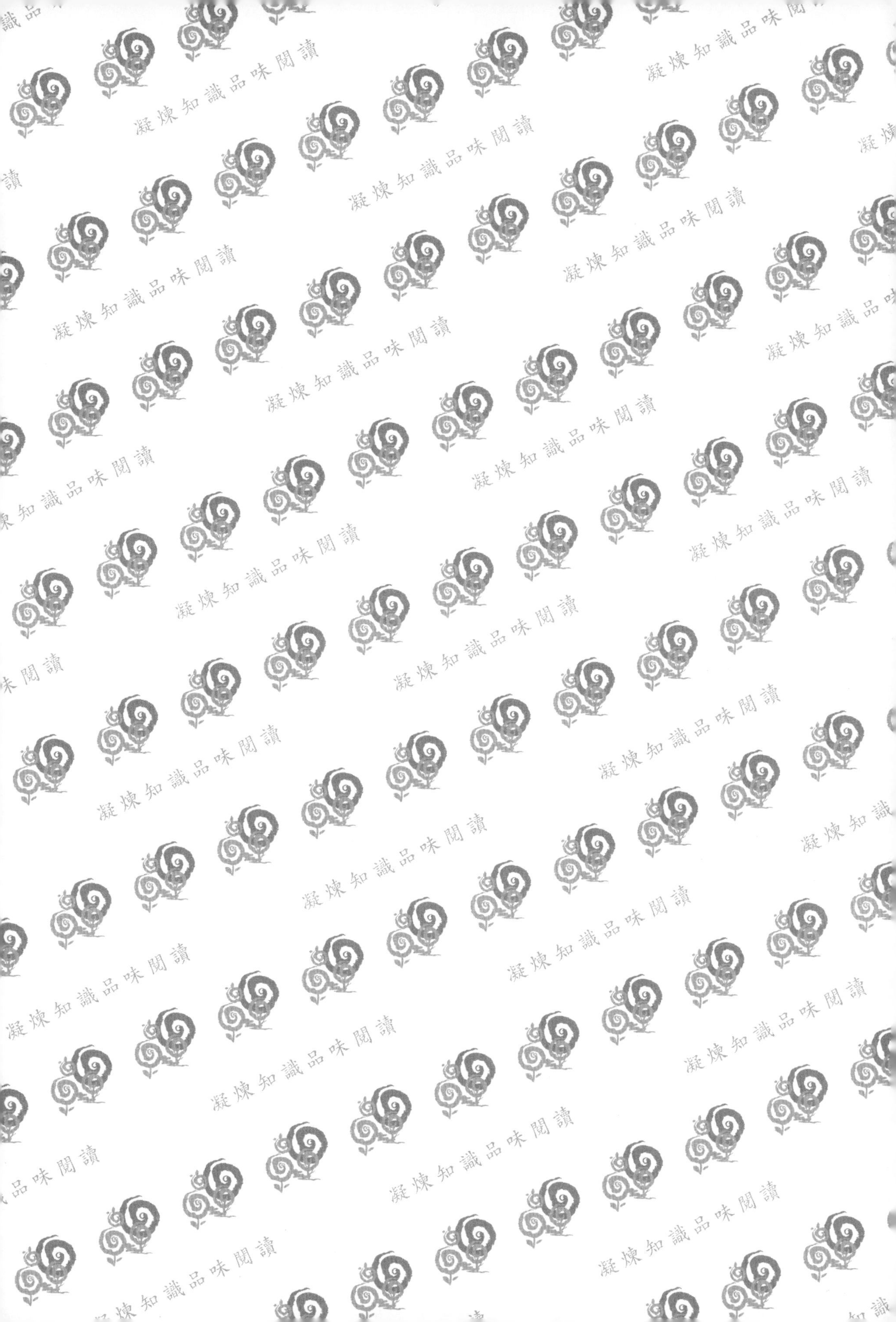
凝煉知識品味閱讀

資訊系統概論

理論與實務

| 第二版 |

方文昌 —— 著

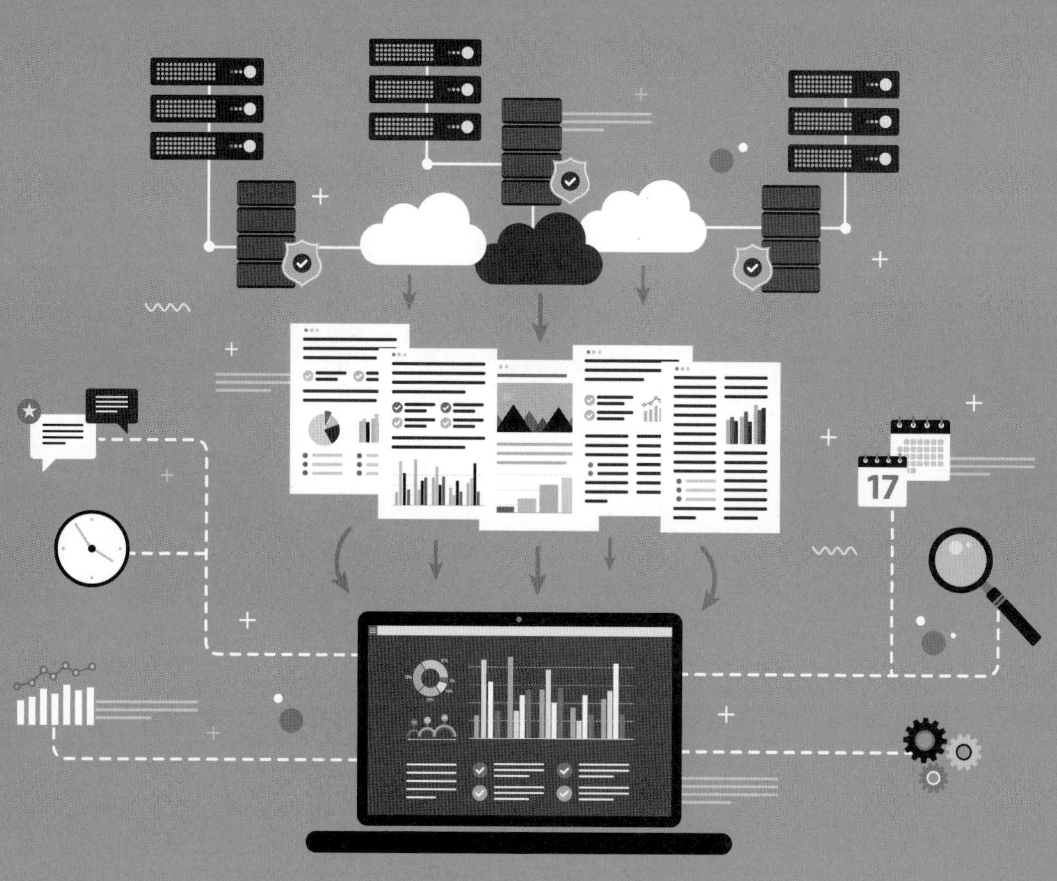

五南圖書出版公司 印行

作者序

學術工作者的學術論著包括了很多形式，像是學位論文、研討會論文、期刊論文以及教科書等，各有不同的目的。其中研討會論文通常以交流、研討為目的，發表時僅有初步概念或初步研究成果，時效性高，迴轉率也很高，幾個月之內就可以達到知識流通的目的。期刊論文大都較完整，正確性高，但時效性就低多了，一篇期刊論文從投稿到接受、從接受到刊登，少則一、二年，多則三、四年。學者笑稱一篇期刊論文的讀者，僅有作者群們及審查者，雖然不盡屬實，但確實點出了期刊論文的困難度。

教科書又是另一種情形，出名學者寫的經典教科書，全世界都奉為圭臬，各所大學都會拿來作為教科書使用；普通的教科書或是冷門的課程，沒有過多的追隨者，但至少也有作者授課班級的同學使用。所以只要是教科書，其影響性就高，不容出錯。要放入教科書的內容，不必然是作者自己發現的理論，但一定是千錘百鍊、正確無誤的資料。很多非學術工作者，沒釐清不同的學術論著有不同的目的，就容易推論出錯誤的結論。其實研討會論文比較像初步研究成果，期刊論文屬研究成果，而教科書比較類似教學成果的彙整，而非研究成果。誤以為研討會論文或教科書等同於升等論著，其實是似是而非的謬論。

我在教學尚未成熟之時，很多的理論尚不理解、很多的邏輯尚未釐清，便開始撰寫教科書，雖然內容並沒有過多錯誤，但於今自己看了，覺得可改進之處甚多。承蒙五南的侯主編給我一個修正的機會，但學疏不是用年齡可以補救，才淺不是用歲月可以替換的，明知難成，勉力為之，這樣的這一本書也是出版了。

一本教科書的出版，需要感謝眾多人的協助。很多公司的個案同意讓本書使用，我們需要表達萬分的感激。其次，我的助理映彤花了很多時間在校對、排版，是本書能夠出版的功臣。五南文化事業機構在大學生愈來愈少，且愈來愈少買教科書的狀況下，還願意出版，我衷心感謝。

方文昌

目錄

Chapter 1

資訊管理與資訊系統

隨著人類的生活從工業時代進入資訊時代，人們所需要的不再是又大又笨重的機器，取而代之的是日新月異的資訊科技。而在資訊科技蓬勃發展的今天，資訊管理已經成為一門不能不了解的學問。本章首先解釋何謂資訊管理。資訊管理為整合性科學，包括了社會學、心理學、經濟學及組織行為等學科。其次說明資料、資訊、情報與知識的不同。接著說明資訊系統的定義，其不僅僅包括電腦，還加上了參與者、資訊科技以及相關的商業流程。最後，說明資訊管理、商業環境之間的關係。

機器會思考嗎？

人工智慧近年開始流行，其實遠自1950年，著名的電腦科學家圖靈（Alan Turing）就提出了一個問題：「機器能夠思考嗎？」（Can machine think?）他解釋要回答這個問題，就必須先開始定義「機器」及「思考」這兩個字，但是這樣的想法是危險的，假設「機器」及「思考」的意義是建立於解釋，於是統計調查，例如：蓋洛普民意調查，解答了這個問題，但這樣的想法是荒唐的。「機器能夠思考嗎？」圖靈認為應該以另外一個問題取代，他設計出一套實驗，從此被視為人工智慧（AI）的終極測試，這個實驗就是知名的「模仿遊戲」。

圖靈測試主要是認為如果一臺機器能夠與人類展開對話，而不能被辨別出其機器身分，那麼這臺機器就具備了智慧。

「模仿遊戲」有三個人參與：一個男人(A)、一個女人(B)以及一個審訊者(C) Interrogator，可以是任何性別。審訊者待在一個空間，而且在男人與女人的前面，男人與女人被貼上了標籤X及標籤Y。審訊者允許對A或B提出問題，他的工作是要分出A與B，也就是在遊戲的最後，審訊者如果能說出：「X是A，Y是B」或「X是B，Y是A」。

在這個遊戲之中，A與B分別扮演不同之角色，A的目的是導致C做出錯誤的

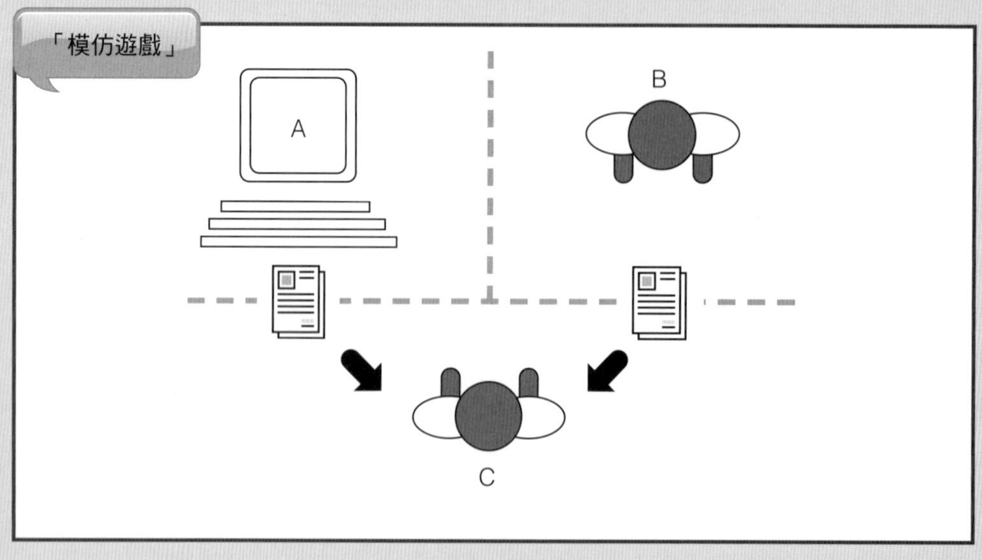

判斷，玩家B的目的是要協助審訊者。所以A比較可能說謊，對B而言，最好的策略是給最真實的答案。為了使聲音及語調不至於幫助到審訊者，作答需要用手寫，或是用打字的會更完美些。

例如，審訊者C會提出下列的問題：

C：「請問X可以告訴我，他／她頭髮的長度嗎？」

A的答案可能是：

A：「我的頭髮是亮的、直的，而且約有30公分。」

但B為了協助C，她可能會如此回答，B：「我是女人，不要聽他的！」

現在問題就出現了，「如果A是一個機器，會發生什麼情況呢？」

相較於男人及女人，審訊者會在這樣的遊戲中，做出錯誤決定嗎？這回歸到原始的問題，「機器能夠思考嗎？」

圖靈在原始論文中，提出一些更進一步的問題，例如：

Q：「寫一篇新詩吧！」

A：「算了吧！我從來都沒辦法寫詩。」

Q：「34957加上70764。」

A：（暫停大約30秒，然後回答答案）「105621。」

Q：「你玩棋子？」

A：「是。」

Q：「我有K在我的K1，還有另外一個。你只有K在K6及R在R1。現在輪到你，你會如何進行下一步？」

A：（暫停15秒之後）「R在R8。」

值得注意的是，圖靈測試並非「智慧」的單一門檻，這個測試中，有很多細節要注意，不同細節的改變會導致不同結果，例如：詢問者的知識和文化背景、參與程式想要模仿什麼人、詢問時間長短等。

如果機器能完美模仿另一位參與者，而詢問者須在有限時間內猜出其身分，那麼就有一半機會猜中，這卻不是程式本身的問題。因此測試結果要有意義的話，需要多做幾次測試或者多幾名詢問者，再看程式被辨認出來的機會。

在論文中，圖靈預計50年內就有可能出現正確辨認身分的程式，但最終並沒有實現。

圖靈測試提出時，人工智慧甚至電腦的發展，都還在非常早期，拿這個作為判斷人工智慧的標準，是否過於單一？也有學者認為圖靈測試過於寬鬆，通過測試不等於有智慧。其實，圖靈測試只是代表著七十幾年前的學者，如何理解「人工智慧」這項技術，未必符合當今科技的發展。隨著科技的進步，人工智慧的定義也不斷在演進，早就超越了圖靈的理解，聊天機器人目前也發展得相當進步。

以目前蘋果的Siri、微軟的Cortana，所能回答的問題，早就超過了以往的聊天軟體，人類大概也很難分出是機器或是真人所回答的。除了聊天軟體之外，IBM的Watson電腦，贏了Jeopardy的益智問答比賽，甚至過去的深藍（Deepblue）還會下西洋棋、Google 的自動駕駛，這些「人工智慧」能力早就超越了圖靈的描繪，這樣看來，人工智慧的未來，真的是不可限量。

習題演練

1. 你覺得機器能否騙過人？
2. 資訊長的工作是配合企業策略擬出資訊策略，機器能勝任這樣的工作嗎？
3. 如果資訊部門僅有資訊系統及電腦，我們還需要資訊長嗎？

資料來源：圖靈測試 維基百科
https://zh.wikipedia.org/wiki/%E5%9B%BE%E7%81%B5%E6%B5%8B%E8%AF%95

近幾十年來，資訊管理成為一個熱門的名詞。但對許多讀者而言，它似乎是一個從天而降的新名詞，很難清楚說明到底「資訊管理」是什麼？所謂資訊管理（Information Management）是研究企業如何引進並運用資訊科技以提高競爭優勢與經營績效，滿足企業經營利害關係人的需求，達成組織目標的學問。本章先簡單介紹資訊、資訊系統與資訊管理的內涵，希望以系統化的說明方式，使讀者更能清楚建構出資訊管理的粗淺印象。

1.1 資訊管理的基本概念

資訊管理屬於應用科學，或是整合性學科，即所謂的次級學域（Secondary Discipline）。它和主要學域（Primary Discipline）或是基礎學科不同。所謂的基礎科學或是主要學域是獨立且自成一格的，如數學、物理、化學等，而應用科學

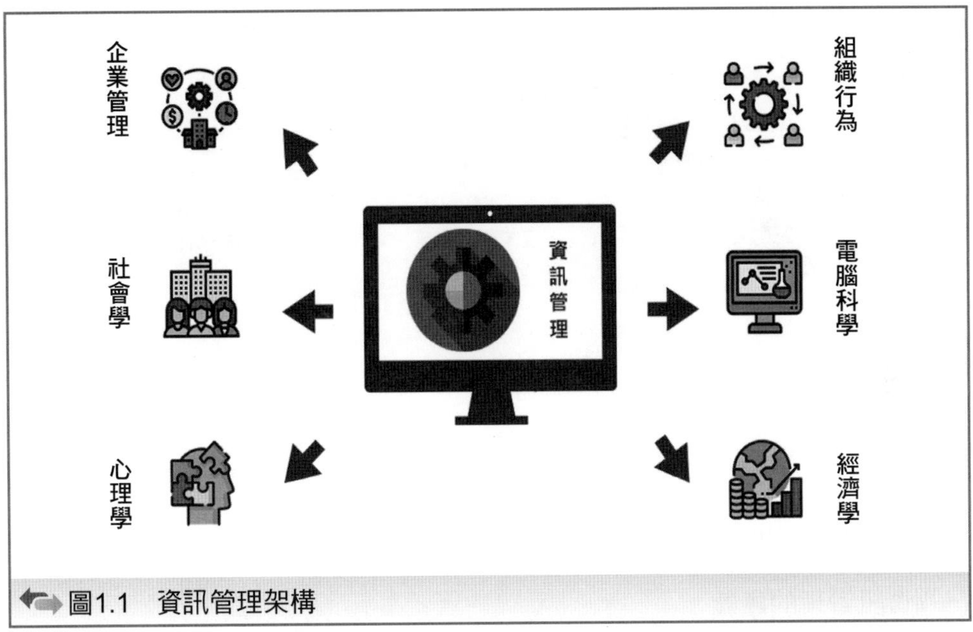

圖1.1 資訊管理架構

或是整合性學科，則是包括多種學科相互合作，在同一個目標下進行的學術活動。由圖1.1可知，資訊管理其實不只包含字面上的資訊科學與企業管理，更包括了社會學、心理學、經濟學及組織行為等學科。

資訊管理為何愈來愈重要呢？早期人類之交易型態，大多為「以物易物」，商品型態著重在「實體商品」，也因此開啟了行銷領域的研究。隨後，交易型態不再侷限實體商品，證券、金融商品於上個世紀八〇年代興起，像是股票、債券及期貨交易等，開啟了財務領域的研究，到了上個世紀的九〇年代，數位資訊及虛擬產品的興起，這些不論是以虛擬商品型態，或是以提供服務方式呈現，都成為組織創造營收的主要來源，其交易亦不再僅止於實體場所，買賣雙方更可以透過電子市集完成交易。資訊科技的迅速發展，開啟了資訊管理的研究。換句話說，只要能為組織創造營收，不論是實體商品、金融商品或是虛擬服務，都會成為管理領域中的顯學（圖1.2）。

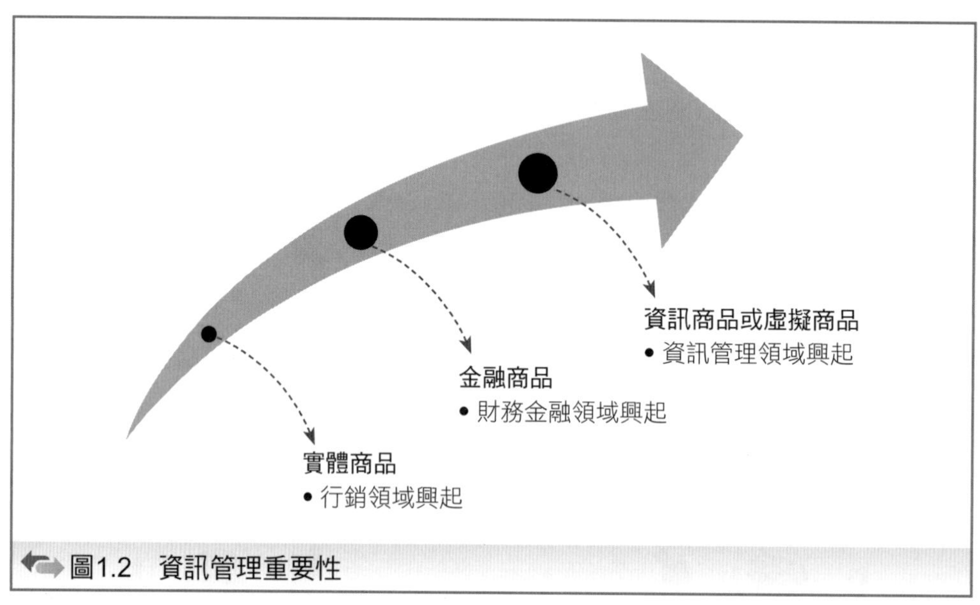

圖1.2　資訊管理重要性

一、資訊管理的意義

(一) 資訊管理的意義

資訊管理是一種方法、策略或是工具，探討如何運用資訊系統或資訊科技，以創造組織競爭優勢。當組織導入資訊系統，或是新的資訊科技時，會產生各種管理問題，導致組織產生變化，甚至產生組織變革，資訊管理的目的即是找出新的方法，或是想出新的策略，以幫助組織適應這些變革。

白話的說法，資訊管理就是當組織碰到資訊相關問題時，所採取的解決方案、或是解決步驟。資訊相關問題包羅萬象，本書則大致羅列如下，並加以分類成不同章節（圖1.3）：

• 第一部分：探討人、機器與組織的相關問題，這一部分包括了資訊管理概念、資訊系統的說明、資訊資源的管理及資訊部門的管理。

• 第二部分：探討資訊系統的導入與建置，這一部分包括了資訊系統導入、資訊系統規劃、資訊系統建置及資訊系統評估。

• 第三部分：探討資訊系統與環境，這一部分包括了資訊系統與使用環境、資訊系統與決策、資訊系統與組織及資訊系統與競爭優勢。

• 第四部分：探討資訊系統與商業環境的關係，這一部分包括了企業電子化、資訊安全、電子商務及網路行銷。

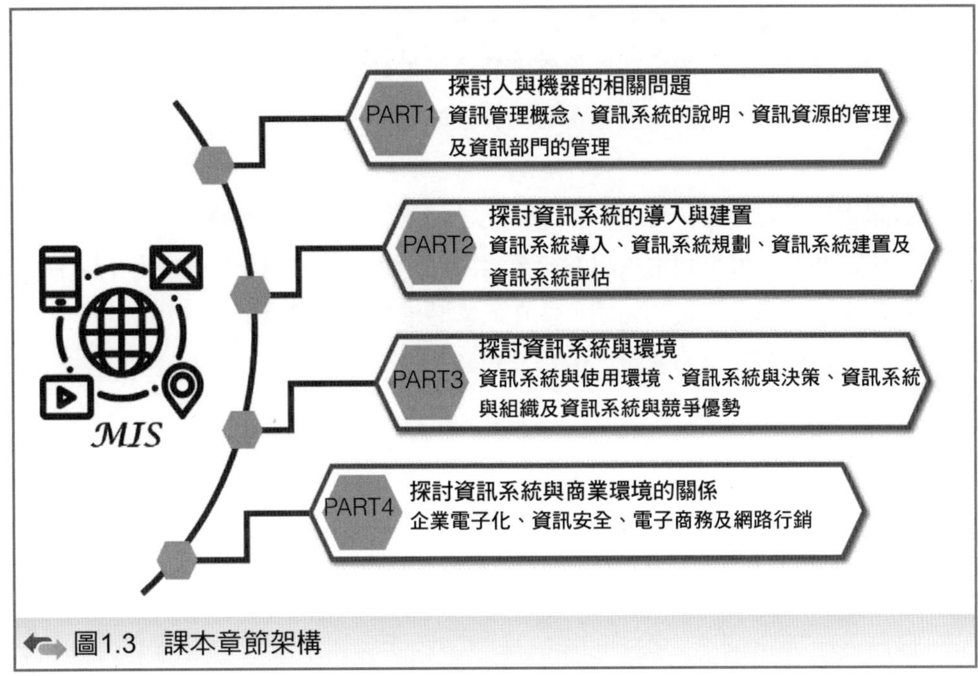

圖1.3 課本章節架構

(二) 資訊資源

資訊管理主要探討的是資訊系統與相關資訊資源（Information Resource）之間的關係。許多學者認為所謂的資訊管理，其主要核心內涵在於「管理資訊資源」。所謂「管理」本身是一個「程序（Process）」，經由此一程序，組織得以運用其資源，以求有效達成既定目標。所謂的管理程序，一般可劃分為：規劃（Planning）、組織（Organizing）、領導（Leading）及控制（Controlling）。

由不同觀點，資訊資源可概分為下列兩種：

1. 資訊資源＝資訊內容＋軟體資源＋硬體資源＋資訊人員

在組織中，整合資訊內容、各種軟、硬體技術及資訊人員，使其能朝向組織共同目標邁進，是資訊資源管理重要的工作。所謂的「資訊內容」，即是指所有形式的資料，包括文字、數據、聲音、照片、圖像、影片和資料庫的內容等。「軟體資源」就是電腦程式的統稱，包括程式語言、系統程式、套裝軟體、應用軟體、資料庫系統等。「硬體資源」就是俗稱的電腦，包括電腦本身、也包括連接器、電源、鍵盤、滑鼠、喇叭以及印表機等。而「資訊人員」或「資訊專業人員」，則是指「支援使用資訊科技產品的專業人員」，常見的有：系統分析師、系統工程師、程式設計師、資料庫管理師、通訊工程師、電腦操作員、資料輸入操作員等（圖1.4）。

資訊資源管理的目的，在於促使資訊資源做最大的利用。而如何做最適當的利用與管理，在後面章節中會有更詳細的討論。

2. 資訊資源管理＝資料管理＋資訊管理＋情報管理＋知識管理

資訊資源管理就是利用資訊系統蒐集原始資料，經由適當的處理過程，將資料轉換成資訊、情報或知識，並在適當時機傳送予適當的人使用。

以下分別介紹資料、資訊、情報及知識。

• 資料（Data）

資料是對事實的記錄，包含文字、數字、聲音及影像等，是客觀存在於現實生活中，並非為了某些特定目的而存在的。

• 資訊（Information）

資訊是人在思考某一特定問題時所需用到的資料，是個人主觀上的認定，且經過處理後，可供個人或組織參考或做決策之用。以Simon為首的資訊處理學派，將資訊定義為：「人類在決策時，能夠導致個人改變期待或評估的刺激。」此定義說明了資訊與個人決策的關聯性，這也是資料與資訊最大的差異。

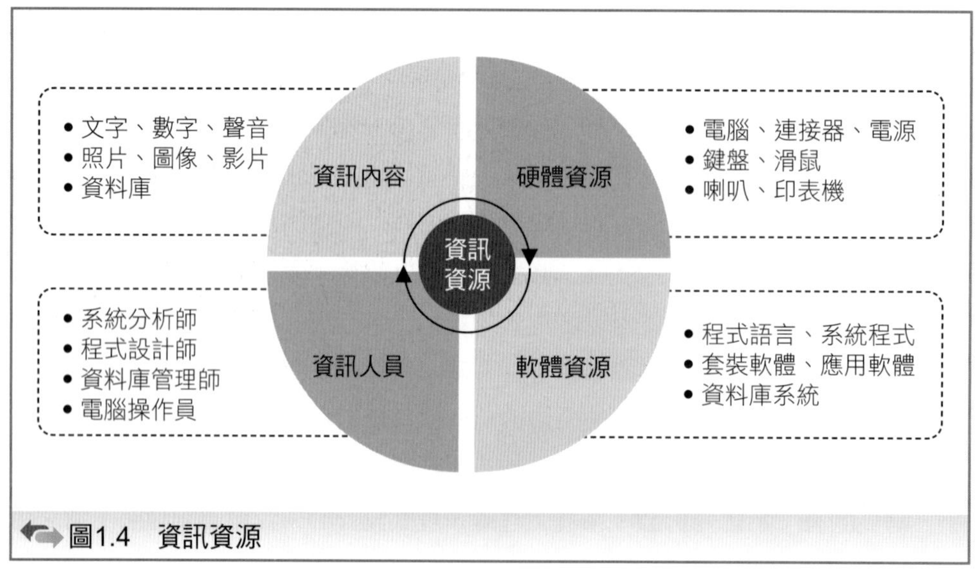

圖1.4 資訊資源

• 情報（Intelligence）

為某些特定個體所擁有，外界難以得知的資訊稱為情報。例如：美國的中央情報局（Central Intelligence Agency, CIA）、國內著名資策會的市場情報中心（Marketing Intelligence Center, MIC），這二個有關資訊收集的單位，所取的英文名稱都是「Intelligence」，而不是「Information」。

• 知識（Knowledge）

知識的說法很多，我們在第12章有專門章節來討論。本書將知識定義為流動與非流動、結構化與非結構化資料的總稱。知識的內容範圍包括結構化處理的文字、數字資訊，非結構化的經驗、價值，更包括專家的見解、經驗評估等。

一般而言，知識分成外顯性知識與內隱性知識。以下分別說明之：

外顯性知識：指的是可以用文字與數字表達，客觀且形而上的知識，藉由具體的資料、專利、圖形、電腦程式、科學公式、標準化程序，與他人溝通、分享。

內隱性知識：為無法用文字或語言表達之主觀且實質的知識，通常較為個人化、難以格式化，不易與他人溝通或分享，如洞察力、預感及直覺，均屬此類。

在資訊管理中，知識所探討的重點並非「知識」本身，而是「知識管理」。所謂「知識管理」是將「知識」加以模組化與系統化，以進行知識的創造、儲存、傳播與應用，使企業獲得知識，以創造最大效益。更簡單的說法，「知識管理」即是將非格式化的資料，轉化成格式化的知識。舉例來說，傳統的會議資料都是以檔案的形式儲存，如果沒有訂定關鍵字、索引等，將來搜尋、運用都會產生困擾，難以管理。要將會議資料知識化的辦法，就是將非結構化的會議資料轉化成結構化的資料。例如：會議名稱、時間、地點、參加人員、主席報告、提案、說明、決議等，相較於單一檔案，這樣的會議資料一定更容易搜尋、運用與分享，也較容易達到知識管理的目的。

綜合上述說法，「資料、資訊、情報、知識」各有其不同的重點。資訊的重點在於決策、情報的重點在於價值，而知識的重點在於管理。資訊系統使用者經由蒐集到的原始資料、外界難以得知的情報，或是非結構化的知識，經過適當處理，將其轉換成可以做決策的資訊、有價值的情報或是結構化的知識，並在適當時機給予適當的人使用。圖1.5為其運作過程。

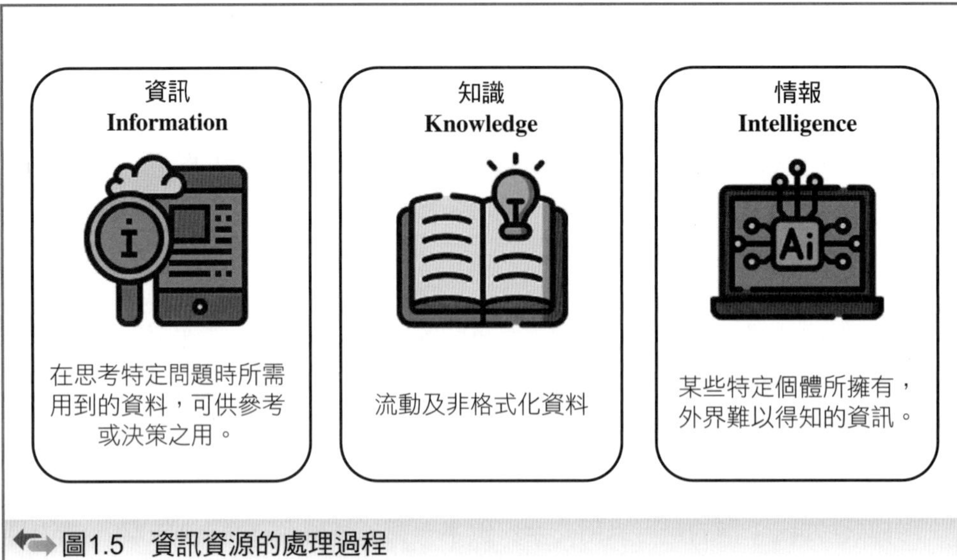

圖1.5 資訊資源的處理過程

1.2 資訊系統的基本概念

一、何謂資訊系統（**Information System, IS**）

「資訊系統」是一個包含參與者、技術、資料庫、網路及通訊、流程的整合系統，可提供組織資訊和支援組織決策（圖1.6）。

(一) 參與者（Participants）

指的是參與資訊系統的所有相關人員等，包括IS的導入顧問、IS的系統設計者及最終使用者，都屬於這部分。

(二) 技術（Technology）

可分為「硬體」與「軟體」兩大部分。「硬體」是指提供資料進行計算分析或幫助資料輸入與輸出的實體裝置，如中央處理器CPU、顯示器、鍵盤等。「軟體」則是指能驅動硬體使其處理資料的電腦程式。

(三) 資料庫（Database）

「資料庫」是一個儲存資料與訊息的地方，透過資料庫管理系統可以快速建立與存取大量資料，讓組織可以確實處理資訊與整合系統。

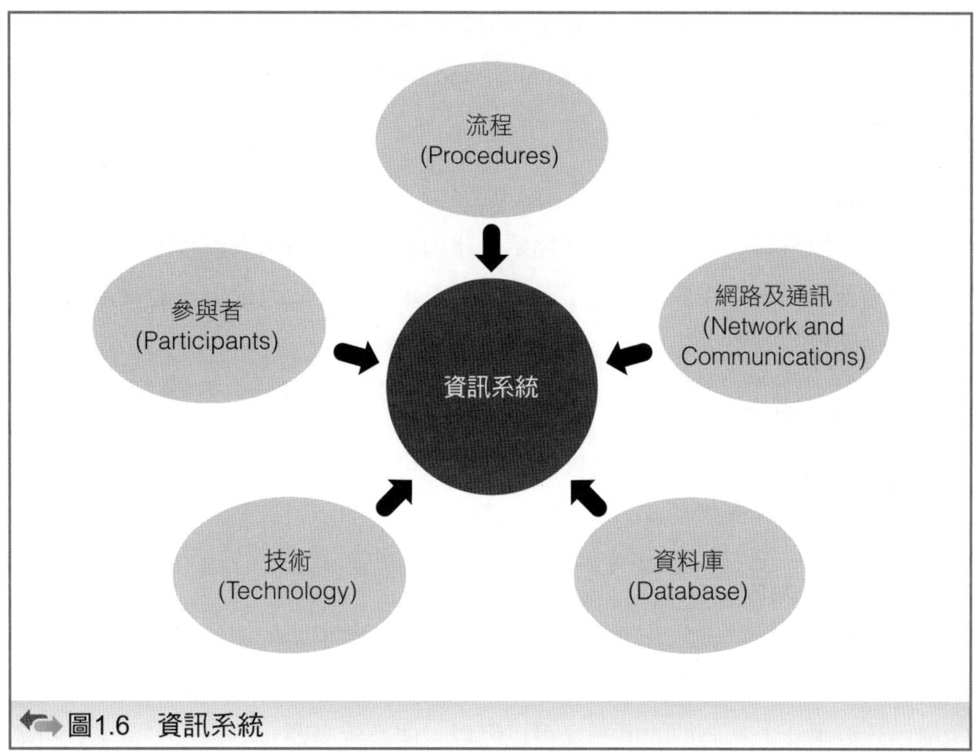

圖1.6 資訊系統

(四) 網路及通訊（Network and Communications）

屬於連結的系統，使不同電腦之間得以分享資源。其架構包含通訊管道，如光纖、電纜線等；通訊處理機，如路由器、多工器等。

(五) 流程（Procedures）

指的是為達到特定目標，所進行的一系列活動或步驟，這些步驟之間有嚴格的先後順序，而步驟的內容、方式也都有明確界定。在討論資訊系統的流程時，通常可以更廣泛的指商業經營模式、政策、規則等，例如：我們常見到電子商務的經營模式中有B2B、B2C等，都屬於資訊系統流程的一部分。

二、資訊科技與數位化

隨著時代的進步與科技的演變，資訊系統在企業內的重要性也與日俱增。過去在資訊科技尚未普遍時，資訊科技的演變大致從資料處理（Data Processing）、管理支援（Management Support）、決策支援（Decision Support）

進展至策略支援（Strategic Support）。目前組織內資訊科技之導入，大致以專案形式或資訊成長的角度出發，McKenney and McFarlan（1982），將企業運用資訊系統分成下列四個階段（圖1.7）：

(一) 專案起始階段

主要目標是個別專案的投資與開始，藉由資訊系統將所有流程改成自動化。常見的例子是顧客關係管理導入了電子化；訂單的管理，改成電子訂貨系統，以增加現有流程的效率。

(二) 系統應用階段

此時個別的專案資訊系統發展較為完善，可應用於各階層的工作者，資訊資源較為充沛，不同專案或系統充斥於組織內，對於個別組織效能提高不少。

(三) 管理控制階段

當企業或組織意識到資訊系統的重要性時，就會不斷的運用資訊系統，嘗試整合前兩階段，將散於各處的資訊系統，和組織的核心能力或策略結合，以提升組織內外競爭能力。典型的例子又可以發現一個系統需要一個帳密，企業或組織光是為了統一就需要一個single sign on的整合轉體，隨後接著而來的是企業資源規劃，是這一個階段的重心，如何將產、銷、人、發、財等，各個不同的資訊系統結合，是一項艱鉅的工作。

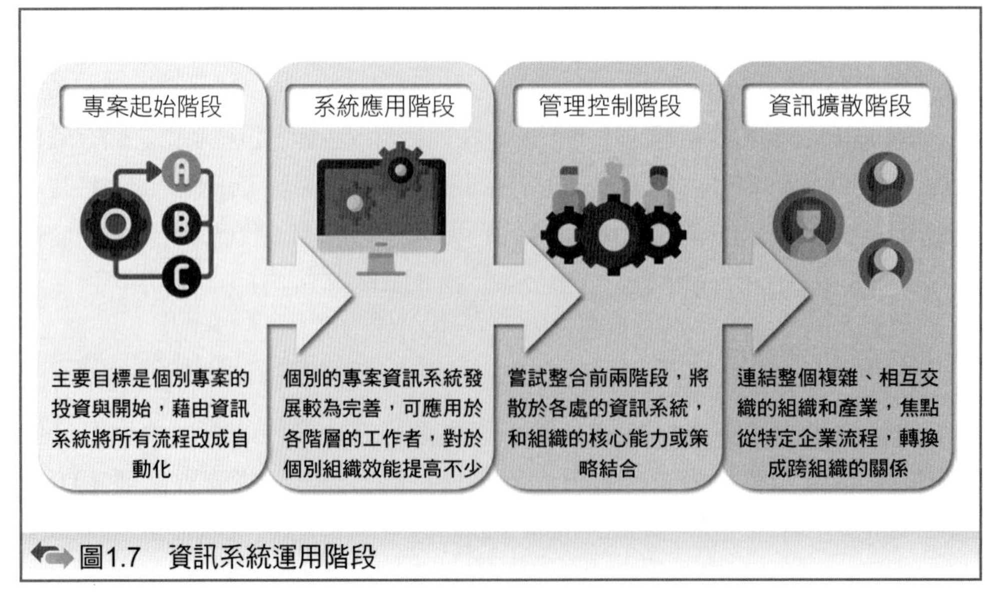

圖1.7　資訊系統運用階段

(四) 資訊擴散階段

所謂資訊擴散指的是繼續維持原有的競爭優勢之外，焦點則從特定企業流程，轉換成跨組織的關係。這一階段的重心，是連結整個複雜、相互交織的組織和產業的網路關係，以提升組織整體效益。對內而言，轉換組織的主要業務流程；對外而言，應用跨組織資訊系統，將資訊應用於改變跨組織間的權力，主要目的在於競爭優勢的達成。

上述的幾個階段，主要是從資訊專案的角度出發，延伸到整個組織，至於整體組織則以「數位轉型」成為企業的顯學。一般業界通常以數位轉型的三個階段來劃分：

(一) 數位化（Digitization）

數位化字面上的意義相當單純，就是指將組織內所有資料轉換成數字，以便於資訊系統處理的過程。但資料中有各種不同的格式，像是數字、文字、圖像、聲音等，都可將其數位化。數位化的核心在於儲存方便，可導入數位工具以降低營運成本，簡化流程。

(二) 數位優化（Digital Optimization）

數位優化則是數位化的延伸，除了降低營運成本，也試圖提升營運的效能，也就是利用資訊科技改進現有營運流程和商業模式的過程，進一步分析與應用前述數位化工具產出和整理後的數據。例如：數位化是採用網站點擊數作為分析資料，數位優化則是用Analytics來降低成本，提高營收。數位化是採用Excel或電子化系統紀錄客戶資料，數位優化則使用CRM系統，來優化客戶服務與顧客體驗。

(三) 數位轉型（Digital Transformation）

至於數位轉型，則是近幾年流行的觀念，指的是採用數位科技，應用到企業所有領域，從營運流程、價值主張、顧客體驗，根本上改變企業的營運模式，進而提高企業競爭優勢。例如在數位優化時，利用Analytics進行資料分析，降低成本，數位轉型則是出售數字資產，將競爭運算分析作為服務，出售給策略合作夥伴。

企業運用資訊科技通常具有層次性，可由企業中的單一功能延伸至整合功能，也可能由組織內部推展至組織外部。Porter早在1985年就提出資訊革命可能三種層次影響競爭：

第一層：改變產業結構，因而改變競爭規則

第二層：賦予企業新方法，進而創造競爭優勢

第三層：從既有業務中衍生出全新的生意

近年來新興的Uber，就是一個成功的例子。總部位於美國加州舊金山的Uber是一間交通網路公司，主要業務是以開發行動應用程式，連結乘客和司機，提供載客車輛租賃及媒合共乘的分享型經濟服務，營運據點遍佈全球，消費者透過網站或是手機應用程式App進入平臺，預約載客司機，為共享經濟中的典範。讀者可以看到Uber利用了企業運用新興資訊科技加上新的商業模式，改變了以往計程車沿街攬客的方式，對計程車業者構成了巨大的威脅。

Uber 進入小客車租賃業，對計程車業者的打擊當然很大，但Uber到底應該屬於資訊管理、營業顧問業，或是小客車租賃業？交通部認為，Uber從車資中抽取一定比例佣金，扣款交易都在國外，業者不用扣稅，嚴重破壞市場秩序，但在Uber眼中，他們是改變了競爭規則，並非破壞市場秩序。交通部也訂定了所謂有Uber條款之稱的《汽車運輸業管理規則》103條之1，明確規範租賃車計費以1小時起跳，Uber駕駛若要維持計程車營運模式，需考取計程車駕駛執業登記證，車輛也必須掛計程車牌。這樣的方式當然也促進了計程車業者的跟進，於是預約叫車，確認路程後，乘車資費能夠事先確認，讓乘客安心搭乘，也讓兩者的競爭越來越激烈。

隨著Uber的站穩腳步，Uber推出了Uber Eats，延續Uber的經營理念，利用App，以最快速的方式滿足消費者的需求，將美味食物外送到府。這一部分則是Michael Porter 所分析的第三層，從既有業務中衍生出全新的生意。

1.3 資訊系統與管理

(一) 組織與策略

當很多企業投入大筆金額在IS的建置上，往往認為必定會得到正面回饋。倘若企業導入IS僅是將原有流程自動化，上述答案則是否定的，且無法將IS潛力完全發揮。而此部分之挑戰在於企業如何透過IS成為具有競爭力及效能的組

織？企業必須由本質重新思考，包含使命、目標、策略、組織及流程，並將IS視為啟動組織變革之加速器而非啟動器。透過企業流程再造（Business Process Reengineering, BPR），徹底以流程為導向，輔以IS，消除不具效率的流程及不合時宜的組織結構，並發展新的營運模式，透過以上種種來提升組織績效。

(二) 本土與全球

對於全球性或跨國性的國際企業而言，IS即便為其帶來了利益，但要如何消除語言、文化及政治上的差異，進而發展成一套具整合性及跨國性的資訊系統，亦是一大挑戰，針對此問題，企業必須先建立一套標準的軟、硬體平臺與通訊標準，再建立跨文化的會計與報表系統。

(三) 投資與績效

此部分主要在探討建置資訊系統所產生的成本與效益問題。資訊系統之價值如何衡量？資訊系統從百萬到上億都有，但此套系統能為企業帶來的效益為何？導入資訊系統之效益無法立竿見影，往往要經過長時間的考驗才能展現績效，短期內可能因為投入大量成本而稀釋企業獲利，但長期或有可能展現績效？此部分將是管理當局必須好好評估與深思的。

(四) 責任與控管

以下將透過資訊系統所帶來的負面影響，來探討管理者之責任與控管。

1. 失業問題

   資訊系統將大量取代人工作業。例如：過去財會部門需要十名人力，但在會計系統導入後，將減少五名人力。又例如：銀行的存、提款作業將轉移至ATM或網路上進行，使得銀行櫃員產生失業危機。此部分所探討的乃是當資訊系統提升效率的同時，減少了工作機會，管理者將如何因應，以兼顧照顧員工之責任。

2. 隱私權問題

   資訊系統將使企業可大量蒐集詳細的客戶資料，但對消費者來說，卻是隱私權的喪失。此部分所探討的乃是管理者將面臨安全與控制上的問題。

3. 依賴性問題

   由於資訊系統之大量普及，形成了人們的依賴性，倘若日常生活的資訊系統失靈，將會造成商業活動或交通服務中斷，癱瘓整個社會。此部分將考驗管理者是否能確保系統的穩定與安全，倘若系統不如預期般運作時，是否有立即的應變措施？

4. 健康問題

長時間使用資訊系統，將或多或少危害身體健康，如：乾眼症、近視等。

5. 智慧財產權問題

網際網路可提供及時的資訊給社會大眾，卻也傳遞了許多違反智慧財產權的非法拷貝軟體、書籍、文章等。

1.4 資訊管理的未來

除了上述種種問題之外，資訊技術不斷演進中，以下將介紹近年來新的資訊科技。

(一) 大數據（Big Data）

所謂大數據，顧名思義指的就是由巨量資料組成，這些資料大小超出人類在可接受時間下的收集、應用、管理和處理，其資料量的大小，從數兆位元組（TB）至數十兆億位元組（PB）不等。大數據需具備三個元素，分別是數量（Volume，資料大小）、速度（Velocity，資料輸入、輸出的速度）與多樣性（Variety，不同的資料型態），合稱「3V」（圖1.8）。有些機構將真實性（Veracity）也列入，成為第4個V。大數據必須藉由電腦才能對資料進行統計、應用。

大數據的應用極為廣泛，例如：中國政府計畫建立全面的個人信用評分體系、Facebook等社群網路處理500億張的使用者相片、Amazon收集大數據作為行銷分析資料、Walmart可以在1小時內處理百萬以上顧客的消費資料等，這部分於網路行銷單元中，將會更進一步說明。

(二) 人工智慧（Artificial Intelligence, AI）

人工智慧，指由人製造出來的機器（通常是電腦），可以表現出來智慧的象徵，通常是指藉由電腦程式實現人類智慧技術。人工智慧為電腦科學及其他相關學科的極致呈現，涉及範圍極廣，其核心問題包括建構與人類近似，甚至超越的推理、知識、規劃、學習、交流、感知、移動和操作物體等能力。目前人工智慧已有相當的成績，在一些圖像辨識、自然語言處理、棋類遊戲、自動駕駛等方面

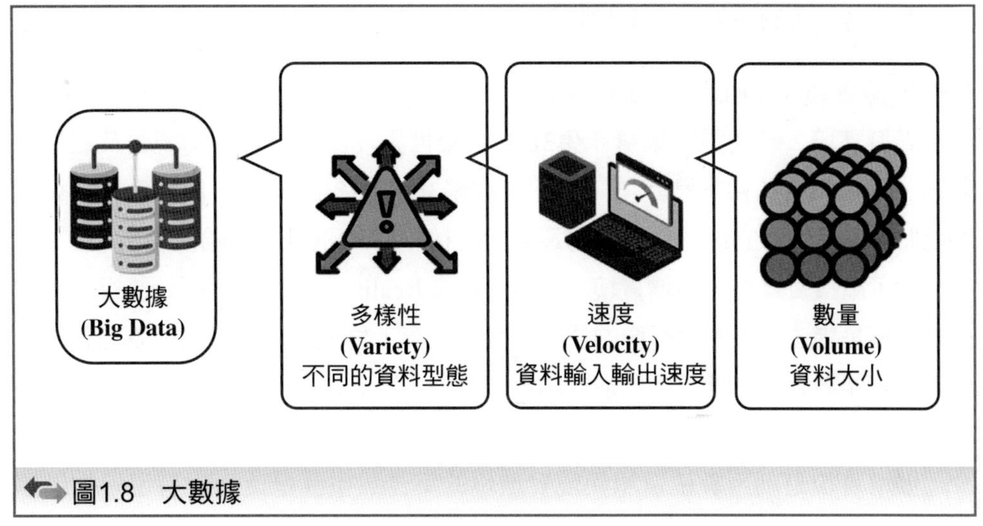

圖1.8　大數據

的能力，達到相當於或超越人類的水準。

目前有相當多的工具應用了人工智慧，其中包括搜尋和數學最佳化、邏輯推演，其他如仿生學、認知心理學、統計機率論和經濟學的演算法等，也在逐步進步當中。

人工智慧發展快速，但也有一些隱憂：如倫理道德及經濟衝擊。

1. 倫理道德

   一些世界級的科學家如史蒂芬・霍金、比爾・蓋茲等人，都對於人工智慧技術的未來表示憂心，人工智慧若在許多方面超越人類智慧，再加上人工智慧有學習、自我更新的能力，將來人工智慧是否有機會取得控制管理權，人類是否有足夠的能力及時停止？目前發生過的事實是，機器會失控導致人員傷亡，以後此種情況是否會更常出現？

   如果DeepMind的人工智慧系統「AlphaGo」，下西洋棋可以超越人類，那有心人利用人工智慧來犯罪時，人類有辦法避免嗎？

2. 經濟衝擊

   很多的報導都預測某些職業即將被機器或機器人取代，例如：各國都在發展的無人商店，將會使得收銀員失業；自動駕駛成熟後將不需要司機；問診系統的發明將不需要醫生；自然語言翻譯機的產生不需要翻譯人員等，除此之外，一般事務員、客服人員、製造業工人、金融分析師、新聞記者、律師、醫生等，都有可能被人工智慧所取代。

(三) 虛擬實境（Virtual Reality, VR）

虛擬實境，利用電腦模擬產生3D的虛擬世界，模擬使用者的視覺及聽覺來體驗，讓使用者彷彿身歷其境，可即時觀察3D空間內的物體。使用者進行位置移動時，電腦可以立即進行複雜的運算，將精確的3D世界呈現給使用者。

除了虛擬實境外，擴增實境（Augmented Reality, AR）也已開始流行。所謂擴增實境是指透過攝影機影像的位置及角度精算，再加上圖形辨識，讓螢幕上的虛擬世界能夠與現實世界場景進行結合及互動，隨著電子產品運算能力的提升，擴增實境的用途也愈來愈廣。

擴增實境是利用數位資訊與現實環境的集合，也就是使用現有環境加以擴增，並加上新的資訊，而虛擬實境屬於完全人工環境，二者並不相同。

(四) 金融科技（Fintech）

金融科技（Fintech）是「Financial」與「Technology」合在一起的字，所代表的就是字面意思，指利用自動化科技以改善金融服務。金融科技的核心是利用電腦及手持裝置上的應用軟體，協助公司、企業主和消費者更方便管理金融運作及流程。廣義來說，金融科技可以被定義為「金融服務創新」，或是新型的金融解決方案。所謂的新，指的是破壞式或顛覆性的創新，而且這些解決方案不僅是產品，更包含了商業模式、流程和應用系統。以下是Fintech的具體例子。

1. 資產管理

   機器人理財顧問可以透過Internet直接管理你的資產，利用大數據分析顧客的消費行為與模式，自動在預算範圍內，直接為你投資最符合你風險屬性的投資組合，這些投資直接以智能合約，進行及時的交易與自動執行。

2. 加密貨幣（Cryptocurrency）

   使用密碼學原理來確保交易安全及控制交易單位創造的交易媒介，其中最出名的是比特幣，於2009年成為第一個去中心化的加密貨幣，除了比特幣之外，還有萊特幣、以太幣等也逐漸開始流行。

3. 區塊鏈（Blockchain）

   加密貨幣所採用的技術中，最重要的即是區塊鏈。區塊鏈起源於中本聰（Satoshi Nakamoto）的比特幣，能以可靠、安全的方式記錄各種交易資訊，以及任何資產的所有權資訊，是以分散式帳本技術為基礎，可以看成是一個「去中心化的分散式資料庫」，透過集體的維護，讓區塊鏈裡面的資料更可靠，也可以把它理解成是一個全民皆可參與的電子記帳本，所有的交易資料都可以被記錄，也因為買賣雙方都有參與記錄，故內容具有難以篡改的特性，且可永久查驗此交易。

4. 群眾募資（Crowdfunding）

是指個人或組織藉由網際網路向大眾募集資金，支持個人或組織，使其目標或專案得以執行完成，具體方式是透過網際網路呈現或宣傳計畫、設計、產品，支持的群眾可藉由「購買」或「贊助」的方式，投入相關資金，協助企業主實現計畫、設計或夢想。群眾募資結合了團購與預購的「預先消費」模式，向公眾募集其所需之資金。所以群眾募資說是募資也對，若說是行銷，也並無不可。

也因為群眾募資具備行銷功能，所以其範圍相當廣泛，網路上的群眾募資平臺相當多，提案者也很踴躍，內容更是五花八門，除最傳統的創業募資之外，其他包含競選活動、藝術創作、自由軟體、設計發明與科學研究等，都成了群眾募資的範圍。

5. P2P信用貸款

簡單來說，就是金主透過網路平臺，將錢借給有需要的人，賺取利息。P2P網路信用貸款在歐美已發展近10年，美國最出名的P2P 公司Lending Club甚至已經上市，而中國也有1,000多家的 P2P 貸款公司，在許多國家，P2P信用貸款已是「非銀行借貸」的主流方式。

6. 第三方支付（Third Party Payment）

買賣雙方之外另一間獨立機構所建立的付款平臺，提供代收、代付的服務。買方選購商品後，使用第三方支付平臺提供的帳戶進行貨款支付。隨後由第三方支付業者通知賣家貨款到帳，要求進行發貨，買方在收到貨品及檢驗確認無誤後，通知可付款給賣家，第三方再將款項轉至賣家帳戶（見圖1.9）。

(五) 物聯網（Internet of Thing）

物聯網是將實際物體，藉由嵌入式感測器或是應用程式介面（Application Programming Interface, API）等裝置，透過Internet形成的網路，例如：智慧型交通可直接控制紅綠燈以加速交通流量；智慧型汽車則可透過路徑分析節省燃料或時間；智慧型門鎖可以上傳竊盜資訊、物流配送最佳時間等；智慧冰箱可監控冰箱與冰箱裡的食物儲存狀態；智慧型販賣機可通知隨時補貨等。

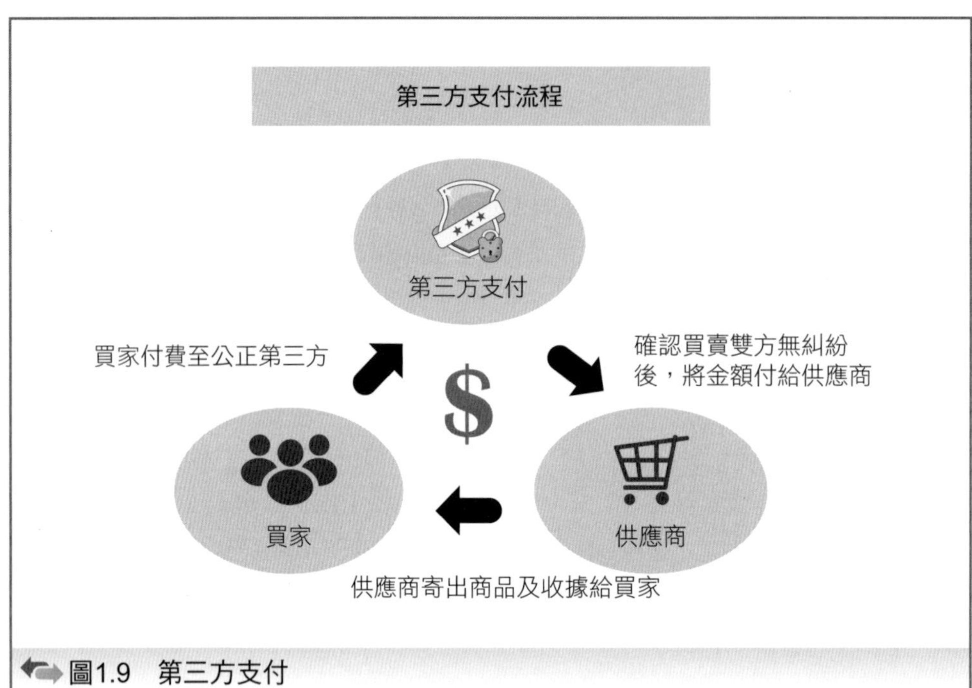
第三方支付流程
第三方支付
買家付費至公正第三方
確認買賣雙方無糾紛
後，將金額付給供應商
$
買家
供應商
供應商寄出商品及收據給買家

圖1.9　第三方支付

Chapter 2

資訊資源管理

資訊資源指的就是企業所使用的資訊、軟體與硬體。這裡的資訊，指的是資訊的內容，包含文字、圖片、動畫等，軟體資源則泛指套裝程式、內部開發或委外開發的系統，硬體資源則除了主機之外，還包括儲存裝置、顯示裝置、輸出入裝置等。資訊資源管理是指利用科學與系統的方式來管理資訊內容、軟體資源與硬體資源，而資訊內容管理是藉由對資訊的外部特徵來進行管理。讀了本章將可以學習到資訊內容不同的處理階段、處理資訊內容的各種角色以及內容的多種管理方式，也可以知道軟體資源的管理流程，從如何取得軟體至如何維護軟體，以及硬體資源管理的流程，包含採購、上線階段、技術支援、更新與淘汰等，讓讀者對於資訊資源有更深入的了解。

我的網站是否該更新呢？

小編家裡最近換了新電鍋，原因可能是使用年限到了，再也無法幫我們家煮飯了。洗衣機使用的時間更長，三年前脫水功能壞掉，請原廠來換個零件後，還可繼續用。最近發生的新狀況是無法給水，又請原廠來換個零件後，再繼續使用下去。

網站不像家電用品一樣會故障，但網頁設計趨勢日新月異，舊網站可以繼續使用，但已無法滿足用戶體驗。如果您正在思考「我的網站是否該更新呢？」，以下三點提供給您參考：

一、網頁設計與時俱進

網際網路不斷推陳出新，網頁設計趨勢也是日新月異。當用戶透過搜尋引擎點進您的網站，網站的「第一印象」是決定用戶是否願意駐足瀏覽網頁內容的關鍵因素。

您的網頁設計充滿了flash動畫，在五年前也許是很炫很吸睛，但是以五年後的眼光來看，讓用戶覺得「落伍」還是小事，有些瀏覽器不支援flash，網站首頁就是一片空白。

2017年5月網路瘋傳「漢堡王網站極簡版」事件，就是一個典型的實例。網友在臉書發文，表示自己原本想要下載漢堡王的折價券，沒想到漢堡王官方網站從中午就開始無預警當機，無法點擊，僅出現「歡迎光臨漢堡王」。由於漢堡王官網是用Flash寫的，但Chrome目前並不支援flash功能，所以無法用Chrome開啟，網頁會呈現空白，解決方案是換成其他的瀏覽器，例如Firefox或IE，即可進入。

二、重視行動用戶的體驗

利用智慧型手機上網的用戶已經超過電腦。若您的網站無法讓行動網民舒適瀏覽，很少有用戶願意耐心用手指頭做放大與上下左右推移的動作來瀏覽您的網站。因此您的網站必須做行動裝置最佳化，Google公開推薦「RWD響應式網頁設計」。

所謂的響應式網頁設計是網頁設計中的「大事」。響應式網頁設計可以幫助您為您的網站解決很多問題。它將使您的網站適應智慧型手機等行動裝置設備，改善網頁在不同的設備、螢幕尺寸上的顯示方式，並增加訪客在您的網站上花費的時間。它還可以幫助您提高搜尋引擎的排名。

所謂響應式網頁設計（Responsive web design，通常縮寫為RWD），或稱自適應網頁設計、回應式網頁設計、對應式網頁設計。它是一種網頁設計的技術做法，可使網站在不同的裝置（桌面電腦顯示器、智慧型手機、或平板電腦等行動產品裝置）上瀏覽時，自動縮放其內容和元素，以適應所瀏覽的裝置的螢幕大小，對應不同解析度，皆有適合的呈現。響應式網頁的圖像，不會超過螢幕寬度，並防止行動裝置的訪客需要透過額外的操作，才能閱讀您完整的網頁內容。

由於訪客透過行動裝置瀏覽網路的比例越來越高，響應式網頁設計的最終目標是：Mobile Friendly，因此Google建議您設計適合透過行動裝置瀏覽的網站，確保您的網頁在任何裝置上都能提供良好的使用者體驗。

三、網站後台管理

經常更新網站內容是SEO優化的必要條件。若你的網站沒有後台，就無法自主更新網頁內容。我們推薦使用WordPress這個後台管理系統（CMS），不僅操作容易，還可發佈新文章。

網站更新注意事項

1. 若更換網頁設計公司，請繼續使用網域名稱
   有些網頁設計公司的服務內容包含提供主機（server）與網名（domain），因此客戶往往不知道主機與網名的帳號密碼。架設新網站時，可換別的主機，但若要繼續使用網名（domain），一定要請新的主機商做DNS轉址的動作。
2. 舊網站使用的插圖或照片可不可一起繼續使用？
   若插圖或照片是網站所有者的，可以繼續使用。若是前一家網頁設計公司提供的，要先取得對方的同意才可繼續使用，否則可會踩到侵權的地雷。

3. 舊網站的網址（URL）是否繼續沿用？

基於SEO考量，要是網頁內容相同，建議網址繼續沿用。

不過，要是舊網址是以數字表現（例如：http://www.smaple.com.tw/prodid?12345），建議藉此機會改用對SEO友善的網址（例如：http://www.smaple.com.tw/contact）。

請您耐心閱讀以便了解為什麼響應式網頁設計對您公司的網站如此重要，並且在思考網站改版之前，事先了解響應式網頁設計的優點和缺點。

結論

企業網站不像汽車每年需要驗車2次。網站是否需要更新完全是根據企業預算與考量。但，與自用車最大的相異之處，企業網站架設的目的是給用戶看的。用戶的體驗比企業大老闆或網站管理者的感受更重要。若老客戶在網站上無法得到好的使用體驗，那就更無法期待吸引到潛在客戶。企業網站或購物型網站，目的不外乎：「將正確資訊傳遞給客戶」「增加客戶詢問度」「招募新進時，可爭取到優秀的人材」「企業形象提升」……等，網站具有多功能多用途。

若網站的設計已經老舊，沒有可對應行動裝置的網頁，網站無法自主管理，網頁無法自己更新，也許是該更新網站的時候了。

習題演練

1. 什麼情形該主動更新自己的網站？什麼情形會被迫更新自己的網站？
2. 資訊資源更新的過程中包含了哪些參與者呢？
3. 如何整合參與者，進行有效地資訊資源管理？

資料來源：cyber cats
https://cybercats.com.tw/should-i-to-renew-website/
https://www.setn.com/News.aspx?NewsID=251849

2.1 資訊資源

在知識經濟時代，企業不但要創造競爭優勢，更要維持競爭優勢。從「資源基礎理論」的角度來看，企業的競爭優勢是由內部的能力與外部的資源所形成。但不論是內部的能力或是外部的資源、有形的資產或是無形的資產，資訊資源都扮演著重要角色。本章的資訊資源，係指以企業所使用的資訊、軟體、硬體為主要討論對象，至於資訊專業人員的管理，則在下一章討論。所謂的「資訊資源管理」是指利用科學與系統的方式，來管理資訊及相關軟、硬體。資訊資源與其他重要的天然資源一樣，都被視為寶貴的資源，因為只要是資源，就有助於實現組織的規劃與目標。資訊資源管理提供了資訊生命週期的整合性觀點，從資訊的產生、分配、歸檔，到最終的銷毀，提高了資訊資源最大限度的利用，也改善了服務的傳遞與商務模式的整合。

來看看所謂的知識管理系統，從資料的產生、資訊的整合、情報的獲得與知識的萃取等過程，就是資訊資源管理的最佳例證。在知識管理系統中，如果是顯性的知識，可能藉助有形的網路傳播；而隱性的知識，可能是人與人之間的溝通。舉例來說，維基百科是一個知識管理系統，需要有硬體的支援、軟體的協助、內容的增加，而這一切則是資訊資源整合成功的典範，在第12章我們將再進一步解釋知識管理系統。

資訊資源管理將內容、軟體與硬體視為一個整合性的有機體，包括資訊內容（Content）、軟體資源（Software）與硬體資源（Hardware）三項。

1. 資訊內容：所有形式的資料，只要以數位的形式出版或是流通，就屬於這裡所定義的資訊內容，包括文字、數據、聲音、照片、圖像、影片和資料庫的內容等。
2. 軟體資源：就是電腦程式的統稱，廣義的軟體包括程式語言、系統程式、套裝軟體、應用軟體、資料庫系統等。軟體在資訊系統中負責輸入、輸出、儲存、運算邏輯和控制部門。
3. 硬體資源：在資訊科技中，所謂的硬體就是俗稱的電腦，更是一個集合體的總稱，除了電腦本身，也包括電纜、連接器、電源裝置、周邊設備，如鍵盤、滑鼠、音響喇叭及印表機等。硬體資源相較於資訊內容與資訊軟體，通

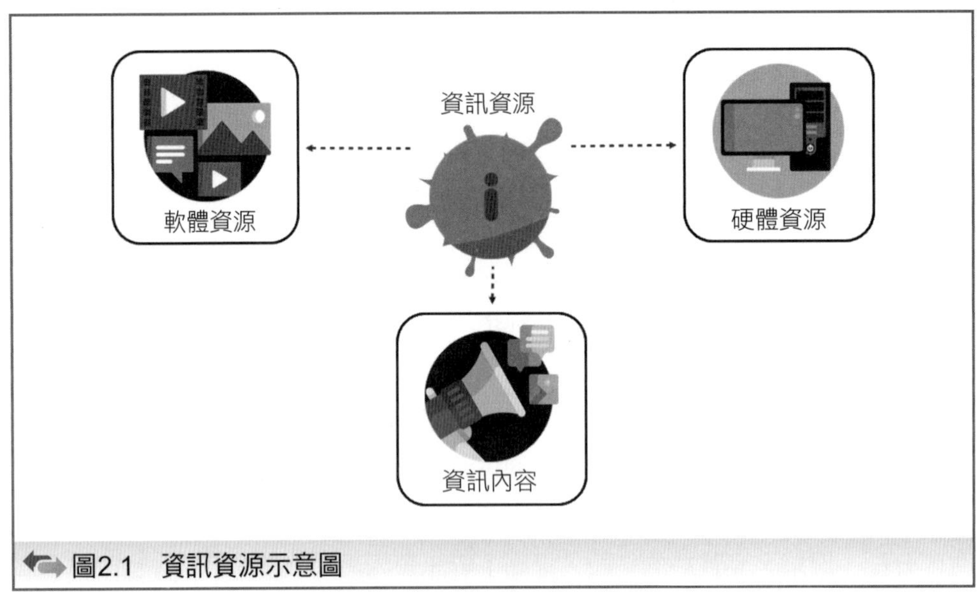

圖2.1　資訊資源示意圖

常意味著持久性和不變性。

在組織中，需要整合資訊內容、各種軟、硬體技術，才能使其朝向組織共同目標邁進，這就是資訊資源管理重要的工作。綜合來說，資訊資源管理的目的就是要促使資源能做最大的利用（如圖2.1）。

2.2 資訊內容管理

所謂「資訊內容管理」就是管理組織內數位內容的整個生命週期，可以分成「資訊內容」及「管理」兩個部分。簡單來說就是各種不同形式的數位資訊，可以是文字、圖片、動畫、表格、影音多媒體等。

在不同的資訊內容模式之下，其媒體豐富度也不盡相同，可藉由媒體豐富度理論來說明。所謂媒體豐富度理論，指的是某段時間內經由媒體所傳遞的資訊或知識，能夠提升接受者對資訊了解的程度。一般認為，處理資訊的兩個主要任務是減少資訊的模糊性，降低不確定性的產生，其中以面對面所能傳遞的資訊量最多，而有書面無對象之資訊量最少，例如：看板。我們將在第11章進一步解釋媒體豐富度理論。

管理則是指對內容進行一連串處理的過程，將正確的資訊內容傳達給使用者。在形式上，因為格式不同、所占記憶體不同、搜尋方式不同，故管理方式也不同。在管理實務上，就包含了收集、編輯、權限設定、內容審核、發布、更新、刪除、版本控制等方式。此外，隨著組織目標與使命的不同，管理方式也有其差異性。像是新聞組織、電子商務平臺和非營利的教育機構在進行資訊內容管理上，都有著不同的管理方式，這也造成在不同類型組織間，所採用的專業術語、名稱及處理步驟都會有些許差異。

一、資訊內容管理過程

資訊內容管理可以依照處理階段和人員角色進行分類，對各階段的處理過程和參與人員所扮演的角色有一定了解後，對於資訊內容管理的程序會更易於理解。

資訊內容管理可依資訊內容處理的程序，分成如下五個階段：

1. 創建——資訊內容的創建與收集。
2. 編輯——對創建的資訊內容進行編輯，例如：統一格式、翻譯等。
3. 發布——提供資訊內容給予個人或企業用戶。
4. 監督——控管或更新數位內容的版本。
5. 刪除——對需要淘汰或過時之資訊內容進行刪除。

資訊內容管理也需要大量人員參與，人員可依不同的資訊內容處理階段，分成以下五種角色（圖2.2）：

1. 創建者——創建和收集資訊內容。
2. 編輯者——負責調整資訊內容和發布的格式、翻譯和標準化。
3. 發布者——負責將內容發布於不同的媒介。
4. 管理者——負責資訊內容的閱覽權限，利用更新或刪除來控管版本。
5. 使用者——閱覽或使用資訊內容。

資訊內容的管理步驟，首先是資訊內容的創建與編輯，這個步驟可以是單一或多個創建者、編輯者，執行方式則包含了收集、分類、編輯、監督並批准發布等工作。

第二個步驟是資訊內容的發布，可以採行各種形式。發布者可以設定最佳的模式，以達到最高效益的分享，更可以將資訊內容傳送給特定使用者，或是給予存取權限，讓其取得資訊內容。

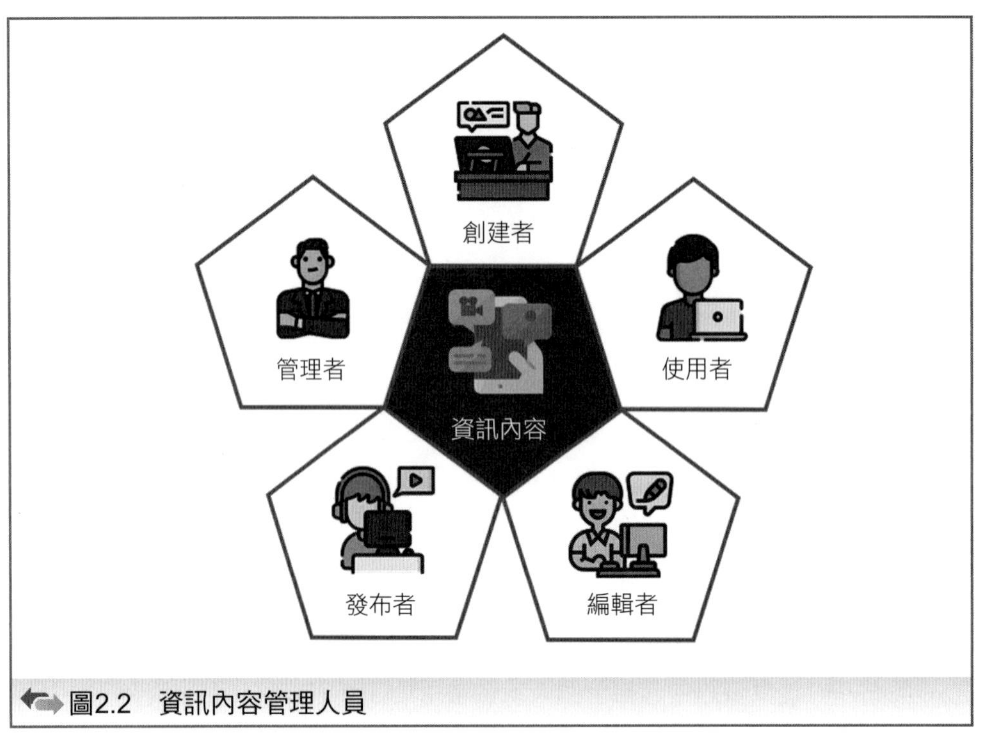

圖2.2　資訊內容管理人員

其次，資訊內容常為了因應及時需求而進行修改，因此版本管理是重要的工作。此外，無可預期的軟硬體錯誤，所造成無法正常存取，或是新舊版本內容的不相容，都需要進行版本管理，以恢復內容的正常使用。過時的資訊內容也要適時刪除，除了避免存取空間不足外，也可以避免使用者接觸過時的資訊內容，造成運用上的不便。

最後，建立、維持和應用的審查標準也是內容管理另一重要工作。在開發及出版內容上，為了確保內容的一致性，管理者需要訂定明確及簡要的審查標準，讓創建者及編輯者可將資訊內容以規定的格式上傳，方便使用者搜尋及檢索。

二、資訊內容管理系統

資訊內容管理除了過程及人員外，另一個重要因素就是系統。資訊內容管理系統除了有一個中央的資料庫，以儲存包含文件、影像、圖檔、數據數位內容外，同時更要提供控制、修改、發布、儲存資訊內容的功能。多數資訊內容管理系統都包含以下幾個功能：

1. 發布形式管理。
2. 格式管理。
3. 版本控制管理。
4. 索引管理。
5. 檢索管理。

簡單來說，資訊內容管理系統是一種工具，提供技術人員依照特定的規則、程序和工作流程，進行創建、編輯、管理和發布各式資訊內容，以確保使用者取得連貫性、及時性的資訊內容。

2.3 軟體資源管理

一、為何需要管理軟體資源

所謂軟體資源管理就是組織為因應資訊處理或決策，對相關軟體的購買、規劃、建置及維護等所有程序及方法。軟體資源與其他資源一樣，都屬於企業資產之一，既名為「資產」，也就是企業投資所產生的，主要目的是提升「生產力」與「效率」。企業每年編列一定的預算購置或維護軟體資產，不只是為了「應付相關單位或廠商的稽查」，也可以了解投資軟體的狀況，並進一步審視這些投資是否恰當及預算的編列是否不足或浮濫。

軟體資產的管理通常是由企業的資訊相關部門負責，定期的盤點或清查，除可了解各種軟體的使用情形之外，也可以查出是否有員工私自安裝非公司授權或盜版的軟體，並找出安裝的原因，作為日後管理上的參考。如果是公務上的使用，企業方面就可以檢討是否需要購置這樣的軟體，以免觸犯軟體之智慧財產權。如果是私人方面的使用，也應該檢討是否在公務時間大量處理私人事務。而資訊管理人員也應善用適當的軟體來執行此一工作，除了省時、省力之外，也比較容易留下相關紀錄。

有效的軟體管理程序包括以下特點：

1. 良好的組織環境：創造良好的組織環境，使所有員工願意在組織中努力。
2. 清楚的資產盤點：經常性的進行資產清查。在能夠管理之前，企業須先知道有哪些硬體及軟體可以運用。

3. 及時的行動準則：企業必須具備彈性，隨時準備好意外發生時的作業流程，使政策、程序及資訊都維持在最新的狀態。

二、軟體資產管理流程

軟體資產管理可協助組織管理軟體資產，有助於成本的控制，並可針對組織及軟體投資項目之生命週期進行最佳化。透過持續的計畫管理，軟體資產管理可以輕鬆辨識企業所擁有的軟體、軟體的執行位置，判斷是否重複投資軟體項目，提升資訊安全及遵守智慧財產權，更可以預估未來的軟體需求，進而提供競爭優勢。軟體的資產管理流程如下圖（圖2.3）：

第1步：清查軟體授權清單

不論軟體的來源為何，企業首先必須確認其所擁有的軟體授權及相關的證明文件。這裡所指的相關證明文件，包括當初購買的收據、發票等資料。但由於格式的不同，相關收據與發票並無法證明來源合法，例如：從光華商場攤販手中所取得的收據，有時難以證明其合法性。所有相關許可文件應同時儲存成電子紀錄，並存放於安全的位置。除此之外，安全儲存原始軟體，且僅安裝於授權之硬體中，也是重要的概念。

對於大多數企業來說，收集相關的軟體授權，是一項艱困麻煩的工作，設法取得大量授權（Volume Licensing），將容易簡化相關工作。

具體來說，企業在收到新購買的軟體後，須進行下列步驟：

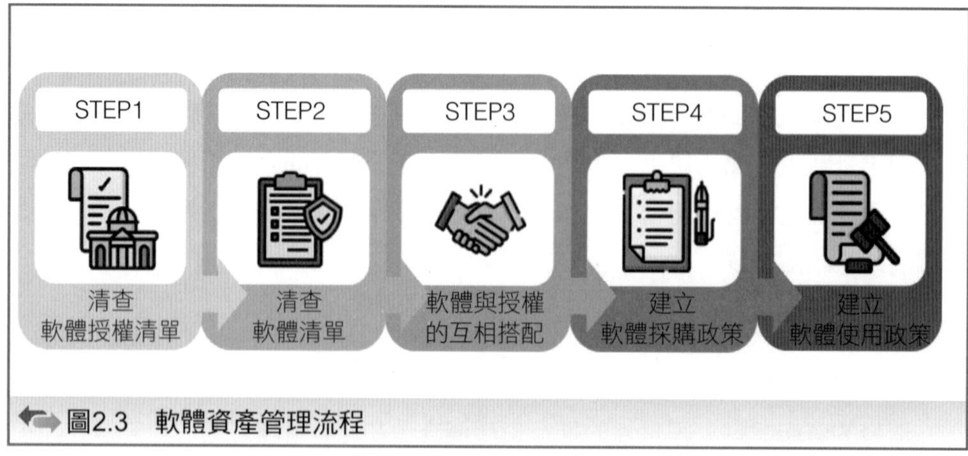

圖2.3 軟體資產管理流程

1. 核對包裝內和發票上的所有項目，記錄日期、簽名並影印發票。
2. 複印所有授權文件證明。
3. 將備份文件放置在容易取得的地方，以備軟體審查之需。
4. 將使用手冊存放於資料庫中，以便使用者方便取得。
5. 保存原始包裝及相關文件，單獨放在防水及防火的櫃子中。

當所有軟體授權確認之後，可以開始進行分析，以確認實際軟體授權數量及授權範圍。幾個該注意的重點如下：

1. 軟體授權過期，但未有新的授權。
2. 軟體已經升級，但仍使用未升級的授權。
3. 軟體授權有不同方式及不同的使用權限。例如：有些授權是「每部電腦」，有些是「每個用戶」，有些是「每個處理器」，各有不同方式，最好的方式當然是完整全部授權，但其授權費當然是比較昂貴。

第2步：清查軟體清單

前一個步驟是了解授權狀況，這裡則要清楚理解企業內有哪些軟體資產，所以必須對所擁有的軟體資產進行清點，需要知道有哪些軟體正在使用？以及它們如何被使用？是否擁有足夠的軟體？或是太多的軟體？建立完整的公司軟體資料庫，能清楚了解公司有什麼軟體，正在使用哪些軟體？以及哪些電腦正在使用這些軟體。藉由分析這些資訊，可以判斷這些軟體是否被最佳的利用，以及可否用更低成本的方式獲得，並且移除未被授權或是超出授權數目的軟體。

第3步：軟體與軟體授權的互相搭配

清查了軟體與軟體授權之後，兩者的數量應該要能完整配合，以確定兩者的一致性。兩者的數量不一致，所代表的可能是多花了冤枉經費，或是違反了智慧財產權。

第4步：建立軟體採購政策

軟體的獲得在企業內也屬於重要採購政策，不同的部門可能在事先並不知道的情況下採購同一個軟體，所以集中的軟體採購，可以幫助公司利用批量採購節省開支，明顯的例子就是所有政府單位都需要先向指定的單位，確認其所需產品是否已在其清單中。一般來說，軟體採購的流程如下：

1. 申請軟體：需求部門與資訊部門一起決定軟體需求，決定後，依照公司訂單採購申請流程，並獲取部門經理的批准。
2. 購買軟體：將完整的訂單採購申請轉知資訊部門，請資訊部門審核並批准。如果資訊部門有不同看法，兩者再進行協商，確認是否有其他方案，如果通過審核，則將訂單採購申請交給採購部門來進行處理。
3. 登記軟體：採購軟體之後，資訊部門依照公司的登記程序，將軟體記錄到軟體清單中，資訊部門將安裝媒體備份，並和相關文件檔案統一保管，使用部門則可保留原始文檔的副本。
4. 分發軟體：在登記流程完成之後，資訊部門將聯繫使用部門制定軟體安裝計畫。

軟體採購計畫統一由資訊部門執行有許多好處，第一，資訊部門整合各單位的軟體採購申請，統一採購，可獲得較多的折扣及服務。以微軟的Office系列為例，購買數量達五套以上就符合大量授權的範圍，除了可獲得較低的價格外，還可以享有分期付款，以及在合約期限內以優惠價格購買軟體等其他服務，隨著購買數量的增加，企業所節省的成本就愈多。此外，軟體採購由資訊部門執行，在軟體送達後，資訊部門就可立即更新公司的軟體清單，隨後進行備份及文件保存等工作，在軟體管理政策的執行上，更為流暢。

第5步：建立軟體使用政策

軟體使用政策包含軟體下載、安裝和使用的規則，企業必須提供員工獲得合法軟體的下載管道，以免員工觸法和為公司帶來法律上的風險。軟體使用政策必須考慮不同管道獲得軟體的方式：

1. 從其他管道獲得的軟體：公司必須提供員工合法獲得的軟體拷貝，滿足員工的軟體需求，並提供充足的拷貝數量。使用其他管道獲得的軟體，都有可能為公司帶來安全和法律風險。
2. 額外的拷貝：在某些情況下，軟體授權可能允許在筆電或家用電腦上使用額外的拷貝，但前提是必須由同一個用戶使用。員工不能在未經公司的批准下，擅自製作或安裝軟體的額外拷貝或是相關文件檔。舉例來說，公司的顧客檔案管理系統，如果沒有經過核准，是不能私自下載於個人電腦中使用。
3. 未授權的拷貝：除非得到軟體供應商和公司的書面許可聲明，否則任意複製授權軟體或相關文件是觸法的行為。

隨著公司的規模成長，企業所使用的軟體愈來愈多，然而，有些軟體因為新版軟體問世，以致公司不再適用而遭到淘汰。因此，藉由有效的軟體資產管理，了解公司不同單位之間所擁有的軟體，定期追蹤，來達到公司利益最大化和資源浪費最小化。

三、軟體維護

軟體維護是指當軟體在使用後，出現使用上的問題，或者配合組織的變動，因而必須有所更改，其中包含：

1. 更正——當使用後發現軟體在運作上有發生任何問題時，則需要將軟體予以修正，修正完就可以使操作變得更加順暢。
2. 整合——當有新的系統完成後，則必須與現行系統做整合，使其變得更加完整，在應用上也可以變得更加多元。
3. 版本升級——當有新版本流出後，須將現行版本予以更新，使其功能更加多元、穩定，畢竟新版本肯定比舊版本有過人之處。

2.4 硬體資源管理

隨著資訊科技的日新月異，企業硬體更新所帶來的成本日漸增加，所以「硬體資源管理」愈來愈重要。所謂硬體資源管理，泛指所有在組織內有關資料處理或決策所需要的電腦、網路及其周邊裝置的取得、維持及控制等所有程序及方法。也就是說，有關的資訊科技在硬體方面的計畫、取得、維持與控制等，都可以稱作硬體資源管理。由於大部分企業將資訊科技硬體視為資本的採購，通常也以實體資產的管理方式來管理。

硬體資源管理的首要工作之一，就是硬體生命週期的管理，包括電腦設備的採購、維護、更新及汰換，以及其所牽涉的政策、標準、流程。而這些工作使得組織獲得成本控制與風險控管，更進一步提高經營績效。

硬體在企業內的生命週期有下列階段，分別描述之：

一、採購階段

一般有規模的企業，硬體採購大多採用招標方式，由參加投標廠商按照企業需求所提出的條件，在指定時間和指定地點進行一次性遞價成交的貿易方式，雙方不必進行反覆磋商，因此，投標廠商必須根據需求廠商規定的條件進行，如不符合條件，則難以得標，其進行方式如圖2.4。

供應商評選的條件，可以用下列的標準來檢驗，其評估條件如圖2.5：

1. 公司基本條件

 公司成立的歷史。

 負責人的資歷。

 登記資本額。

 員工人數。

 完工紀錄及實績。

 主要客戶。

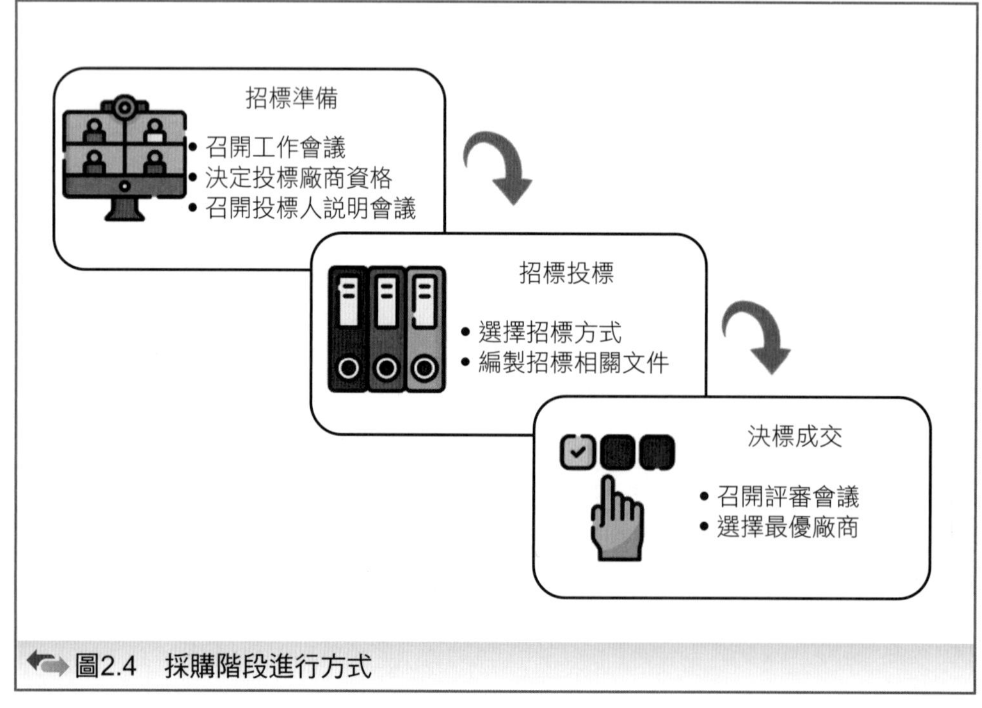

圖2.4 採購階段進行方式

2. 技術

   技術是否新穎，是自行開發或仰賴外界？

   有無與國際知名機構技術合作？

   是否已有類似產品或相關技術評估？

3. 品質

   品管制度是否落實？

   有無品質管制手冊？

   是否有品質保證的作業方案？

   是否具備相關認證？

4. 管理

   組織流程是否已電腦化？

   組織流程是否合理？

   公司高層是否掌握專案進度？

5. 價格

   計價標準是否合乎規定？

   所提供產品價格是否具競爭力？

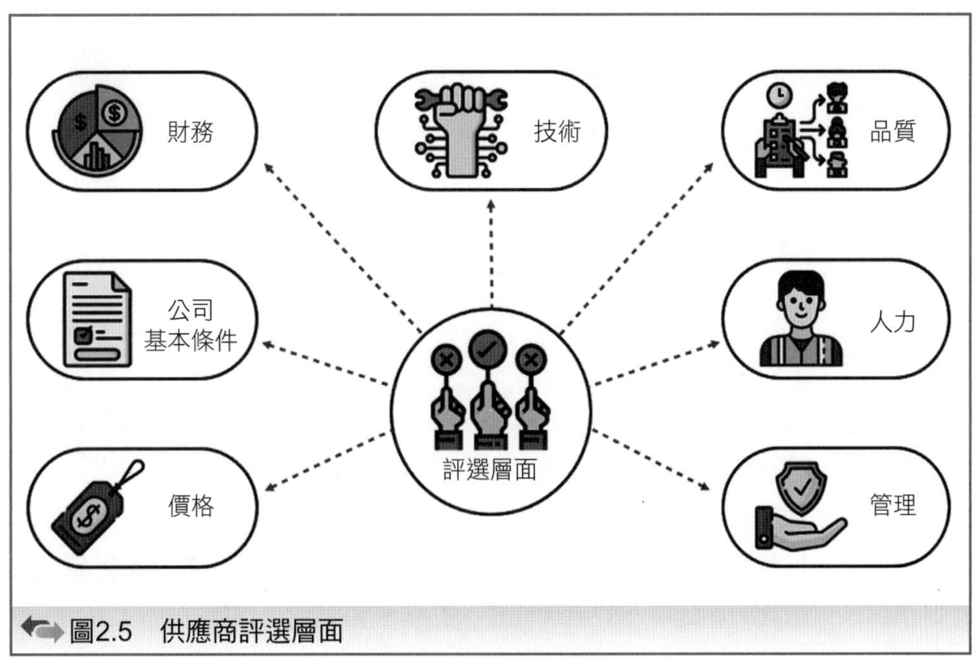

圖2.5 供應商評選層面

6. 財務

公司財務狀況是否透明？

會計制度是否對成本計算提供良好的基礎？

7. 人力（公司員工人數）

本專案負責人是否具備足夠能力？

本專案人力是否充足？

二、上線階段

資訊設備採購之後，即是安排上線使用。目前硬體淘汰速度極快，不同世代所購買之設備是否相容，都要上線測試。一般的方式是廠商先安裝一臺電腦測試，包含桌椅、線路、滑鼠、印表機等都安裝完備，確認無誤，作為之後所有設備進駐的準備。測試一段時間無問題後，才會大量安裝並上線運行（圖2.6）。

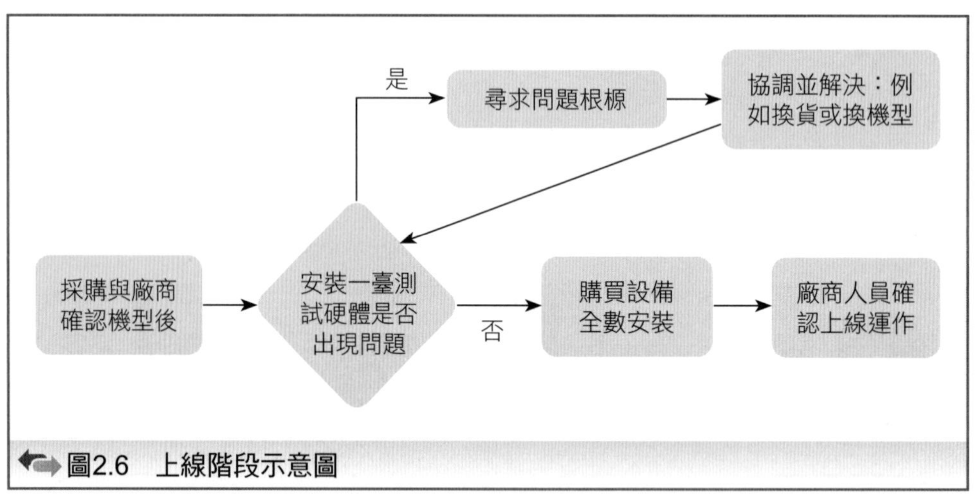

圖2.6　上線階段示意圖

三、硬體維護

這一部分可以分成幾個方面去討論，第一是例行性的維護作業，第二是伺服器維護管理，第三是硬體的維修作業。

1. 例行性維護

資訊人員以每週或是每月為單位，例行性巡查其所負責的硬體設備狀況，視情況予以維護，如此可即時發現問題，在造成損害前予以排除。

維護工作包括：

(1) 系統資源監控：包括CPU Process程序管理、I/O 資源監控、排程管理、檔案空間維護、資源異常排除，及系統異常時資料備份還原作業等。

(2) 網路連線設定、故障排除、維修、網路流量管理。

(3) 網路硬體設備管控，包括路由器管理、日誌記錄檢查、組態設定備份。

(4) 伺服器日常維修及維護表格紀錄。

2. 伺服器維護管理

雖然資訊資源管理分成軟體及硬體，但一般組織在進行資訊資源維護時，還是以系統為主，而資訊系統包括了硬體、軟體、資料庫、網路及流程等，而且同時以提供服務的形式呈現，下面說明提供服務時的伺服器維護的方式。

伺服器的英文是Server，但從翻譯上，沒有辦法直接從中文看出到底是什麼意思。從英文來看，Server就是提供服務者，所以伺服器就是提供服務的機器。現在資訊服務五花八門，可以由一部電腦來提供服務，也可以一部電腦提供多種服務，所以將提供服務的機器稱之為Server，例如提供檔案存取服務的稱之為File Server，提供郵件服務的稱之為Mail Server，提供網頁服務的，稱之為Web Server。

就硬體而言，由於Server 是在提供各種服務，故伺服器可以是小型電腦，也可以是中大型電腦，但伺服器通常指具備較高計算能力，且服務的提供通常是連續性、7×24小時的環境，故意味著伺服器需要更穩定性技術，並能提

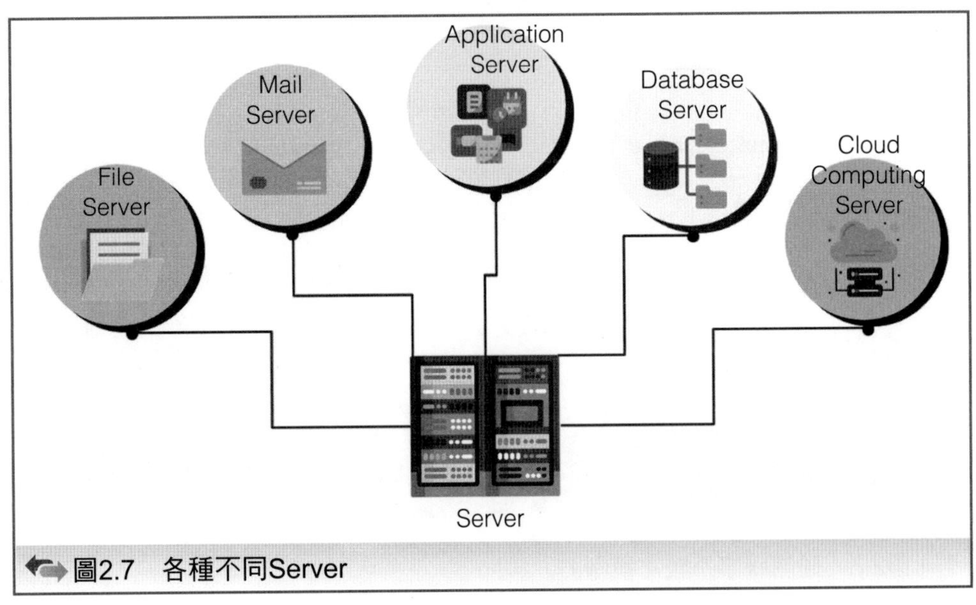

圖2.7 各種不同Server

供給多個使用者服務的電腦。一般桌上型的PC當然也能拿來作為Server，例如作為提供印表服務的 Printer Server，所需要的功能不必太強大，PC 就可以勝任了。但通常個人電腦的計算能力或是穩定度，略有不足，故較少採用。伺服器與大型主機也略有不同，大型主機是通過終端給使用者使用，但伺服器是通過網路給客戶端使用者使用，所以除了要擁有終端裝置，還要利用網路才能使用伺服器電腦，使用者連上線後，就能使用伺服器上的特定服務。Server軟體指的是操作和管理Server 的軟體，也就是Server提供某種特定的服務，就需要特定軟體的支援，這些軟體主要用於與Server的硬體溝通，包括處理器、儲存裝置、輸入／輸出 （I/O）等。根據Server的類型或是用途，可以分為多種形式，例如：提供應用軟體服務的有Application Server Software，提供資料庫服務的軟體為Database Server Software，提供雲端服務的軟體為Cloud Computing Server Software等（圖2.7）。

3. 故障性維修

不論硬體或軟體，使用者都難以避免的，會碰到系統故障發生，大部分組織採用「報修系統」來管理，其畫面如圖2.8範例。

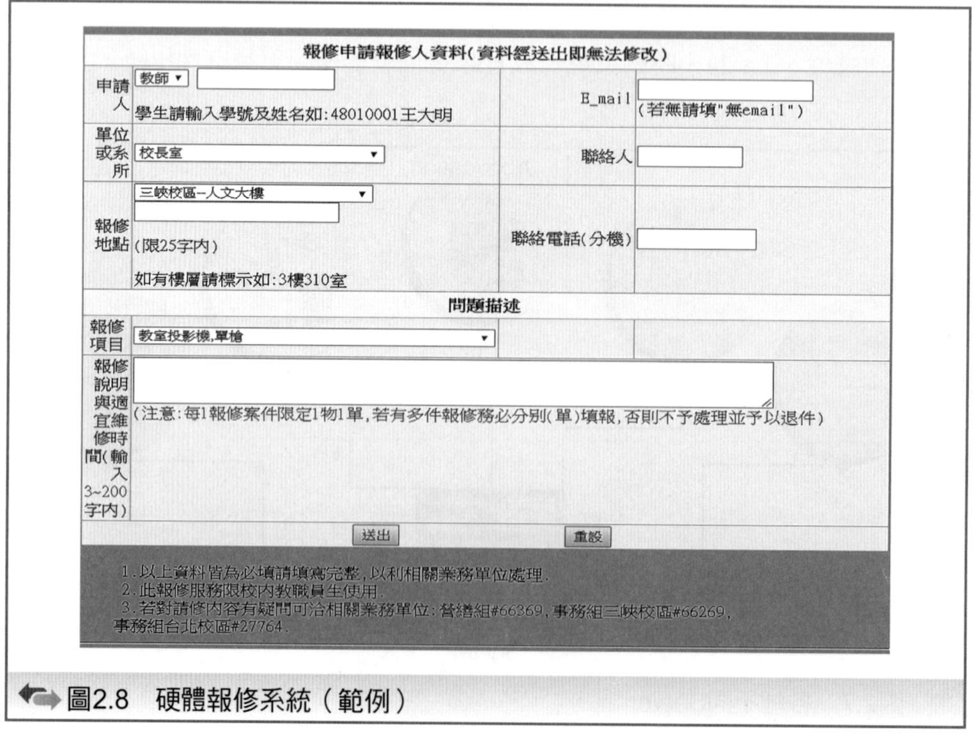

圖2.8　硬體報修系統（範例）

- 更新與汰換階段

資訊設備的更新有兩種情況，一是故障，若經過維修處理後仍無法使用，此時即要準備更新。另一種情況則是達到使用年限，而且設備老舊已不堪使用。更新與汰換的步驟如圖2.9。

當企業內的設備需要汰換時，常因未能掌握正確資產資訊，而無法做出正確的更換時機與更換需求。因此在購置硬體設備時，必須就電腦設備的生命週期做審慎評估，並設定硬體設備的使用年限，一旦達使用年限就須檢討設備是否需要更新或汰換。

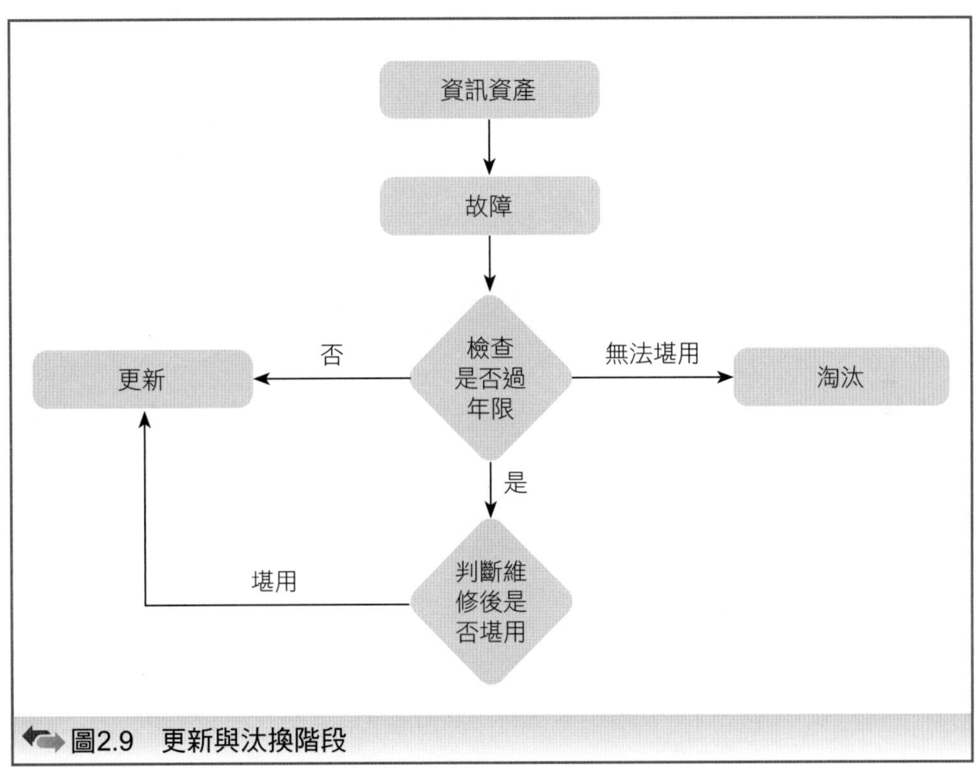

圖2.9　更新與汰換階段

Chapter 3
資訊部門管理

企業內的資訊部門一直扮演著關鍵角色，一個好的資訊部門可以為企業省下許多成本，一個不好的資訊部門可是一個燒錢的部門，所以身為資訊人的你應該知道如何完善管理資訊部門。本章節介紹資訊部門的建立，讓你了解建立資訊部門流程應該如何規劃；也介紹組織結構，每個部門的組織結構不同，而資訊部門的型態又有哪些；介紹激勵員工的方法，避免資訊人才流失；介紹資訊室的建置如何安排才不會導致機器發生問題；接著介紹了資訊系統其他的形式，來取代資訊功能，最後介紹了衡量資訊部門績效的方式。讀完本章節，將可以了解到管理資訊部門需要注意到的各種事項，不讓資訊部門成為公司的一大負擔。

資生堂的資料備份有恃無恐

1957年臺灣資生堂在臺北市仁愛路成立，成為二次世界大戰後，日本資生堂在海外市場的第一個正式據點。剛開始時，臺灣資生堂只是進口原料來生產面霜和口紅，並開始推廣美容的第一步：清潔皮膚，以及使用面霜做基本的滋潤保養。隨著業務量的擴大，資生堂在1965年導入連鎖店，1977年興建臺灣資生堂工廠，使產品品質更上一層樓，也和消費者建立長久的情誼。為滿足營運需求，臺灣資生堂一直使用網路附加儲存裝置（Network Attached Storage, NAS），作為公司內部檔案伺服器與儲存伺服器。

資訊儲存面對的挑戰

2017年勒索病毒肆虐，公司部分員工電腦也受感染，為保護公司重要資料，臺灣資生堂情報企劃部課長張家豪開始尋找能跨平臺備份的解決方案。所謂的網路附加儲存（NAS）是採用各種網路技術，例如：TCP/IP、ATM、FDDI等技術，透過網路交換機連接儲存系統和伺服器主機，建立專用於數據儲存的私有網路。也就是說，NAS將儲存設備透過標準的網路結構，連接到一群電腦上，從而幫助工作小組或者部門機構解決儲存容量的需求。

重複資料刪除效果佳，有效節省52%儲存空間

無論小公司或數百人以上的中大型企業，用戶端資料備份都是複雜的工作，臺灣資生堂亦同樣面對相同問題，尤其總部員工數量超過500人，每日資料變動量高達600GB，若沒有合適備份工具，光是妥善儲存每日變動資料就是個極大挑戰。資生堂採用了Synology Active Backup for Business的全域重複資料刪除技術，可支援跨裝置、平臺與版本的去重複化，減少備份所需的儲存容量。

張家豪說：「經過我們在IT部門測試後發現，該套軟體備份速度確實相當快、資料重複刪除效果也不錯，在伺服器端，實際針對58TB資料進行備份，最終占用28TB儲存空間。而在個人電腦端，經過25臺桌機與筆電的備份測試，也能將6.5TB的資料簡化到2.1TB，整體表現相當令人滿意。所以在臺灣資生堂未來規劃中，2019年將先添購高效能的Synology儲存設備，再運用Synology Active

Backup for Business為總公司500位同仁打造用戶端電腦備份機制，透過預先製作還原USB隨身碟方式，在電腦發生故障事件時進行整機還原；或讓員工直接透過直覺的介面進行檔案層級還原，都可有效縮短維護時間，讓IT資源獲得更有效的配置。而總公司優先導入之後，將會再逐步拓展到全省區域辦公室的個人電腦與近千臺的專櫃POS電腦。」

虛擬機備份、還原速度快，15分鐘還原虛擬機備份

因應公司發展需求，多年前臺灣資生堂也打造主機虛擬化平臺，降低資訊架構的維護成本，同時確保分據點、產線、訂單配送等工作的穩定性。然而隨著業務持續擴張，目前虛擬主機數量已達到55臺左右，只是受限於原先使用的備份工具效能不彰，含有資料庫的虛擬主機群備份時間往往得要6~8小時，而改用NAS的方法之後，備份速度大幅縮短，而還原虛擬備份資料也僅需15分鐘。

張家豪解釋，個中關鍵在於該套軟體內建重複資料刪除技術，所以不僅備份速度加快不少，也能節省儲存設備的備份空間，整體表現令人非常滿意。

習題演練

1. 採用私有雲是否為避免病毒肆虐的方法？
2. 如何避免重複資料的問題？
3. 有了私有雲，還需不需要異地備援？

資料來源：https://www.synology.com/zh-tw/company/case_study/SHISEIDO_Taiwan_ABB

3.1 資訊部門的組織規劃

資訊部門的成立，不僅涉及企業之作業（Operational）及戰術（Tactical）層次，更涉及企業策略（Strategic）層級，因此規劃時，須由企業的願景與目標出發，由上往下發展對應的資訊策略及相關作業事宜，其規劃流程可根據以下之流程圖執行（圖3.1）。

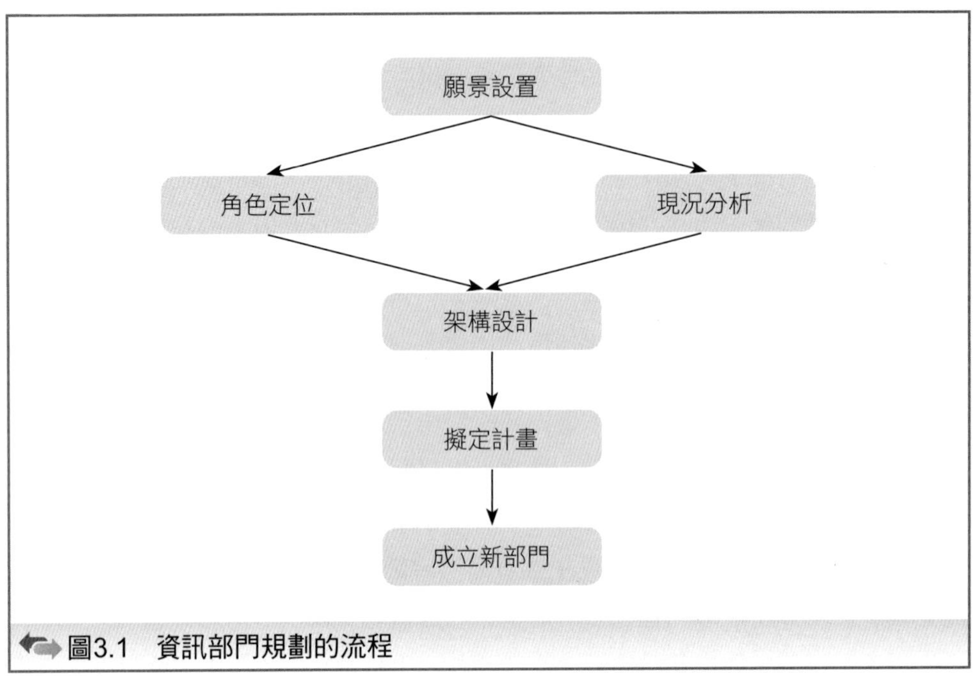

圖3.1 資訊部門規劃的流程

一、願景設置

企業為獲取競爭優勢，首先得了解其所面臨的內、外在環境。內在環境主要為分析企業內部各部門之制度、組織、技術及資源等方面是否健全；外部環境主要是分析顧客需求、市場供給、資金來源、技術現況等因素，另外也還需要考慮政治、經濟與法律等因素。

企業根據分析結果，了解本身之優劣勢，進而建立企業願景與目標，擬定策略。而資訊部門則須整合資訊資源，以配合企業願景，提供資訊資源與資訊服務，以藉由資訊能力提升企業競爭力。

二、角色定位

組織資訊部門的主要功能，在於提供電腦資訊服務給企業內其他部門，以協助資訊使用者更有效地執行業務，以達成企業目標。而資訊部門在組織內所扮演的角色可分三類：成本中心（Cost Center）、利潤中心（Profit Center）及支援部門（Supporting Department）。

(一) 成本中心（Cost Center）

部門主管在其權責內須控制所有成本，以確保最低的單位成本。基於使用者付費之概念，使用資訊服務的部門必須支付代價，提供資訊服務的部門則收取費用，資訊部門之經費預算，由所有使用單位分攤，故使用者在使用資訊資源時，會仔細評估成本效益。

(二) 利潤中心（Profit Center）

部門主管在其權責內除控制成本外，也以獲取利潤為工作目標。當然這樣的資訊部門，較前述之成本中心更為積極。資訊部門主管為求最高利潤，會將資訊部門視為具有收入與支出的責任中心（Responsibility Center），可自行訂定利潤目標，向使用者收費。資訊部門由於擁有利潤的自主權，可對外界提供服務，以充分使用電腦資源，當然，使用者亦可尋求外界的服務，以獲得最高效益。

組織採利潤中心制，除能分攤成本外，也能對資源做最大利用，缺點則是資訊部門為求其最佳利益，容易忽略對整體組織的貢獻，造成嚴重的代理問題。另外，由於資訊部門與使用者之間為獨立關係，使用者不一定向資訊部門尋求資訊服務，委外資訊的結果，容易造成機密外洩、資源浪費等問題。

(三) 支援部門（Supporting Department）

所謂的支援部門，就是資訊部門，並非責任中心或利潤中心，其相關花費均視為組織的費用。採用這樣的組織型態，相對而言較為簡便，而且由於使用者使用資訊資源不需額外付出成本，提高了使用者尋求資訊服務的意願，可提高組織資訊化程度。

三、現況分析

建立資訊部門之前，必須先就企業目前資訊的現況做分析，一般考慮的重點有以下三項：

(一) 技術設備分析

企業目前所使用的軟硬體設備、網路架構、周邊設備的數量、規格、性能，以及所有軟體系統等，皆要調查清楚，以便確認是否需要採購新設備、升級或是繼續使用。

(二) 人力資源分析

資訊部門的成立，必然會影響組織現況，造成組織變動與職務調整。管理者必須了解現有員工中是否具備擁有相關技術能力的人才，以及組織內有相關技術設備。利用企業中現成具資訊背景之員工，再加上各部門主管成立籌備小組，進行籌備事宜。

(三) 成本效益分析

資訊部門的建立在於協助企業目標的達成，不可否認的，成立資訊部門是龐大的投資。因此在規劃資訊部門時，應先進行成本效益評估，以確認資訊部門是否有成立之必要，或者是採資訊委外。

四、架構設計

(一) 資訊部門之功能

企業為達成營運目的，根據權責及功能劃分為不同單位，首先探討資訊部門的權責及功能。

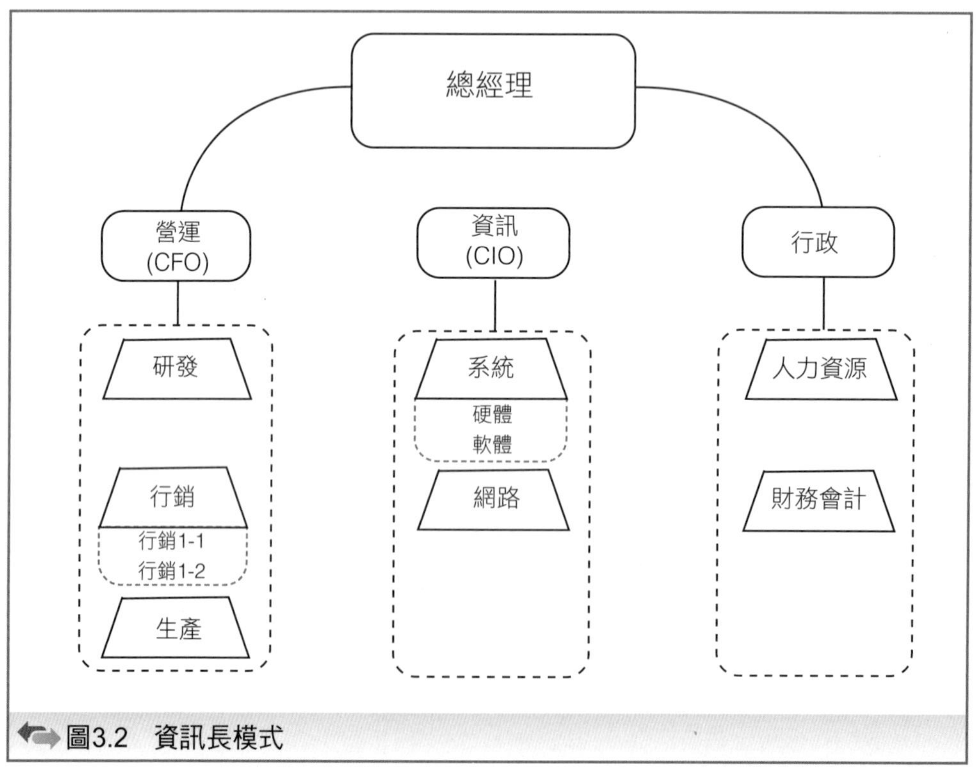

圖3.2 資訊長模式

1. 資訊系統操作

為確保組織之正常運作，資訊部門人員須熟習所有系統之日常運作，並每日編製工作日誌。

2. 網路通訊管理

對於網路上的通訊進行有效的監視及控制，包括其所連結之通訊設備。

3. 資訊資源管理

管理所有的資訊資源，包含軟、硬體及其周邊設備。

(二) 資訊部門之層級

早期的資訊部門以支援工作為主，通常依附在其他部門之下，像是資訊部門在行政處下，層次較低，並無整體決策的功能。資訊部門的層級提升，有助於企業整體資訊的推展。資訊部門的組織架構方式可有以下幾種：

1. 資訊功能為組織重要功能，組織設立與財務長、營運長地位相同之資訊長（Chief Information Officer），除了處理例行性的結構化工作外，處理組織非結構化決策，需要大量蒐集組織內外各種資訊及知識，作為組織決策之用。資訊部門較大，人員充足，通常人力比例有時會達5%（圖3.2）。

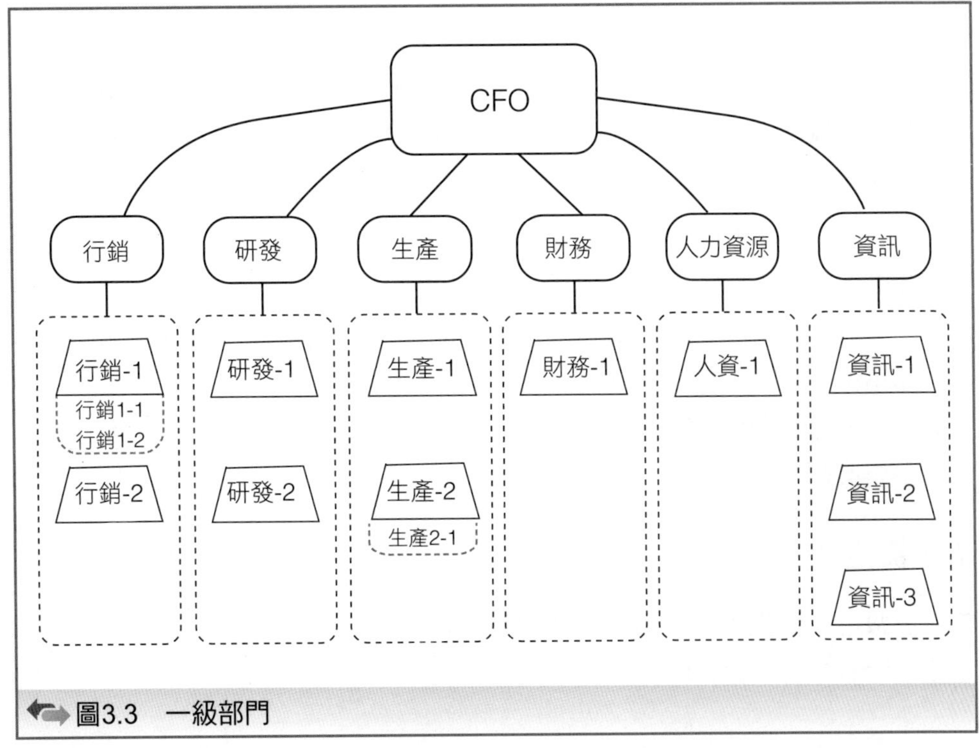

圖3.3 一級部門

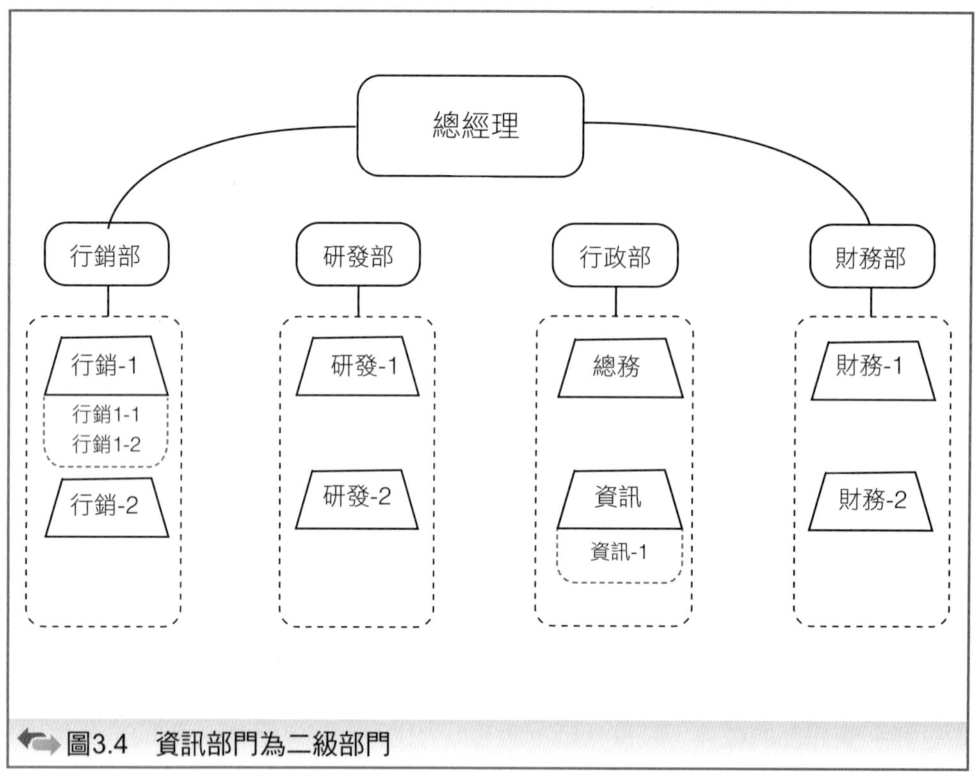

圖3.4 資訊部門為二級部門

2. 資訊功能以可以支援組織管理，可協助其他部門進行管理與監督，資訊部門列為一級單位，與其他部門協調時，有相同地位。主管職稱通常為資訊部經理，組織之內也許會分組，但人員有限，可以協助其他部門進行資訊相關工作，但對於非結構化決策的部分，較難以達成（圖3.3）。
3. 資訊功能以支援組織為主，協助其他部門進行資料彙整，並無決策、商業智慧的功能，為二級單位，依附於行政或是財務部門下。通常屬於行政部門下的一個組別，採用套裝軟體協助組織進行基本的資料處理，屬於最基本的資訊單位（圖3.4）。
4. 最後一種則是沒有特定的資訊組織，僅有數名資訊人員，組織內之資訊工作主要採委外。

五、擬定計畫

依據企業願景與目標，分析現有資訊資源狀況後，擬定資訊部門建置計畫，其須注意的有以下幾點：

(一) 計畫的擬定

首先組成籌備委員會，或是指導委員會，並成立工作小組進行籌備計畫。

(二) 人力的安排

人力的需求評估、人員招募須事先規劃，考量企業內是否具有足夠且適合的人員，或者需要外聘人員。

除了眼前的規劃之外，更須配合組織未來發展，並保留資訊系統的彈性，規劃未來前景。

組織在執行任務上所面臨的是動態環境，所以任務的不確定性相當高，隨著組織成長及決策需求，決策者所處理的資訊量也隨之增加，資訊內容也更複雜而多樣，所以資訊部門的組織型態、組織結構也有所不同。

六、組織結構

組織結構是管理者用以達成企業目標的工具，至於企業目標則來自企業策略，因此企業策略和組織結構有相當的關聯性。換句話說，組織結構隨著企業策略而改變。

傳統之組織結構不外乎下列兩種：

(一) 機械式結構（Mechanistic Structure）

所謂的機械式結構，就是傳統的金字塔型結構，其特徵是複雜度高，尤其是水平分化大、高度正式化、有限的資訊網路，基層人員少有決策權。

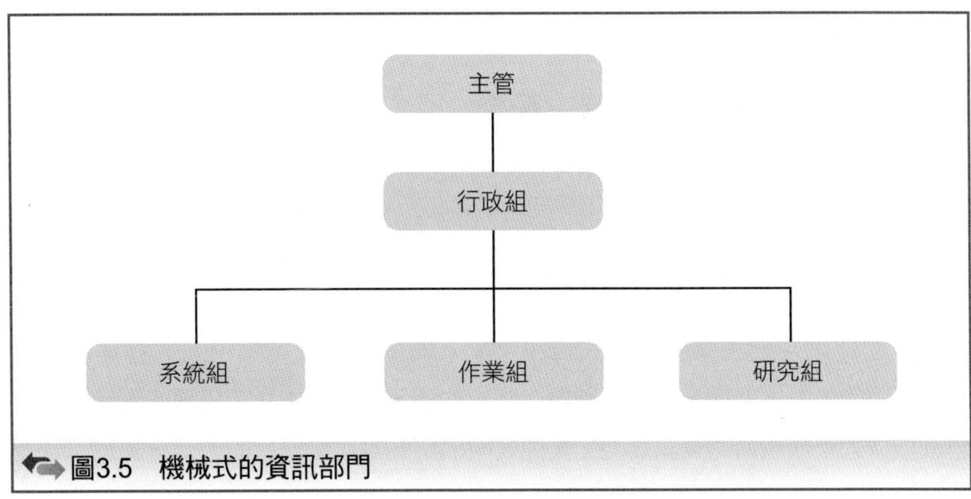

圖3.5 機械式的資訊部門

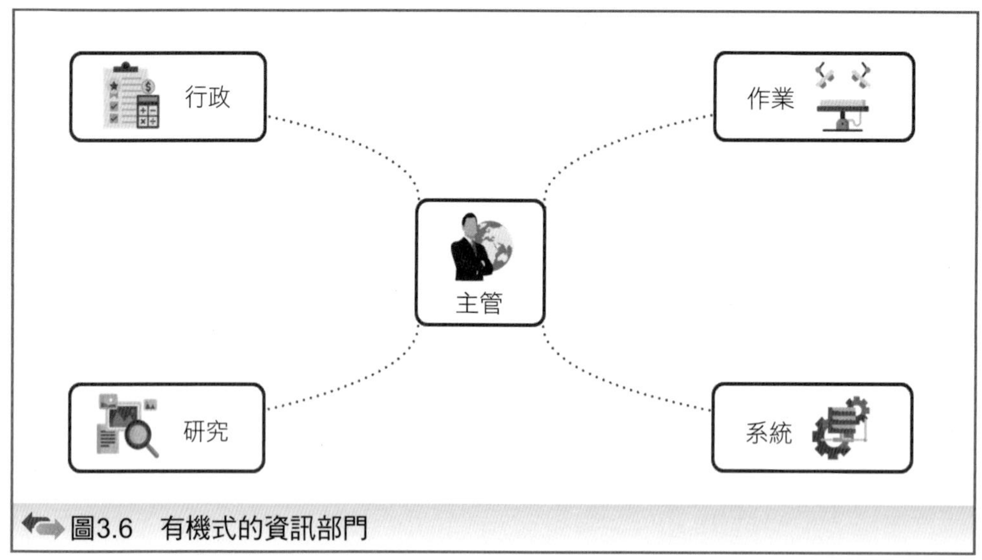

圖3.6 有機式的資訊部門

一般分成系統、作業、研究等組別的資訊部門，都屬於此一形式，如圖3.5所示。

(二) 有機式結構（Organic Structure）

這一類的組織，其複雜度較低，正式化程度不高，通常以虛擬的資訊網路連線各單位，不論是縱向或橫向的溝通，都比較直接，員工的決策參與權較高。如圖 3.6 所示。

機械式結構較為嚴謹，正式法令規章的數量多，企圖降低個人對組織產生的影響；相反地，有機式結構則有較高的彈性與適應性，並以經常的溝通與調整來進行協調。

3.2 資訊系統與組織之配合

資訊系統結構和組織結構不盡相同，資訊系統之架構類型有下列幾種：

一、集中式架構（Centralization）

早期資訊系統多採用集中式資訊系統，即使是現在，集中式的管理也很常見。所謂的集中式架構，即是將硬體、應用軟體及資料集中一起管理。因此，採用傳統機械式組織架構的資訊部門，集中式架構可能是比較適合的方式（圖3.7）。

二、主從式架構（Client-Server Structure）

目前流行的架構，是將系統分成後端資料庫伺服器（Database Server）與前端應用程式伺服器（Application Server），並以兩層、三層或N層架構（2-Tier, 3-Tier, N-Tier）等名稱區隔。使用者端則因為瀏覽器（Browser），而形成瀏覽器介面（Web-based），並有簡化使用者端（Thin-Client）概念與網路電腦（Networked Computation）產生。各部門均有個別伺服器，即使硬體集中管理，但應用程式及資料仍由各部門各自負責，故採用有機式組織架構的資訊部門，將資訊人員派至各個部門是較為合適的方式。

資訊化或是自動化，指的不僅是導入資訊系統，更意味著流程的改變。傳統層級管理幅度為3至6個次級組織，企業的資訊化，不但管理幅度擴大，組織內成員也增加，於是出現了所謂的財務長、營運長等職務。資訊部門也因此在傳統的執行長（CEO）旁邊增加了資訊長（CIO），負責企業流程改造（Business Reengineer）及所有資訊的相關工作。

三、雲端運算（Cloud Computing）

雲端運算此名詞最早是由Google提出，最初應用在搜尋網頁資料（Google Search），由遠端伺服器進行處理，最後將結果統整並傳回使用者。在資訊領域習慣將網路世界比喻成「雲」，因此稱作「雲端運算」。雲端運算主要功能在於軟體、硬體的資源共享，以及提供資訊給不同需求的電腦和其他裝置。

根據美國國家標準和技術研究院（NIST）的定義，雲端運算服務必須具有五種特質：(1)能隨時自助服務；(2)不受空間與時間限制，使用網路裝置存取；(3)共享資源；(4)可以快速重新建置；(5)可被控制管理與量測的服務。此外，雲端運算有三種服務模式：(1)軟體即服務（Software as a Service, SaaS）：透過網際網路，軟體服務供應商提供客戶軟體應用的服務模式，如提供一組帳號密碼；(2)平臺即服務（Platform as a Service, PaaS）：提供各項功能整合的平臺給客戶，並依據流量或使用量來收費；(3)基礎架構即服務（Infrastructure as a Service, IaaS）：使用者向雲端服務提供商用租賃的方式，使用儲存空間、網路等基礎資源，不必自行建置基礎設施或購買硬體；以及四種模型：(1)公用雲（Public Cloud）：透過網際網路與第三方服務提供者開放給客戶使用，具有彈性，但「公用」不代表「免費」，更不表示使用者的資料可受到任何人檢視。(2)私有

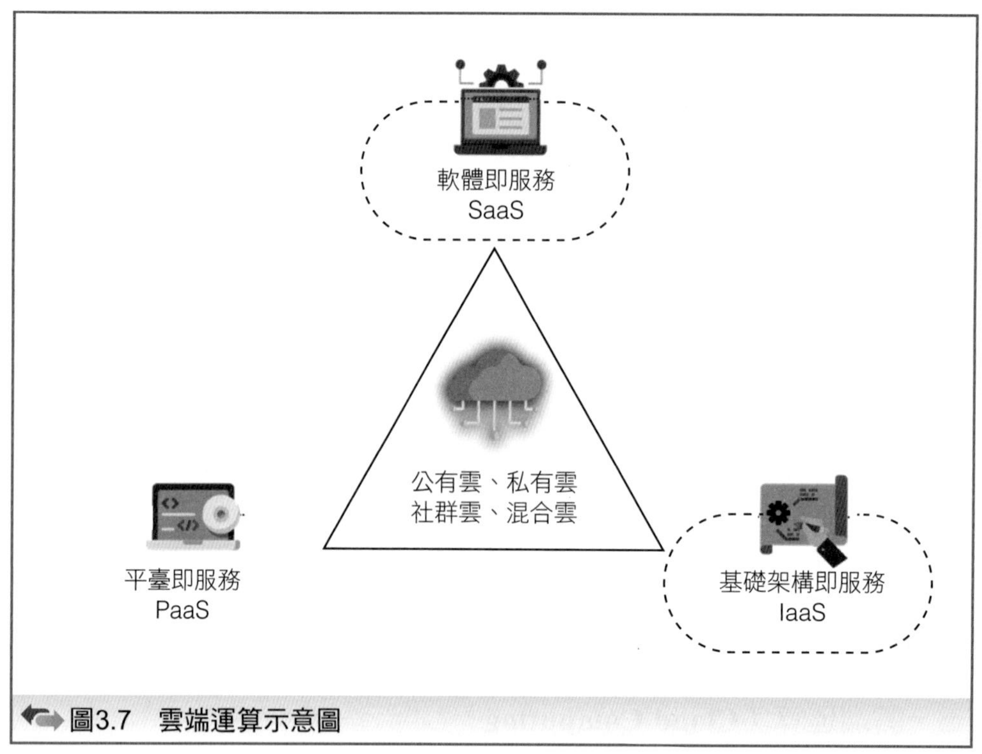

圖3.7　雲端運算示意圖

雲（Private Cloud）：與公用雲的差別，在於私有雲的資料與程式皆由組織內部統一管理，不會受網路頻寬或法律規範等因素影響。由於私有雲的使用者與網路都受到特殊限制，因此能提供使用者較安全的環境。(3)社群雲（Community Cloud）：由許多目的和利益相近的組織共同掌控雲端資料與應用程式。(4)混合雲（Hybrid Cloud）：結合公用雲與私有雲，使用者通常握有企業的核心資訊與情報，並將非核心資訊外包，在公用雲上處理（圖3.7）。

在多變複雜的經營環境中，具備彈性、容易操作，並且能降低成本、增加安全性的資訊科技，可說是企業迫切的需求。若企業導入雲端環境，透過各種雲端連結與應用，讓使用者能隨時隨地、無論使用何種工具，看到相同的文件格式。其次，資訊科技人員在一個主控平臺上，就能同時管理並分配資源，簡化企業管理的複雜度，進而降低管理成本，應該是理想的資訊架構。未來，雲端服務將更重視異質環境的管理，如自動化、虛擬化以及跨平臺的整合，並依據實際需求進行調整，創造新商業獲利模式。

3.3 資訊部門的人員激勵

一、資訊部門人員之特質

資訊部門人員不論是軟體開發與應用或硬體工程安裝與維護，一般均屬於專業技術人員，因此，對於人員的管理與激勵，應有別於其他部門人員。主因在於這群人員主觀上認同自己本身的專業素養，而此專業素養即是對於資訊科技之認知與應用，有別於其他部門人員。所以資訊部門之管理者對其工作的激勵方式，除原有傳統企業的激勵與溝通模式外，尚可考慮採用更具實質意涵的方式，例如：專業技術提升的空間或自我實現的誘因等，融入資訊部門之管理。

二、對組織成員之激勵

所謂激勵是指促使個人或他人對某種事物的慾望、需求及驅動力，使其行為受到激發與引導的過程。

一般來說，資訊系統人員的流動率過高，不論是系統分析師、程式設計師或是其他資訊部門人員，都認為他們自己是專業人員，傾向於認同外部的專業社團，而較不認同於受僱組織，所以，組織外的激勵遠高於組織內的激勵。

也有研究指出，在系統設計和系統維護兩個工作中，大多數資訊從業人員較有意願從事設計工作。很多資訊專業人員，視維護工作為層級較低之工作，單純的維護工作，被認為無法發揮創造力和專業能力，此時管理者應該提升資訊部門成員對於受僱組織的認同，藉由對員工的了解，進一步深入員工的內心，並將其導向對組織的認同及對工作的認同，進而降低流動率過高的問題。

三、資訊部門人員的激勵

事業生涯規劃是有效激勵員工的方法，在資訊部門也是如此，企業有系統的處理員工企業生命週期變遷，才能留住人才。

資訊部門人員的晉升規劃，基本上大致以圖3.8的步驟為原則。

在進行資訊部門人員的事業生涯規劃時，同時必須考慮其晉升所需的能力，可以從下列幾個方向進行：

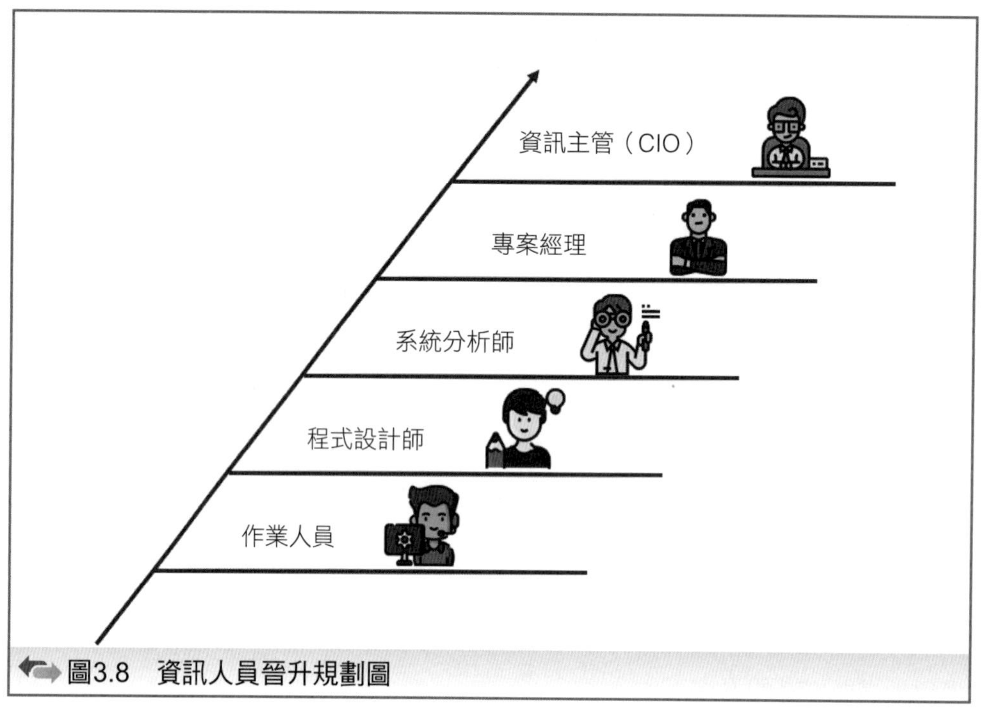

圖3.8　資訊人員晉升規劃圖

(一) 邏輯能力

此為擔任程式設計師所必備之要件，所謂的邏輯能力，類似結構化的設計概念，主要以「某個動作之所以能夠運作為前提」，包括循序（Sequential）、選擇（Selection）及重複（Repetition）等三種。

(二) 整合能力

由於在進行資訊系統專案時，系統分析師首先要將系統分解成不同的模組，由程式設計師進行下一步的程式設計工作，設計後，則須將程式整合，系統分析師如果沒有整合能力時，可能無法整合出完整的模組，故系統分析師須有長期觀點、整合、協調的能力。

(三) 規劃能力

系統分析師再往上就是所謂的專案負責人，一般俗稱為專案經理，通常須考慮整體專案，包括專案設計、可行性、建置困難度、完成後效益等因素。

(四) 管理能力

資訊主管所涉及的重要議題更多了，資訊部門同時進行很多專案，在各個不同專案間，如何規劃、組織、領導部屬，再加上激勵及控制績效，都是身為資訊部門主管的挑戰。

企業在面對資訊部門人員的事業生涯規劃時，須考慮到不同階段的人員，需要有不同的訓練，加強資訊人員對自己的規劃與訓練，不但可為企業留下好人才，也能激勵資訊人員的士氣。

3.4 資訊部門硬體規劃與服務水準

前面已經說明如何進行人員的管理，但在實體方面，資訊中心還需要進行硬體規劃及與服務商協商訂定服務等級協定（Service Level Agreement, SLA），提供一定的品質給使用者，如此不僅提高使用者滿意度，也可提升公司整體績效。

一、硬體規劃

在實體方面，有下列事項需要考慮：

(一) 場所

通常需要考慮到使用者的方便性，但有時很難兼顧隱密性與安全性。另外，資訊的進步一日千里，也要顧慮到未來的發展性，以免常常需要搬遷，因為資訊設備的搬遷是一件複雜的工作。

除了地點的選擇之外，還需要考慮天花板的高度、是否須架高地板、架高地板後的載重、出入門口的大小、是否有其他無線通訊設備干擾等？

(二) 布置

資訊設備的布置（Layout），首先要考慮的就是工作流程，如何能使工作流程更有效率與流暢，則是首要目標，但此一目標有時會因隱密性的考慮、電源的問題、設備的進出等，而與流程設計不一致。

(三) 電源

資訊設備最重要的一點就是有關電源的問題，應設置足夠的不斷電設備，以供應所有電腦設備，確保資訊系統之正常作業。應設置資訊系統專用之電源插座，且不得使用於系統以外之設備，造成跳電當機，影響系統正常作業。盡量少用電源延長線，以免電力無法負荷，導致其他危害安全情事。

(四) 空調

資訊硬體設備所產生的溫度極高，讀者嘗試將筆記型電腦置於大腿上，就知道其溫度，故溫度的控制是資訊中心需要慎重考慮之處。除了溫度之外，溼度也應適當控制，以免不當毀損資料。

(五) 防火

資訊部門的防火措施，除了標準的灑水裝置及滅火器之外，還應設置防火門，以防意外發生。

(六) 其他特殊考慮

除了上述眾多需要考慮的事情之外，還有像是灰塵、地震、水災、颱風等災害，都是在建置資訊部門時，需要事先防範的。

二、服務水準

在提到資訊部門服務水準時，通常是以服務等級協定（Service Level Agreement, SLA）來說明，所謂的服務等級協定，是指提供者與顧客之間所訂定的協定。這樣的協定是由資訊服務提供者與顧客，透過SLA的協調進行。舉例來說，當企業將網路通訊系統委外時，委外公司就必須負責公司中網路的暢通性。

從維修者的角度來看，網路不通意味著可能是伺服器故障、線路故障，或是個人電腦故障，甚至可能是個人電腦後面的網路線接觸不良。但從使用者的角度來看，一旦網路不通，他只會在乎網路服務何時會通，但無法判定到底何者出狀況。

為了解決類似的困擾，委外公司應該與使用者訂定一個網路服務的SLA，以提供網路正常服務。

到底SLA文件要包含哪些內容，才能發揮良好功效？（見圖3.9）

(一) 服務範圍界定

包括服務時程、服務型態、服務範圍、風險要項、人員權責、系統資料成長預測、計費標準與作業指標。

圖3.9　服務安全協議檢查表

(二) 績效

SLA中應定義網路、系統和應用軟體的目標與效能，包括系統穩定度、資料傳輸可靠度、頻寬可靠度、CPU的使用率、資料輸出量等。

(三) 問題管理

問題管理的目的在於使事件和問題減到最低，如突然面對系統故障、服務中斷或災難發生時，所應採行的處理方式與後續處理；如何將原有的系統服務恢復正常運作，以及規劃發生意外的預防措施；說明備援計畫作業時的備份週期、存放地點及保管方式等。另外，為了方便事後追溯，正式紀錄和日誌也必須完整保留。

(四) 顧客責任與義務

除了服務者的責任外，顧客也要了解，他有責任支持整個服務過程。

(五) 災害補救

SLA中，這個部分包括服務品質、賠償、第三者的求償等。

(六) 安全

在實體方面，包含機房門禁安全管制、網路實體安全管制、通訊安全管制、應用軟體平臺、應用軟體安全管制、防火牆、防毒及特洛伊木馬掃描、入侵偵測機制等；在資料方面，包括資料備援、代號及密碼管制、資料存取及執行記錄；在人員方面，包括承包廠商員工、外聘人員相關的保密等。

(七) 服務終止

當任何一方終止服務時，應遵循的處理程序，或如何將組織存在服務商的資料或設備，順利移轉給原組織機關，或協助後續服務商交接。

3.5 資訊部門績效衡量

企業內的資訊部門，通常是要能讓軟、硬體每天都能正常作業，所以資訊部門的績效是很重要的。若資訊部門的績效低落，整個企業每天的日常作業效能也會低落。另外，若企業內資訊長的績效低落的話，也會使得公司整體的效能降低，所以在這邊我們從兩個角度來討論資訊部門績效的衡量。

一、資訊部門績效

關於資訊部門本身的績效，我們可以從三個方向為出發點，來考量資訊部門的績效，見圖3.10。

第一個是從日常的使用者出發，首先，如果資訊系統的反應時間很慢的話，就會拉長員工的作業時間，造成不便，所以系統的反應時間可以作為資訊部門績效的衡量點之一。另外，資訊系統的服務品質是否達到員工所需，確實幫助到日常的作業，而不是成為操作上的累贅，所以系統的服務品質也是資訊部門績效的衡量點。再者，資訊系統的使用率有沒有成長，使用率的成長，代表這個資訊部門所規劃的系統讓員工覺得好用，如果方便使用的話，使用率就會增加，所以資訊系統的使用率也是資訊部門績效的衡量點。就企業對外的資訊系統來說，企業顧客的抱怨次數也可以間接是衡量資訊部門績效的方法之一，如果資訊部門的績效好，客戶的抱怨自然就會少；再者可以針對企業內的員工或顧客做一次滿意度調查，以確實衡量資訊部門的績效。

第二個我們可以從資訊部門內部出發，來衡量資訊部門的績效，最常見、也

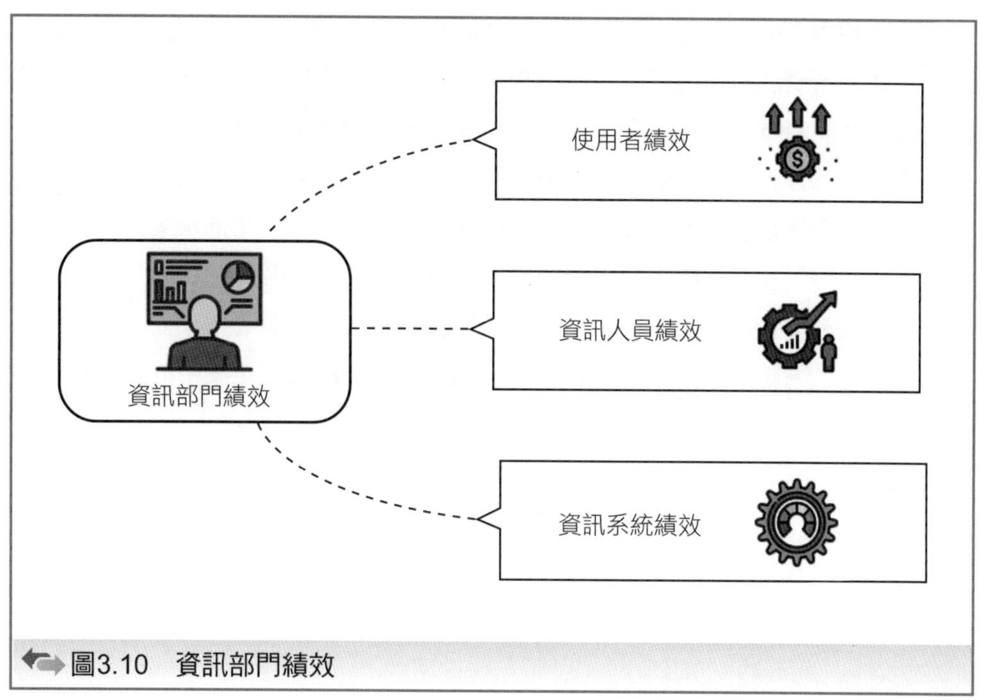

圖3.10 資訊部門績效

是最好用的就是成本指標，也就是說，資訊部門不管是在開發或是在修改資訊系統時，所需要的成本就是最好的衡量指標，一個好的資訊部門會用最少的成本來做最多的事。另外一個衡量的方法是參考資訊部門中幕僚人員的流動率，一個部門的人員流動率高，自然不會有好的效能，尤其幕僚人員是規劃的角色，資訊系統的規劃很重要，且是影響效能的關鍵。

第三個我們可以從資訊系統本身出發，檢查系統內的錯誤輸出率有多少，便可以知道資訊部門是否有確認系統的穩定性及效能，這些都是資訊部門的工作。

二、資訊長績效

通常企業中的資訊長扮演了一個很重要的角色，他不僅要領導整個資訊部門，更要決定許多企業內的資訊決策，所以資訊長的績效也常常是企業內部衡量資訊部門的參考點。一般來說，資訊長所面臨的挑戰有資訊資源整體結構的建立，以及資訊科技的規劃與控制，另外常見的挑戰就是資訊策略的制定，以及專案管理的能力，這些都關係著資訊長的績效考量。

所以我們對資訊長的考量，在於他是否了解企業大方面的策略目標以及內部的作業程序，因為要了解企業的策略目標，才可以使資訊的策略能夠符合企業的需求；了解內部的作業程序，才可以有效建立資訊資源結構。我們常常也會觀察資訊長對創新資訊技術的了解程度與管理能力，這樣才能衡量他能不能為公司導入適當的資訊科技。此外，資訊長能不能運用自己的商業知識來跟管理者溝通，也是很重要的，大部分的管理者都不了解資訊科技的重要性，能夠充分溝通進而得到充分授權是很重要的。最後，我們會觀察資訊長是否能增進企業內的資訊成熟度，以及針對企業目標來建立資訊系統整體的架構，一個好的資訊長可以帶動企業內部的高度資訊化，而不是單一的系統化，會善用溝通的效果而不是作業上的要求來導入系統。由此可見，隨著時代的進步，資訊長在企業中的角色只會愈來愈吃重。

Chapter 4

資訊系統規劃

本章介紹資訊系統的規劃，藉此得知組織所要達成的目標，以及如何評估資訊技術、經費預算等現況。所謂資訊系統規劃，指的是組織對資訊系統所進行之中長程想法。其次，本章介紹Nolan六階段資訊系統：起始、擴張、控制、整合、資料管理、成熟，以及McKenney和McFarlan四階段理論。最後，介紹三階段模型資訊系統規劃方法、策略集合轉換，以及結果／方法分析。這些技術可以定義出個人層級、部門，甚至組織的資訊需求，同時關注生產過程中，效率與效益兩方面所扮演的角色。除了介紹資訊系統規劃之角色外，本章也以Mintzberg所定義高階管理者為架構，來探討CIO在資訊系統規劃階段所扮演之角色。高階管理者角色分成三大類、十種角色：協調者、資源分配者、問題處理人、創業家、發言人、傳播者、神經中樞、聯絡人、領導人、領袖形象。

智慧社區，一點就通

資訊科技愈來愈普及，人工智慧愈來愈進步，各種應用也從科技產品轉向生活應用，所有人類的食、衣、住、行都受到影響。就居住方面來說，資訊科技的應用從過去的智慧型辦公大樓，轉型應用到智慧型住家大樓及智慧型社區發展。智慧社區是目前社區管理的新趨勢，主要藉由雲端的服務，提供多樣且人性化的社區服務，使居民擁有安全舒適的環境。所謂智慧化的社區服務，是指藉由網際網路及物聯網，將社區管理、智慧大樓、智慧家居服務、醫院及家庭護理、食品藥品管理及票證管理統整在一起。

目前臺灣初步的應用已經開始，但與整體「智慧社區」仍有一段距離。目前的智慧社區應用，主要是整合通訊門禁設備及後台系統，建構出符合社區管理的社區控制系統，加上多語系的系統介面，提供社區管理員遠端設定與住戶的聯繫人，也提供社區管理員發布社區的相關公告，提升社區服務的效率，並減少紙張的資源浪費。

智慧社區管理系統包括很多部分，最簡單的應用，像是利用App，可以掌握社區資訊、繳交管理費、填寫瓦斯表、代領包裹、簽收郵件等住宅社區事務，這部分是智慧社區管理系統的基本要件。

而更進一步，智慧社區管理系統更能與外界連接，做到網網相連。例如：

1. **災害偵測系統**：社區所有住戶均裝有火災、瓦斯等偵測系統，當任一住戶發生異常警報，可藉由系統及時通報管理者，提升處置效率。
2. **智慧物業管理**：一般社區的門禁系統、停車場管理、閉路監控管理、電梯管理、保安巡邏等系統通常沒有連線，如果經由智慧管理系統，從門禁開始，就可以知道來車是住戶還是訪客？如果是住戶，門禁會自動打開，訪客則是可以經由住戶的事先通報、開門，並告知訪客停車位置，電梯也可以直接設定好，僅可抵達住戶樓層，這都是智慧系統可以做到的。
3. **住戶溝通系統**：以往管理員與住戶之間的單向溝通，轉成了戶與戶之間的多項溝通，這樣一來，除了單純的發布社區訊息之外，各種社區事務，即可透過視訊會議完成，不必如以往須聚集所有住戶一起開會，社區居民無須出門即可完成。

另一個智慧型社區管理系統的重要功能，則是社區建築物的基本資料的保存，包括：

1. **基本設施管理系統**：提供設施、設備的數字化報表管理，像是各類設備的日常使用狀況、維修次數、日常使用、保養與更新等，包含停車閘門、電梯系統、排水系統、供電系統、監視系統等相關紀錄，以便管理與維修。
2. **基本結構管理系統**：包含住戶位置、登記人、產權情況、住戶房型、社區設施分配、房屋結構等。
3. **所有智慧系統整合系統**：社區管理員藉由傳統電腦、或是手持裝置，社區各個子系統，例如：停車管理系統、門禁系統、社區廣播系統、電梯管理、照明管理系統等，都可整合在一起。

一個良好的智慧社區管理系統，包括資料庫、操作日誌、錯誤訊息資料庫，是基本功能。社區能利用資料庫儲存社區相關資訊，提供社區管理員於任何時間、條件下，查詢各項公告紀錄，並提供多種篩選條件與資料，匯出成為報表，方便查詢。資料庫須具備完整備份及差異備份，確保用戶重要資料不遺失。

其次，智慧社區管理系統的擴充性和整合性，需要考慮到未來，不管是獨棟建築物或多棟建築物，建築物的壽命超過50年，故系統擴充性也須考慮。

智慧社區管理系統未來發展

更進一步的，智慧型社區未來更可以整合擴充如以下之功能：

1. **智慧綠色管理**：不管是電表、水表都可以直接將資料傳送給自來水及電力公司；社區綠化、自動灑水、夜間公共道路與設施照明，也是事先設定好自動調節，不需要人為調控。
2. **社區共享經濟智慧服務**：這是指社區內共享經濟的商業活動。例如：住戶之間的二手物交易、停車空間的共享、臨時托育、代購服務的協助等，都可藉由系統來完成。
3. **居家老人安養管理系統**：臺灣老化問題嚴重，銀髮族不論是居住於家裡或是安養院，也可以透過遠程監視系統確認安全，子女可以安心工作，而老人生活也可以得到保障。

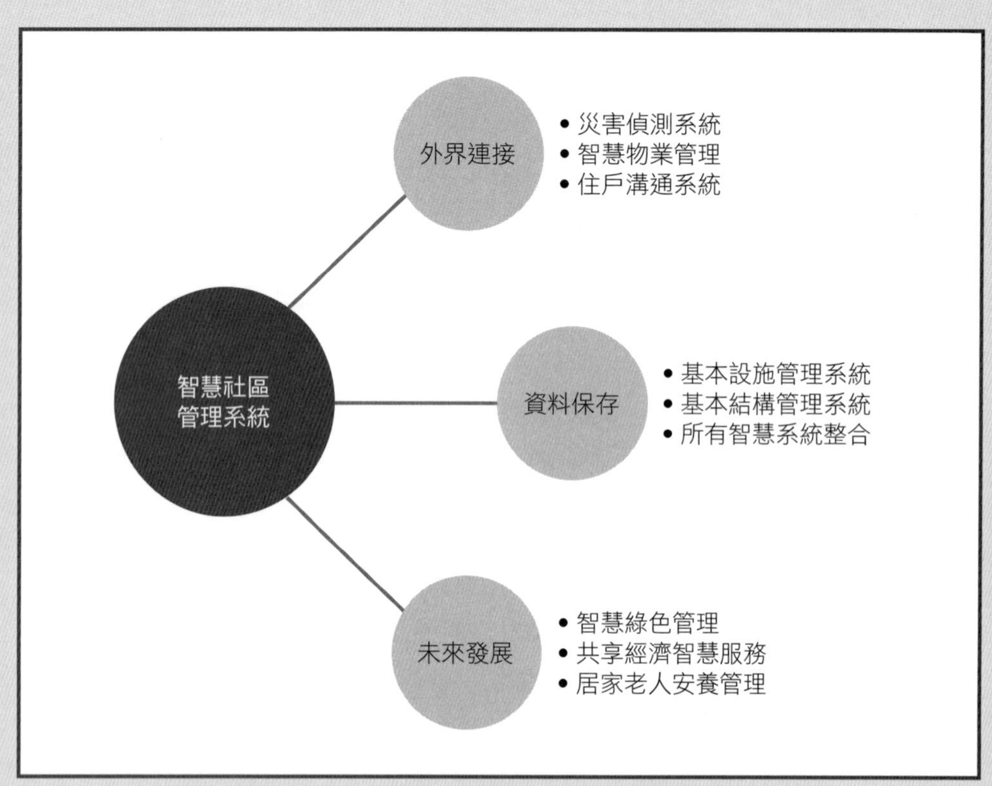

習題演練

1. 智慧社區管理系統是採用哪一種方法來規劃？
2. 不同的社區可以採用同一個智慧社區管理系統嗎？
3. 可以將這樣的系統做成套裝軟體嗎？

資料來源：文・圖／蔡秉翰　2015/6/23 上午 11:04:29
http://www.runpc.com.tw/content/content.aspx?id=109853

4.1 資訊系統規劃概論

企業打算引進資訊科技時，首先得先對組織未來所需的資訊應用系統，做出妥善規劃，訂立開發優先順序，思考相關問題：

1. 未來可能的變化及遭遇的問題。
2. 未來欲達成之目標。
3. 與現有系統整合問題。
4. 訂定各系統開發的時程、所需人力及相關成本。

故資訊系統規劃不僅是牽涉到資訊系統及相關科技，更重要的是，與企業營運、目標、系統整合等都息息相關。

資訊系統規劃（Information System Planning）是指組織在思考未來的企業目標時，對資訊技術、經費預算等現況，所進行之中長程規劃，其規劃乃是對企業之資訊需求做全盤性考量，而後再根據資源分配之優先順序，訂定企業資訊之整體架構，作為爾後建置資訊子系統之參考。一般而言，推動或導入資訊系統對於組織架構、組織權力影響甚大，故應事先規劃，以因應未來可能延伸的問題。白話的說法，「資訊系統規劃」就是指組織未來三、五年後，對資訊系統與資訊技術的中長程計畫。

就資訊系統規劃而言，組織常常為了補救眼前所需之資訊資源，而必須付出昂貴的代價，因此在建構系統初期，如能縝密全盤考量，將可節省因擴充額外系統容量所產生的成本。

一、資訊系統規劃要點

(一) 組織流程的配合

資訊系統以支援組織流程為主，並非組織流程配合資訊系統。雖說資訊系統與組織流程不一致，應該以何者為優先考量，是一個相當令人頭痛的問題，通常我們會以組織的重點與需求為優先，並且建立其先後順序。然而，有些組織的策略和流程，在規劃之初並未清楚的定義，以致無所適從，此時即需就組織流程重新加以定義，以適應企業所需。

另一個觀點是，許多著名的套裝軟體，如企業資源規劃系統SAP，即強調其系統流程是所謂的最佳實務，要求組織修改企業流程，如此一來，原來已經是配合企業策略而設計的流程，卻與資訊系統規劃不符，兩者結合的困難度將提高不少。

但是若少了這樣的緊密結合，資訊系統的規劃很難獲得公司組織的支持。此外，若資訊系統的規劃僅根據使用者提出的建議，並未加上組織的策略思考，會使得整個資訊系統規劃變得短視，而無法反映組織的整體需求與優先順序。若公司非全面再造，規劃中的資訊系統必須結合公司的經營策略、組織文化、組織結構、授權方式，並支援公司未來的政策與發展目標。在企業的組織中，有時頗令人意外的是，組織的目標或策略不夠明確，也沒有任何文件的說明，這時要如何使資訊系統的規劃能完全適合組織的目標，就有相當的困難。雖然資訊系統之規劃仍可照著使用者的需求而持續執行，但是很可能是存在著經營者、管理者及使用者等共同的偏見。

(二) 資源發展的分配

將資源合理且適當的分配，是一件很困難的工作，例如：一些潛在的組合無法配適組織計畫，或是各功能單位的需求不能配合有條理的架構時，都會造成資訊部門規劃執行上的困難。

(三) 規劃方法的選擇

資訊系統規劃的方法有很多種，每一種方法都僅適合某一個特殊的情境，外在的環境是動態的，再加上每個組織所面對的情況與需求都不同，很難有完全符合的情境產生，因此沒有所謂最佳的方式，要如何找到一個最符合目前情境的方法，是困難的工作。

(四) 現有系統的考慮

合理且最佳的資訊資源分配，在組織中一向是困難的，不論是硬體設備採購、軟體系統需求、應用系統採購、網路資源的分配、資訊預算規劃、資訊人力運用情況等，均須做合理的分配，使資訊系統的規劃能達預期的目標。另外也需要整合企業目前運行的資訊系統，做適當配合，使新舊系統能順利運行。

4.2 資訊系統階段理論

Nolan根據對企業開發資訊系統的觀察，在1973年提出了一個階段性的假說，內容是假設各階段均不能省略，組織藉由前一階段的經驗，作為下一階段的基礎，每一階段均可進行規劃管理，使各階段間的移動更有效益。這裡指的是企業在資料處理上的費用，主要用於電腦的取得、密集的系統開發、控制的延伸以及使用者導向或服務導向上；根據階段性假說，Nolan在1974年提出四階段的資訊系統成長理論，然後在1979年修正為六階段的資訊系統成長；Nolan之所以會提出這樣的理論，主要想法是因組織引用資訊科技時，是一連串的成長過程，不同的階段應該有不同的規劃做法及管理策略。而這樣的階段資訊系統成長理論，不光是應用在開發單一的資訊系統上，亦可以應用在整個組織使用資訊科技或是資訊系統上。Nolan的階段成長理論主要是用於協助企業判斷目前資訊系統發展所處的階段，預估出下一階段可能發生的狀況，作為規劃未來的參考。

Nolan的四階段資訊系統成長，指的是組織在開發資訊系統時，分為起始、擴張、控制、成熟等四個階段，而他在1979年提出的六階段資訊系統成長，則是加入了整合階段及資料管理階段，進而成為起始、擴張、控制、整合、資料管理、成熟等六個階段，各階段特徵及圖示（圖4.1）如下：

一、資訊系統成長六階段

(一) 起始階段（Initiation）

1. 低度控制、中度的資源提供，沒有或很少的資源規劃。
2. 低度電腦設備與資源，僅提供日常企業內行政處理之用。
3. 幾乎沒有資訊系統規劃。
4. 放任式管理，著重電腦化基本觀念宣導。

(二) 擴散階段（Contagion）

1. 為了鼓勵使用，採用高度資源提供。缺乏規劃，成本增加，缺乏整合。
2. 高度電腦資源提供，但低度管制。
3. 缺少系統規劃。
4. 各部門電腦需求增加、成本增加。
5. 放任式管理。

(三) 控制階段（Control）

1. 高度控制，強調資訊系統的規劃。
2. 低度電腦資源提供，但高度管制。
3. 正式資訊系統規劃。
4. 著重管理，強迫使用者做資訊系統成本控制。
5. 低度資料庫科技資源與管制。

(四) 整合階段（Integration）

1. 強調使用者控制資訊系統成本，使用資料庫。
2. 高度提供資料庫科技資源，但低度管制。
3. 強調整合，將資料庫技術整合至目前的應用系統。
4. 特定資訊系統的規劃與控制。

(五) 資料管理階段（Data Administration）

1. 著重於資料管理，中度的資源提供、服務與開發，以及對組織有策略性利益的系統。
2. 低度提供資料庫科技資源，但高度管制。
3. 強調應用系統間的整合，利用網路及資料庫。
4. 強調資料管理與資料共享。

(六) 成熟階段（Maturity）

1. 應用組合完整，符合組織目標。
2. 整合應用系統與資訊。
3. 強調資料資源管理與策略規劃。
4. 企業的目標和策略，與資訊系統的目標和策略合而為一。

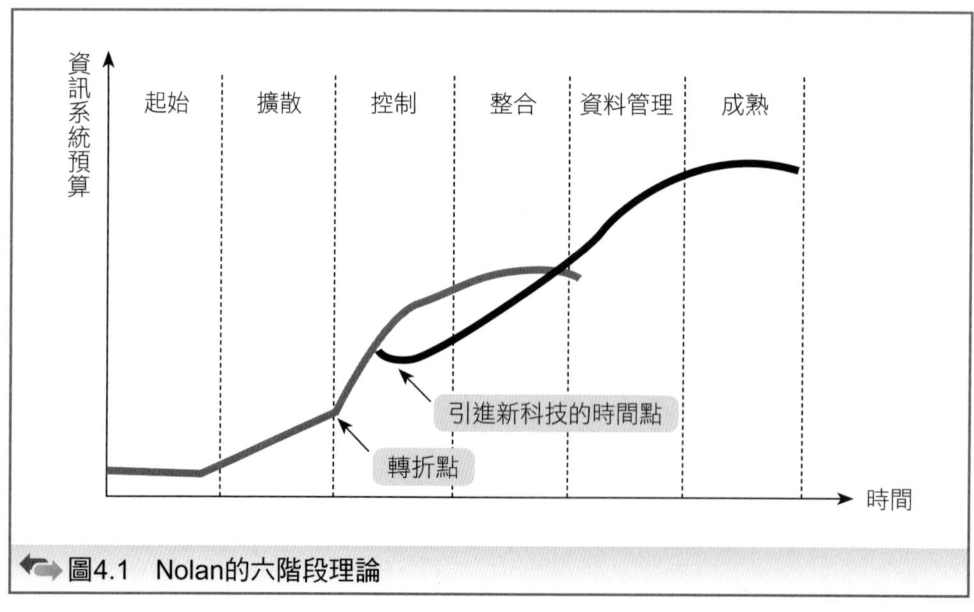

圖4.1　Nolan的六階段理論

二、組織運用資訊系統四階段

除了Nolan的六階段資訊系統理論之外，McKenney與McFarlan（1982）從資訊成長的角度出發，將組織運用資訊系統分成下列四個階段：

(一) 專案起始階段

主要目標是個別專案的投資與開始，或是組織流程合理化，藉由資訊系統將所有流程改成自動化。常見的例子是薪資的發放，改成薪資處理系統；訂單的管理，改成電子訂貨系統，以增加現有流程的效率。

(二) 系統應用階段

此時資訊系統發展較為完善，可應用於各階層的工作者，資訊資源充沛，資訊硬體及個別軟體充斥於組織內，對於個別組織效能提高不少。

(三) 管理控制階段

當組織意識到資訊系統的重要性時，就會不斷運用資訊系統，嘗試整合前兩階段，將分散於各處的資訊系統，和組織的核心能力或策略結合，以提升組織內外競爭能力。

企業資源規劃是這個階段的重心，如何將產、銷、人、發、財，各個不同的資訊系統結合，是一項艱鉅的工作。

(四) 資訊擴散階段

除保持前一階段的優勢之外，焦點則從特定企業流程，轉換成跨組織的關係。這階段的重心，是連結整個複雜、相互交織的組織和產業的網路關係，以提升組織整體效益。對內而言，轉換組織的主要業務流程；對外而言，應用跨組織資訊系統，將資訊應用於改變跨組織間的權力，主要目的在於競爭優勢的達成。

4.3 資訊系統規劃方法

一套新資訊系統的引進，不僅牽涉到新的軟硬體，也包含了技術、管理以及組織上的改變。故組織在進行資訊系統規劃時，也等於是在重新設計組織流程，新的資訊系統通常意味著新的工作流程及新的工作團隊。資訊系統很可能在技術層次上成功，但在組織層次上失敗，主要是因為在建立資訊系統的過程中，忽略了政治、社會及心理等其他層面的考量。專案負責人、系統分析師及程式設計師有責任確保在資訊系統的規劃過程中，讓組織的主要成員參與規劃活動。

很多學者提出資訊系統規劃之方法。本節主要以較為出名的幾種方法作為討論之內容，這些方法論不僅有資訊技術的規劃，更包含了前面所提的社會、組織、心理層面的考量。

一、三階段規劃

Bowman、Davis和Wetherbe提出三階段模型，將基本的資訊系統規劃活動分成三個主要部分：資訊系統策略規劃、組織資訊需求分析、資源配置。三階段模型清楚描述及定義規劃的過程（見表4.1），並減少了規劃方法論之混淆，將抽象的模型變成簡潔容易明白的資訊系統規劃活動。圖4.2為MIS基本三階段模型圖。

(一) 資訊系統策略規劃

資訊系統規劃中，「策略規劃」階段的目的在於訂定資訊系統的目標與策略，它必須與組織總體性目標、細部目標及策略並行不悖。如果組織已有明確的總體性目標、細項目標及策略，則資訊系統的目標與策略可由之而導出。分析組織計畫中的每一項目標與策略，就可找出需要資訊系統支援的項目，由這些項目便可組合成資訊系統的目標及策略。

每個組織都有其特定的組織文化，包括組織價值、規範、信仰等，資訊系統的目標和策略應與組織文化配合，以免受到抗拒而導致失敗。

(二) 組織資訊需求分析

所謂的需求分析，目的在於資訊需求由組織管理及決策層級展開，以利資訊

資料來源：Wetherbe, J. C., Bowman, Brent and Davis, Gordon B., Three Stage Model of MIS Planning, *Information and Management*, Mar 1983, Vol. 6, No. 1, p.11~25.

圖4.2 資訊規劃三階段

表4.1 資訊系統規劃

資訊系統規劃活動	描　述
資訊系統策略規劃	建立組織計畫與資訊系統計畫之間的關係
組織資訊需求分析	確認廣泛的、組織間的資訊需求以建立策略資訊架構，資訊架構能直接使用於特定的應用系統
資源配置	分配資訊應用系統及操作資源

系統規劃之用，是要確保不同的資訊系統、資料庫、網路能夠整合於支援決策和作業，規劃者須找出能支援現在和未來決策、作業的資訊有哪些。這階段的需求分析，與發展個別應用程式時所做的詳細需求分析不同，它是一個包含基礎建設的全面性分析，例如：在整個組織中，應用程式需要哪些資料。關於詳細的需求分析方法，在後面章節將有相關說明。

(三) 資源配置

資源規劃模式的第三階段，包含主計畫中的軟、硬體、資料通訊、設備、人員以及財務各方面的計畫。本階段提供了技術、人力及財務資源的架構，用以提供適當的服務水準給使用者。

由於組織資源有限，不可能一次完成所有的子系統，必須建立子系統的優先順序，到底從哪一個子系統先開發，就是資訊系統規劃最後一個階段「資源分配」的問題了。

資訊系統的三階段規劃方法，簡單的提供我們在資訊系統規劃上的架構，但因現今環境變動迅速與企業活動漸趨複雜，目前在資訊系統規劃上，已經較少使用此方法。取而代之的有策略集合轉化、策略資訊系統規劃等，但這些較新的方法，仍是不脫離三階段規劃所提供的概略架構，由策略規劃分析環境與訂定資訊系統策略、目標，再分析目前資訊系統現況及未來所需，到最後適當及合理資源的配置，以利資訊系統配合企業整體策略達到最佳成效。

二、策略集合轉換

在規劃組織資訊系統時，將組織策略轉換成資訊系統策略，其中間組合的過程，即是所謂的策略集合轉換（Strategy Set Transformation），可以採用兩個步驟：

Step1. 定義解釋組織策略。

Step2. 將組織策略轉換到MIS策略。

更進一步可以用下列步驟進行：（Laudon and Laudon, 2005）

Step1. 資訊系統規劃的目的

其內容包括規劃內容簡介、公司目標的改變、公司的策略規劃、企業流程及企業策略。

Step2. 組織的策略規劃

本項目主要對企業組織進行內部與外部環境的描述，同時具體闡述在動態環境下企業規劃的主要目標。

Step3. 目前的系統

描述目前支援企業功能的主要系統，並具體列出其所需之硬體、軟體、資料庫、通訊與網路及使用者五個項目。

Step4. 未來的系統

為解決新需求所需要的功能外，描述新系統帶來的改進，再具體列出新系統所需要的硬體、軟體、資料庫、通訊與網路及使用者，並確認未來採用的系統足以支援企業的策略規劃。

Step5. 組織策略與資訊規劃

規劃資源取得及規劃方式，安排相關預計時程。除了就相關人事策略進行修正外，也必須適時進行管理部門的重組與控制，並安排相關的教育訓練。

Step6. 資訊系統建置

資訊系統建置前，必須設想執行上可能發生的困難，並設計解決方式，同時定期進行進度報告。

Step7. 預算需求

列出執行資訊系統建置所需之預算金額，在不違反組織策略下，進行合理的成本節省，同時也需要尋求相關的財務來源。

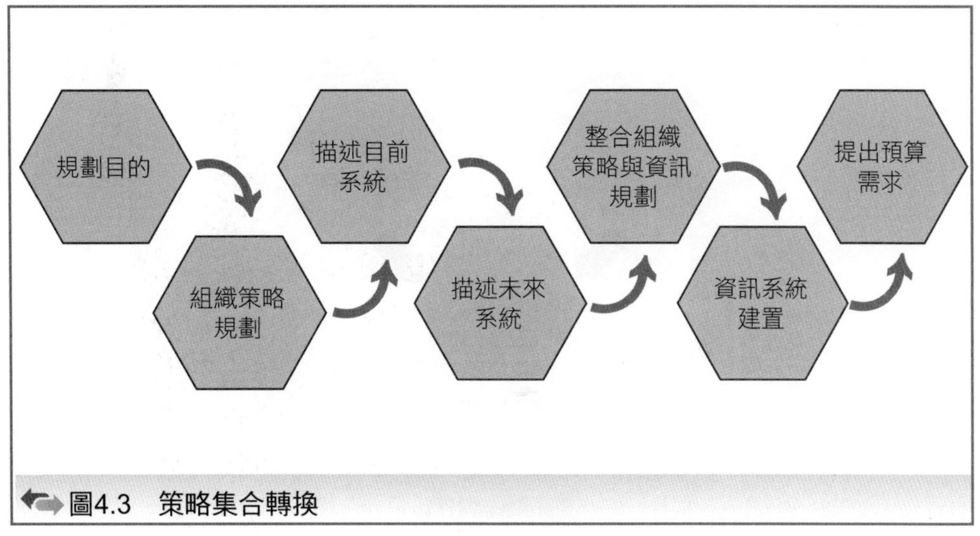

圖4.3 策略集合轉換

三、策略資訊系統規劃

所謂的策略資訊系統規劃（Strategic Information System Planning, SISP）是一種方法、一種流程，為的是協助組織實施經營計畫，並實現其經營目標，以「輸入－處理－輸出」模式為此理論的原始基礎。

策略資訊系統規劃對組織有各種不同的貢獻，可以從不同的角度來探討。從財務的觀點來看，可以確認何種資訊系統最需要投資，也就是可以排出資訊系統投資的優先順序（Henderson and Sifonis, 1988）；從策略的角度則可協助組織利用資訊系統，提出組織的經營策略、科技策略以及資訊架構（Hartdog and Herbert, 1986）。

策略資訊系統規劃主要包含下列變數，其基本流程架構如圖4.4 所示。

(一) 外部環境

確認環境中能夠影響規劃程序的因素，例如：供應商趨勢、顧客偏好、新興科技、政府法規、競爭者行動等。這些因素的變動都可能使資訊系統規劃更加困難，而造成影響（Lederer and Mendelow, 1993）。而這些因素都是組織外部的、難以控制的，一般而言，愈穩定的外部環境，將會造成有效率的規劃程序。

舉例來說，政府單位採用視窗的作業環境，一定導致大部分的機構也跟著採用相同的系統；相對於中國非獨尊微軟系統，就是外部環境影響規劃程序的明顯例子。

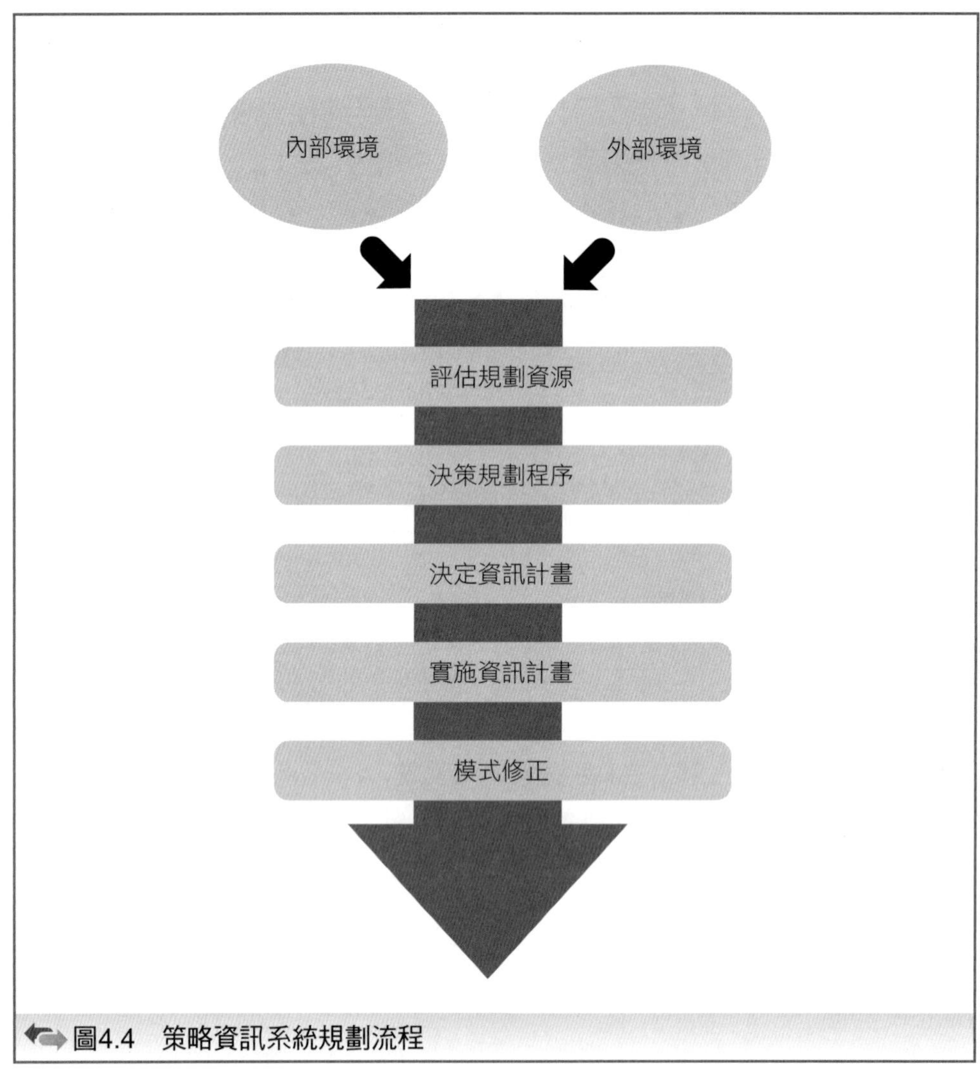

圖4.4　策略資訊系統規劃流程

(二) 內部環境

內部環境為資訊系統規劃程序的決定因素之一。換句話說，除了外在的經濟、政治因素外，公司的組織文化、組織規模、組織結構，都會影響資訊系統的規劃，一個愈簡單的內部環境，會造成一個愈有效果且愈有效率的規劃程序。

而對於內部的資訊資源，其使用與取得管道之差異，也容易造成資訊系統規劃時的困難。

(三) 評估規劃資源

這部分主要在說明高品質的規劃資源，會使得規劃程序更有效率。

所謂的高品質規劃資源範圍很廣，包括參與規劃程序的管理者之努力、專業的顧問、參與規劃人員的經驗與技能、是否選用適當的軟體與硬體、是否有良好的通訊品質、是否具備好的經營企劃書等，都構成了規劃資源的優劣（Lederer and Gardiner, 1992）。

(四) 決策規劃程序

規劃程序主要由外部環境、內部環境及規劃資源組成，典型的資訊規劃程序，包括定義專案範圍、組織架構、經營模式、現況評估、競爭評估、資訊科技機會、資訊策略、組織計畫、資訊計畫等。

資訊規劃程序的典型活動方式有會議、面談與文件分析等，此外，組織在進行資訊系統規劃時，也可使用焦點訪談、團隊學習、講授課程及專家報告（Galliers et al., 1994）。高品質的規劃程序可得到高品質的計畫（Prem Kumar and King, 1991），規劃時，規劃的方式愈廣泛，愈可能獲得有用的資訊規劃。

(五) 決定資訊計畫

在規劃程序完成後，自然可提出所謂的資訊計畫。何謂資訊計畫？資訊計畫就是資訊規劃的初步草稿，其內容即為前述規劃程序中的具體實施方法。資訊計畫愈具體、愈具實用性，則將來企業根據資訊計畫實施，愈有可能成功。

(六) 實施資訊計畫

資訊系統的目的在於對組織產生有利的影響，以達成競爭優勢、改善生產力、增加銷售、減少成本（Powell, 1993）。

(七) 模式修正

一旦開始進行資訊計畫，免不了產生意外情況，模式的修正將是下一步進行的程序，例如：外部動態環境的改變，像是新版軟體的出現，或是內部人事的異動，像是資訊部門主管的調動。同樣地，不同的規劃行動，例如：規劃的範圍較廣，自然較不穩定；規劃得深入，則難以適用於其他環境，都會使得原先的規劃改變，因此也必須進行模式的修正（Earl, 1993）。

策略資訊系統規劃是一套資訊系統規劃方式的工具。而且是以有系統、高品質的方式，透過衡量策略資訊系統規劃的架構，來進行資訊系統規劃，有助於資訊系統的建制與實施。

四、企業系統規劃（Business System Planning, BSP）

企業系統規劃（Business System Planning, BSP）又稱企業分析法（Enterprise Analysis），主要內容是認為公司之資訊需求，必須以整體的觀點來考慮，所謂的整體觀點，則包括組織的單位、功能、過程和其資料元件。這個方法是IBM於六〇年代發展出來的，其目的是為了建立資訊系統專案之間的關係，而且也是為了讓IBM內部使用而發展的，而這些系統主要是大型之資訊系統。

BSP的主要特徵是企業將資料視為重要資源來管理，故以企業內各種活動的處理為研究的重點。強調由上往下的分析（Top-down Analysis），以及由下往上的製作（Bottom-up Implementation），並應提供一致性的資訊。

BSP的規劃原則強調與主管人員的溝通、建立共識，取得承諾，擴大參與。在規劃理念上，則是建立「規劃由上而下，建置由下而上」，以確立整體目標，進行系統設計，再進行資料建檔，軟、硬體實質建置作業（圖4-5）。

BSP是用來發展一個「完整的觀點」，利用BSP做資訊系統之規劃，能分別從組織、系統、資料三個不同的角度來看規劃的程度，也就是比較容易有完整的觀點。但相對地，利用BSP進行資訊系統規劃，其所產生的大量資料，不僅收集成本昂貴，且很難分析。大多數的訪談問題通常不是著重在主要的管理目標，以及哪裡需要資訊，而是針對目前企業使用什麼樣的資訊。結果只是把目前存在的資料處理自動化而已。如此一來，人工系統給予自動化，但是許多重要而且可以改變企業運作的一些新策略需求，則完全沒有被考慮到。

五、關鍵成功因素（Critical Success Factor, CSF）

所謂的關鍵成功因素（Critical Success Factor, CSF），指的是在一個企業中，存在某些特定的因素或是少數的領域，這些領域若能做好，企業將保持最佳的競爭力，而這些領域即是企業的關鍵成功因素。

關鍵成功因素是管理者認為能讓企業成功的因素組合，一旦能確定是哪些因素，就可以把這些因素化為企業目標，然後就可確認達成這些目標所需的資訊。就資訊系統的角度而言，就是待關鍵成功因素確認後，利用資訊系統來達成目標。

(一) 進行步驟

第一種方法是採用主管的訪談，以確認其關鍵成功因素，把個別的關鍵成功因素整合起來，以發展整個公司的關鍵成功因素，再依據這些關鍵成功因素來建

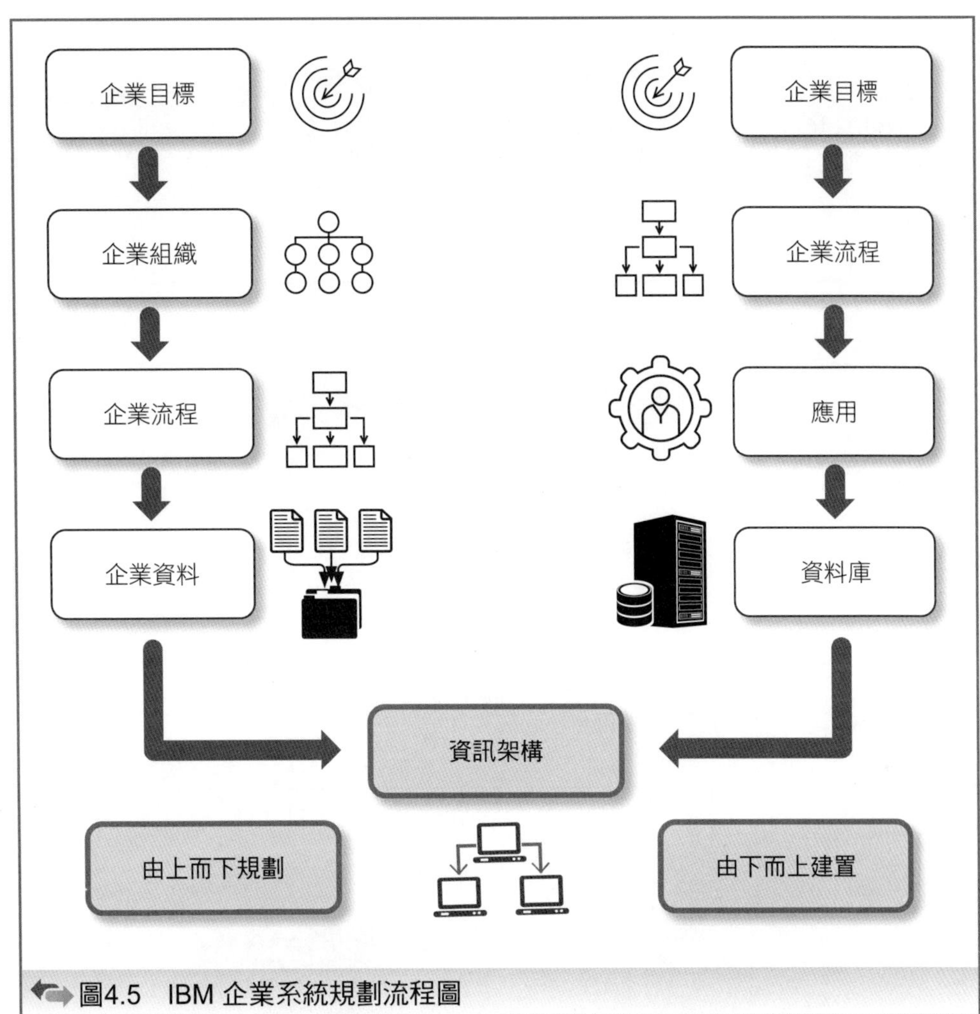

圖4.5 IBM 企業系統規劃流程圖

立資訊系統。其方式如圖4.6所示。

具體的方法是包含一連串的會議，在第一次的會議中，高階經理會被詢問其目標，以及這些目標下的關鍵成功因素。每一個努力的結果會被用來合併或刪減相似性高的關鍵成功因素，藉由關鍵成功因素來建立績效衡量方法。

第二次會議則重複第一次的結論，但主要的焦點放在確認績效衡量方法上，最後將結論提供給資訊部門，以設計資訊系統。

第二種方式則是利用問卷的方式，列出可能的關鍵成功因素，由組織內的成員來回答，經由統計分析得出關鍵成功因素。

兩種方式各有優缺點，很難說哪一種是比較好的方式。

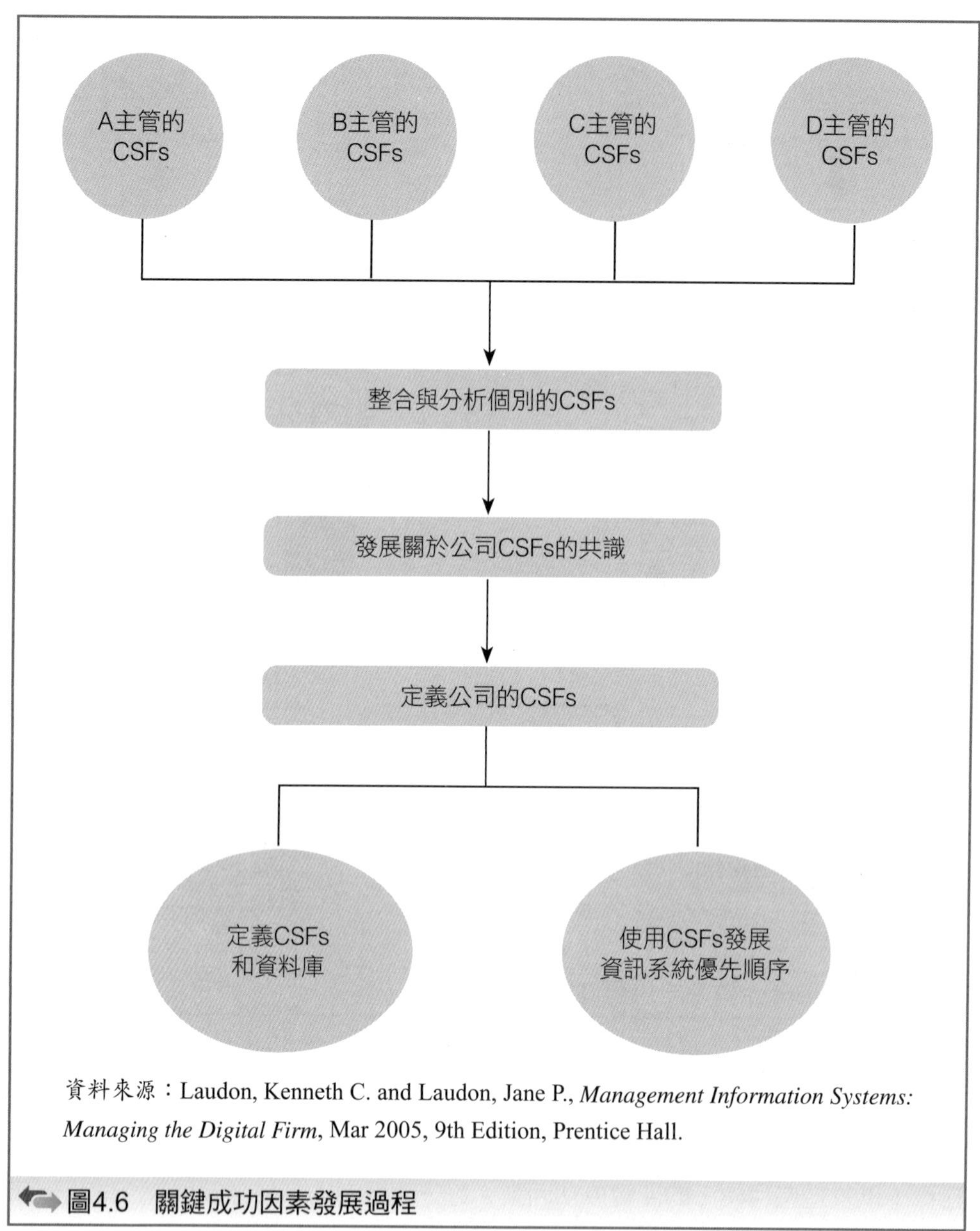

資料來源：Laudon, Kenneth C. and Laudon, Jane P., *Management Information Systems: Managing the Digital Firm*, Mar 2005, 9th Edition, Prentice Hall.

圖4.6 關鍵成功因素發展過程

就第一種方式而言，是以高階主管的意見量身訂做，不是大範圍搜尋企業的資訊需求與使用狀況，因此效率較高，但意見不一定能代表組織普遍的認知。

第二種方式所收集的資訊較完整，除了效率較差以外，受訪者平均分布於全體組織，其認知是否能與組織一致，有待考慮。

(二) 外在環境與內部環境

外在環境（External Environment）包括由產業特質所決定的產業因素、由競爭策略所決定的競爭因素、特殊時空背景所呈現的情境因素。

至於內部環境（Internal Environment）則是從管理者角色出發，由內部發展出各個管理功能都存在的、本身的關鍵成功因素。

關鍵成功因素是以商業為導向，並非以技術為導向，在關鍵成功因素專案進行的過程中，可以是依循「由上而下」（Top down）的方式，也就是主管訪談的方式，或是「由下而上」（Bottom up）的方式，也就是組織全體成員的問卷方式。藉由關鍵成功因素的建立，就可以規劃組織的「地圖」（Road Map），再規劃所謂的資訊地圖（Information Map），並以此為規劃資訊系統的藍圖。

利用關鍵成功因素來規劃資訊系統的優點是，組織所面對的是動態環境，主管隨時檢視環境，並依據環境的分析來訂定資訊需求，可以隨時修正資訊藍圖，對高階管理階層所適用的決策支援系統及主管資訊系統的發展特別適合。

但是相對地，關鍵成功因素法也有如下所述的缺點，沒有一個嚴謹的方法可以將個別的關鍵成功因素整合，而成為完整且清楚的組織關鍵成功因素。也就是如何分清個人與組織的關鍵成功因素，是一件困難的工作。常有對主管或是個人來說是關鍵成功因素，但對組織來說卻不一定重要。

另一個無法克服的困難是，環境的多變或是主管的調動所帶來的衝擊。舉例來說，便利商店的關鍵成功因素可能是：正確的產品組合、充實的貨架、有效益的廣告。但這些重要的因素，可能不是由便利超商店長或是店員的問卷可獲得的，而是由顧客來決定的。

六、投資報酬率

投資報酬率（Return on Investment）被廣泛應用在各種資訊系統規劃中，為一種成本利益分析技術。一般來說，管理者會用成本與利益，計算出每一專案的投資報酬率，再由高至低排序，選擇具較高投資報酬率的專案進行。投資報酬率可視為組織資源使用順序與選擇的工具。

投資報酬率是一項很有用的資訊系統規劃工具，但其最大的缺點是，利用投資報酬率作資訊系統規劃，是一種理性經濟量化的行為，但很多資訊系統專案無法量化，也無法單純的用成本與利益方式來考慮，再加上資訊系統的導入，很多時候是分開的子系統一件一件來的，使用投資報酬率這樣的技術，無法考慮與目前應用子系統配合的整體成本與效益。

七、內部計價法

內部計價（Charge Out）經常被當作規劃與控制資訊系統基礎，是很典型的應用。在較大的組織中，資訊系統部門通常相當於組織的一個服務辦公室，以提供資訊系統的服務給各子單位使用，並向各子單位收取費用。

內部計價是一種將資訊系統成本分攤給使用者的會計功能。對新系統的發展來說，其分配原則是依據使用者是否願意購買此一應用科技。如果使用者願意付開發費用（如固定成本），資訊單位必須分配所需人力資源來完成它。

內部計價法有很大的優點，就是可以控制成本。但因提倡局部合理化而非整體組織的合理化，沒有特定的使用者對應，將使得沒有系統性的規劃以連結組織策略與目標，這樣可能造成資訊系統面臨受限在小範圍的瓶頸。

4.4 資訊長之角色

在資訊系統的規劃中，企業往往把資訊長（Chief Information Officer, CIO）視為要達成或維持資訊品質、確保資訊資源、應變偶發事故的重要角色。

Henry Mintzberg是第一個研究有關高階主管資訊需求主題的人（Raymond McLeod, Jr., 1997），且他的研究在管理領域中直至今日仍占有舉足輕重的地位，因此，我們以Henry Mintzberg （1971）所定義高階管理者角色為架構，來探討CIO在資訊系統規劃階段所扮演之角色。Henry Mintzberg將高階管理者角色分成三大類、十種角色（表4.2）。

當資訊系統由規劃至發展、執行等階段，CIO仍有下表角色扮演之議題，只是所擔任之比重不同；而不同屬性之企業，其CIO角色扮演之比重亦有所不同。

表4.2 CIO的角色與任務

Henry Mintzberg之高階管理者角色		CIO所扮演的角色與任務
人際角色 (Interpersonal Roles)	領袖形象 (Figurehead role)	1. 代表公司參加相關研討會，有接受新觀念的涵養。 2. 在各適當的場合中，概念性宣導資訊，系統帶給人們的效能，同時宣導「資訊系統非萬能」的觀念。
	領導人 (Leader)	資訊系統規劃同時配合公司人才的培育養成計畫，適時激勵部屬，尤其是對高階主管的再教育。
	聯絡人 (Liaison)	確認合作夥伴，配合公司業務發展，規劃資訊系統能在安全機制無虞下與合作夥伴之資訊系統相結合。
資訊角色 (Informational Roles)	監督者 (Monitor)	資訊系統的機密性與安全性的守護者：確保資訊系統產生之資訊取用者為合法被授權者，並設立牽制安全機制，防止無權人員對資訊系統的侵入或破壞。
	傳播者 (Disseminator)	建立員工危機意識。方式有二： 1. 讓員工了解目前公司所處之困境，若不透過資訊系統的建立及早改變，將面臨生存危機。 2. 透過願景的建立、績效管理與在職訓練，促使員工由內而外，自動自發產生認同感。
	發言人 (Spokesman)	確認資訊系統的客戶群，確認客戶在品質上的要求，建立品質的標準與維持品質水準的策略。
決策角色 (Decisional Roles)	創業家 (Entrepreneur)	1. 觀察環境的變化、確立公司未來的發展方向，擬定資訊系統的規劃方向，提供企業最可靠的資訊系統，且經由資訊系統產生的資訊可被適切地管理與應用。 2. 建立願景、改變的決心與承諾，塑造組織願意接受新資訊系統帶來改變的文化。

表4.2　CIO的角色與任務（續）

Henry Mintzberg之高階管理者角色		CIO所扮演的角色與任務
決策角色 (Decisional Roles)	問題處理人 (Disturbance Handler)	1.CIO首先應對公司的資訊系統有一定程度的了解，設有緊急應變措施；當危機發生時，儘速排除，以使損失降至最低程度，亦能對利害關係人給予信心保證。 2.資訊系統發展面臨困難時，召集相關高階主管擬定因應決策。
	資源分配者 (Resource Allocates)	1.了解各高階主管的任務目標。 2.了解各高階主管對資訊系統之需求，並滿足高階主管之資訊需要。 3.改善高階主管對資訊系統的建議。
	協調者 (Negotiator)	在資訊系統規劃過程中，遇到內部資訊人員無法勝任，須經由委外完成時，CIO須扮演談判者的角色，兼顧資訊系統的安全性、系統整合、維護與損害回復的支援作業能順利運行，確保公司利益。

Chapter 5 資訊系統建置

資訊系統建置是身為資訊人必備的條件，如何有效提升組織績效，是企業建置資訊系統的目的。本章將透過介紹建立資訊系統的過程與方法，認識何為系統發展生命週期法、物件導向法、雛形法以及應用套裝軟體法。一般而言，資訊系統建置的方法論中，主要是以系統發展生命週期法為最完整的系統建置方法。對於企業而言，時間就是金錢，浪費愈多時間在建置系統上面就是浪費成本，故針對各種不同的系統特性選擇適當的建置方法是必要的。

工程師的創意呢？

瑞傳科技的服務模式

瑞傳科技成立於1993年1月，主要定位為「以發展個人電腦技術為基礎，整合通訊與電腦的運用」，為國內工業電腦主要廠商，目前擁有遍及歐洲、美國、英國、印度、日本與中國等十餘個全球據點。

所謂的工業電腦，指的就是除了個人電腦之外，在各個不同專業領域所使用的電腦。不像一般個人電腦，工業電腦有很多種型態，像是單板電腦(Single Board Computer, SBC）、嵌入式電腦（Embedded Board Computer, EBC）、工業控制卡等，都是工業電腦呈現的方式。簡單的例子像是大家在便利商店看到的POS系統（端點銷售系統）、彩券機、一般車上用的導航器等，都是工業電腦的具體應用。

相較於消費性電子產品，工業電腦的產品特性為少量多樣及提供多樣化的服務，雖然像鴻海或廣達這些大廠也想跨入工業電腦的領域，但他們的優勢在於大量生產，無法像瑞傳準備這麼充足的物料，也無法像瑞傳提供如此多樣化的服務，因此瑞傳針對各大廠的劣勢，透過強化五大服務：(1)資訊服務；(2)產品服務；(3)設計服務；(4)製造服務與(5)配銷服務，並發展知識管理系統（KM），來整合五大服務，以增進服務效率與效能，創造競爭優勢。

飯店訂房系統不能連線了！

聖誕節的前夕，日本大倉王子飯店的訂房組接到比平日更多的訂房電話，剛開始服務人員不以為意，認為這是節日前的正常現象。然而，大量的訂房電話開始造成人手不足，愈來愈多在電話線上等待的顧客開始抱怨。幾個小時之後，訂房電話仍響個不停，飯店訂房部主任在與資訊部門溝通後，才發現是飯店的訂房網頁當機了，客人無法於線上訂房，導致飯店的訂房電話大增，也因此產生了幾個問題：

1. 訂房組人手不足，無法負荷突如其來龐大的訂房電話。
2. 訂房人員所接到的，都是日本國內的住宿訂房，而沒有外國旅客。

3. 網頁當機後，旅客無法使用線上刷卡，增加了金流成本。

大倉王子飯店的管理階層馬上召開緊急會議，要求其支援POS系統的廠商立即解決此問題。

每個人都很想知道，到底訂房系統出了什麼問題呢？

怎麼解決呢？

大倉飯店用的POS系統核心是瑞傳所支援的，一旦有了問題，大倉飯店自然是找上了瑞傳的日本經銷商。

瑞傳日本經銷商也解決不了問題，將此問題回報給臺灣瑞傳總公司，總公司裡的工程師不斷透過以往的文件檔案、E-mail等資料，想找出之前的類似案例，希望能藉由過去的經驗，加快處理時間。花了一些時間才發現，這是第一次碰到的問題，進而逐步開始檢測此產品的各項功能，最終也確定了這不是瑞傳的問題，而是Intel晶片的問題。

該飯店所使用的產品是瑞傳所生產的主機板，型號WADE dash 8020，其核心是Intel的8020晶片，這顆晶片上有兩個LAN chip，這兩個LAN chip是會互相替換的，當其中一顆當機時，另一顆LAN會馬上接替工作，但如果僅有一顆LAN chip時，該晶片的頻寬會大幅限縮，造成無法多人同時上網。

這個問題不解決，瑞傳第二批100臺的伺服器也無法順利交貨大倉，將會造成瑞傳的損失。瑞傳的工程師花了很長的時間，所找到的解決方式是將省電模式關掉，重新設計軟體，更新LAN chip網路晶片的分位，解決不能開機的問題。

導入知識管理系統吧！

由於工業電腦產品生命週期長，如果遇到了相同的問題，公司內部沒有一套完善的KM系統，在解決問題上會比較麻煩。朱協理認為這樣的困擾，主要就是因為沒有建置KM系統，所以才會必須不斷地花費時間解決重複的問題。朱協理決定，那就著手開發KM吧！

1. KM系統建置前的過渡期：使用Excel建檔

一開始，朱協理找了資訊管理系統（MIS）人員討論，得知資訊部門人力不足，要為公司開發知識管理系統，具有相當的困難度，與其讓資訊部門來做，朱協理決定自己先從簡單的部分開始，等有足夠的人力，他再開始建置完整的KM。

在瑞傳，每位員工每天都要寫Daily report（即所謂的工作日誌），記錄每天在公司所做的事情，其實這些資料就是KM系統原始資料的累積。一開始的Daily report非常簡陋，是用E-mail的方式匯報給主管，所以日誌的內容非常難以彙整，後來進步了，定義了一些簡單的欄位，改用Excel加以整合，就成了KM的最原始雛形。

2. KM系統的建置：需求分析與電子化

有了兩年Excel的資料彙整，朱協理便開始於2010年發展KM系統，朱協理首先開出功能規格給軟體研發工程師，並且做需求問卷調查，譬如哪些部門會使用到KM系統？下一步就是詢問使用者：你覺得公司現有的資訊系統如何？公司內部系統有哪些功能需要加強？假設現在開始要建置KM系統，你覺得有什麼功能是你需要的呢？以這些問卷內容，再加上朱協理的經驗，決定KM系統的功能需求。

除了功能需求外，另外就是資料格式的統一，測試人員自行撰寫測試報告，包括Word檔、Excel檔以及E-mail檔等，所謂KM的建置，其實在進行的是格式一致化的工作。

3. KM系統的建置：系統設計

負責KM系統軟體研發的工程師，需要了解每個部門的作業情況，以進行系統設計工作。瑞傳的KM是由朱協理底下四個部門的日誌報告開始的，也就是KM的資料是由當初建立的Excel檔所開始的，而這些資料最終都彙整到KM系統中，所以系統研發工程師要清楚知道每個部門的工作流程，產出的報告實際內容及其意義。舉例來說，測試部門今天在測試哪些產品？他們的產出會是什麼？技術支援部門平常不會測試資料，其問題都來自客戶；研發工程師就要了解技術支援部門每天例行工作是什麼？所記錄下來的資料又代表什麼意義？這樣才能將不同工程師之間的語言整合。所以在研發階段，最主要花費的時間，就是在與各個部門溝通。

4. KM系統的建置：第一版系統上線

2012年5月，第一版系統雛形開始試跑，此時基本的雛形與架構都有，但彙整的資料還未齊全，公司採平行上線的方式，即舊有的系統，如Excel以及E-mail與新的KM系統並存。2012年初，朱協理也正式對公司內部進行報告，總經理也裁示：「KM系統不能只做一個技術支援部門，需要擴展到全公司。」自此，朱協理得到公司高層的全力支援，KM系統也從原先僅有朱協理所屬的四個部門，擴展到全公司六個部門，並且與公司的五大服務也做了結合。

制式化的知識管理系統或創意的工程師？

對於公司來說，相同的問題通常是一再的發生，瑞傳的技術支援部門，常常同時間湧入許多客戶的問題，而這些問題有其相似性，導致一整天下來，工程師幫客戶解決問題的主軸，並不是解決問題，而是尋找以前的解答。身為技術支援部門主管，朱協理的困擾是，沒有一個完整Database可以在很短時間內，找到對應的解答。面對須經常直接處理顧客的問題，再加上瑞傳有90%的客戶在國外（美國、日本、中國以及歐洲），不同地區的客戶所問的問題，反而是相同的問題。朱協理皺著眉頭說：「假設今天客戶發生一個在一年前曾遇到的問題，這個時候我經常會找不到我想要的資料（指過去解決問題的資料）；甚至，這個問題我自己處理過，只因為時間久了，僅存於印象，但由於沒有文件化，所以也忘記該如何解決了，諸如此類的問題，經常會讓我非常困擾，如果有做知識管理，就可以直接調出之前的資料，馬上把問題解決！」

總而言之，瑞傳每次遇到類似問題時，都要花上三到六個月的時間，朱協理認為這樣的困擾，主要就是因為沒有建置KM系統，所以才會必須不斷地花費時間解決重複的問題。

從以上種種情況看來，知識管理系統的建置似乎全是正面，但真的是這樣嗎？

工程師的創意呢？

在使用KM系統前，工程師花了很多時間來找出解決問題的方法，但到最後卻發現不是瑞傳產品本身的問題，而是其他公司的零件（Intel晶片）所產生的問題，浪費了許多時間與精力，雖然測試過程中對產品的使用，會使工程師的功力更精進，使相關問題有更深刻的認識，但所花的時間，就是公司的很大成本。使用KM系統後，可以減少問題的搜尋時間，但也產生了另一個問題：一旦有了KM系統，工程師與現在的大學生變得很像。一有問題，工程師並不是解決問題，而是開始搜尋問題，搜尋解答。工程師期盼從知識庫中找到所有解答，但所有的解答在知識庫中都搜尋得到嗎？工程師成為了知識的搜尋者，工程師不再是知識的創造者。知識管理可以取代工程師嗎？Intel永遠有新的晶片會產生，也永遠有新的問題會產生，舊有的問題是工程師經過無數次的失敗與試驗，才想到的最佳解方。工程師沒有經過這樣的磨練，想得出解決方案嗎？如果有了KM系統，工程師的人數能否減少一些呢？KM系統能取代部分工程師的人力嗎？再者，KM系統的持續發展，是否會造成工程師只會搜尋KM系統的知識，去找尋解決問題的方法呢？而喪失了對於特殊問題的解決能力呢？

習題演練

1. 大型資訊系統的導入，會使組織產生抗拒，瑞傳有沒有這樣的情形？
2. 這個個案可以用哪個理論來說明？
3. 如果有了KM系統，工程師的人數能否減少一些呢？KM系統能取代部分工程師的人力嗎？

※本文發布時間如資料來源，文中受訪者職位、相關單位及內文陳述有異動的可能，僅供教學參考。

資料來源：方文昌，KM系統與服務整合，教育部智慧電子產業個案

5.1 資訊系統建置概論

一、資訊系統建置的內涵

企業完成資訊系統策略規劃之後，就進入資訊系統建置階段。資訊系統建置（Information System Development）意指所有產生資訊系統的解決方案，目的在於解決組織問題或提供發展機會的活動。而這些活動通常以循序方式發生，但某些活動可能會重複，某些則同時發生，視被採用的系統建構方式而定（圖5.1）。

資訊系統發展是資訊系統專業工作中最重要的一項工作，在進行時，資訊管理專業人員需考量到企業的整體策略、資訊技術、發展趨勢等，對企業競爭優勢的意義，再依照企業的需求，開發建置合適的資訊系統，最重要的是，需在有限的資源限制下實施。

企業建置資訊系統的目的，是希望能夠提升組織的績效。一般而言，約有30%~50%的中大型軟體系統發展專案，在開發完成後，都不是完全的成功，也就是說，資訊系統需修改或重新修正，方能真正發揮效用，而這些專案的修正，隱含的是不具效益的資源投入及浪費（圖5.2）。

通常來說，商業上的資訊系統，使用者及系統設計者都從完全不同的角度來檢視。經理們和使用者時常抱怨在大量的投資之後，卻只有很低的報酬率，系統設計者則是投注了相當多精神於許多可能用不到的功能，於是許多功能都未被充分利用，其潛力也沒有充分發揮，於是資訊系統的成本變得很高。微軟的辦公室

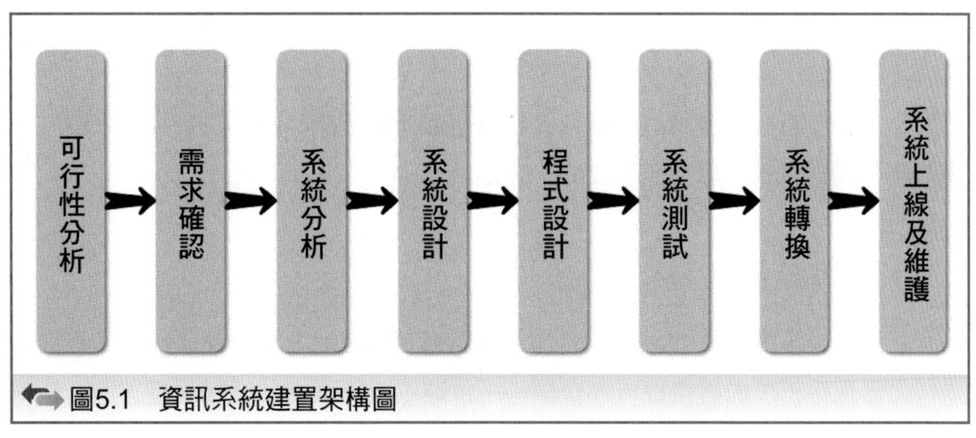

圖5.1 資訊系統建置架構圖

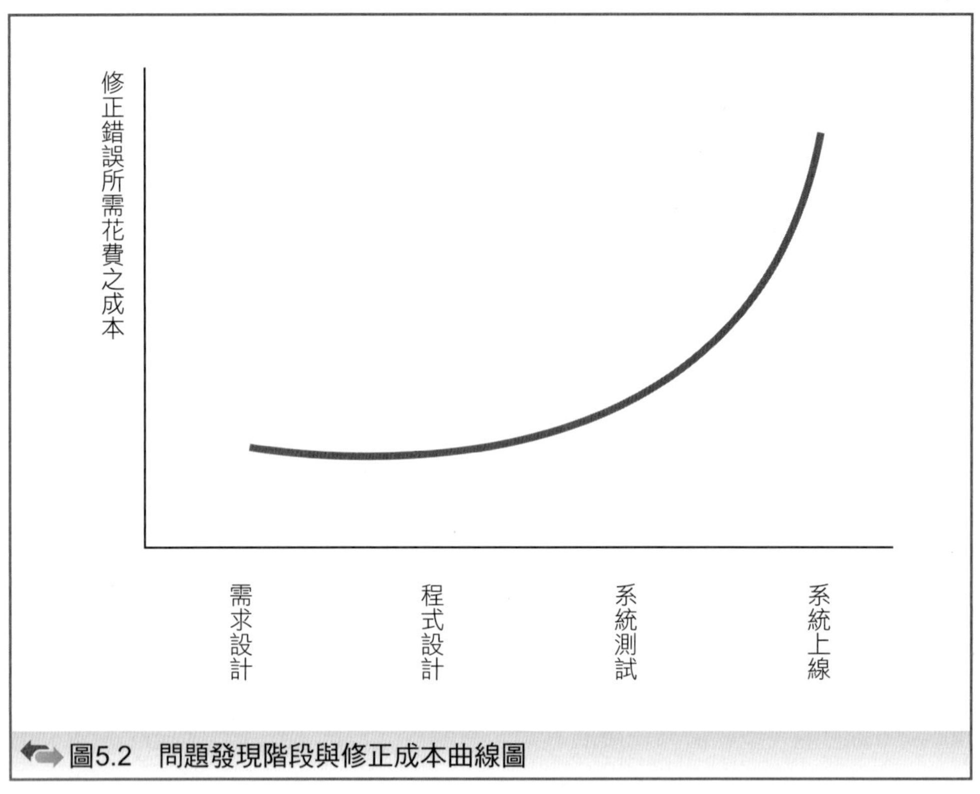

圖5.2 問題發現階段與修正成本曲線圖

系統就是很好的例子說明，其中有多少功能是使用者無法用到的，但其售價卻是令很多使用者都覺得昂貴。

換句話說，我們可以說資訊系統無罪，問題就是出在資訊系統建置（Information System Development）上出了問題，其可能失敗的原因在於行為面及技術面，例如：使用者無法明確定義問題，於是邊做邊修，造成品質不良，再加上使用者可能不是資訊專業人員，對系統有不切實際的期待或要求，也造成發展過程的誤解，降低系統成功的機率。

為了避免系統開發專案的風險，如何運用適當且周延的方法或技術來發展資訊系統，成為資訊管理領域重要的研究議題。

二、可行性分析

在進行系統開發建置之前，通常需要對專案系統進行可行性分析。如果沒有進行可行性分析，而直接進行系統開發，忽略了公司本身的業務，是否適合使用資訊系統，使用資訊系統後是否能有效提升生產效率，以及公司人員、財力是否支援資訊系統，系統最終的效益可能不高，因此，在後來的資訊系統建置規劃中，多在開發建置前，先進行可行性分析。一般而言可行性分析包括以下幾項：

(1) 經濟可行性（Economical Feasibility）

經濟可行性的目的主要在比較開發成本與系統效益。俾利於決策者的判斷。可以用下列的標準評估：

- 新系統完成後，所需增加的經費及維修費用。
- 新系統完成後，對現行作業實質的效益。
- 新系統完成後，對現行服務品質的改善。
- 比較新舊系統之開發成本與運轉效益。

(2) 技術可行性（Technical Feasibility）

技術可行性分析通常必須考慮開發之風險，亦即系統需求是否可能在限制條件下達成？軟體與硬體資源是否充裕？周邊設備是否已經具備？以及是否有足夠的人才能勝任開發的工作？是否有其他人員可以提供相關支援，以完成新系統？系統的需求，目前科技是否有辦法來達成目標？系統效能是否可以達成？

(3) 法律可行性（Legal Feasibility）

法律可行性分析主要在於評估新系統的內容是否違反了現行的法令。例如周邊設備是否已經具備？遊戲業者所推出的線上賭博遊戲是否違法？其次是有關契約的訂立、責任的履行、仿冒與抄襲等法律上的問題。

在經過上述之各種可行性評估，也選擇最適可行性方案之後，接下來就是撰寫可行性的報告。可行性之分析報告內容如下：

- 計畫概述及相關之管理資訊。
- 組織需求說明——包括設計者需求、使用者需求及決策者需求。
- 解決方案說明——包括硬體解決方案、軟體解決方案及管理解決方案。
- 可行性評估說明——包括技術可行性、經濟可行性及法律可行性。

5.2 資訊系統發展生命週期法

針對不同的資訊系統開發建置，有不同的方法論，本節先討論系統發展生命週期法。

系統發展生命週期法（System development life cycle, SDLC），是一套結構化的步驟，是最傳統、也是最基礎的資訊系統開發方法，將所有需要資訊化的工作化繁為簡，分階段進行，在每一階段，只處理該階段內的工作。管理資訊系統發展史，在傳統上大都使用生命週期法，故此法亦稱傳統法（Traditional approach），也稱之為瀑布式模型（Waterfall model），其主要步驟包括需求確認、系統分析、系統設計、系統實施、系統轉換與系統維護等六個階段，如圖5.3。

由於SDLC有界定明確清楚的實行過程，且非常重視日常文書工作，因此在不同的階段，會產生許多的文件，這些特點對一個大型組織的系統開發，是相當必要且有益的。由於大型複雜的系統開發，會牽涉到管理層面及技術層面的問題，再加上資金投入也較龐大，一旦開發失敗其影響甚鉅，因此需要透過系統生命週期法，其嚴格及正式的需求分析、定義清楚的規範，及緊密控制的過程來進

圖5.3 SDLC架構圖

行系統的導入。此方法論通常使用在開發大型而複雜的系統上。

而在系統建置的過程中，包括了許多轉換的工作，這其中包括了釐清需求、分析、設計、發展及推行等工作，相當繁雜，因此需要有系統的將所有工作劃分成幾個階段，再分階段來完成。一般說來，使用SDLC主要原因有以下幾點：

1. 階段進行

   由於資訊系統的建立，主要是將人工作業轉換成電腦作業，其中包括的工作相當繁雜，若可分階段進行，則可將工作化繁為簡，在每個階段內只處理該階段內的工作。

2. 釐清過程

   根據SDLC步驟的描述，每一階段都有清楚的關鍵問題及應得結果，使資訊系統發展時得以明確地被規劃及執行。

   除此之外，由於SDLC的發展最早，所以此一方法也是其他系統發展方法的基礎，企業在發展資訊系統時，不論採行何種系統發展方法，其最終基礎仍是SDLC的觀念，因此發展的過程中，仍使用了SDLC的邏輯概念。

(一) 系統發展生命週期法的實施步驟

1. 需求確認

   建立新系統的基本條件就是必須滿足新的資訊需求，而初步分析就是確定新系統能夠解決問題，因此首先必須了解使用者對於系統的需求程度有多高，或者需不需要做可行性研究。

   界定使用者的需求是系統分析師的首要工作，但要如何知道使用者的需求呢？有下列方法可以運用：

   (1) 詢問（Asking）

   一般常用的包括焦點訪談、個別訪談，也可以用結構式的問卷，少數可用腦力激盪法，或德菲法（Delphi Technique）等方式。

   (2) 資料分析（Data Analysis）

   和詢問不同的是，先蒐集使用者有關目前資訊的需求狀況，再根據資料加以實地訪談。

   其他也可利用雛形法（Prototyping）的方式，也就是先設計一個大概的樣子，讓使用者有一個初步的想法，再進一步的進行需求確認。

系統設計時常因為使用者無法描述其真正需求造成系統開發的問題，另一種可能是系統很複雜，需要花費很長的時間完成，此時使用雛形法是有必要的，其雛形法的定義則在後面會另外論述。

2. 系統分析

系統分析是系統建置中最主要的工作，由系統分析對系統操作效率做細部評估，其焦點是在如何解決最終使用者的問題，故此階段的工作，是要訂出電腦化資訊系統的系統需求（System Requirements）或稱邏輯設計規範（Logical Design Specification）。

可以利用的方式有下列幾種：

(1) 進行資料蒐集

利用傳統的工具或是結構化工具來蒐集有關系統的資料。

- 傳統的方式

最簡單的方式，就是利用手邊已有的文件，例如是手冊、標準作業程序，將現有系統的格式和功能，清楚的說明，以減少資料蒐集的時間。

- 訪談的方式

可以利用訪談的方式或是問卷調查的方式，雖然成本較高，但可較完整地蒐集實際的資訊。

- 觀察的方式

透過定點觀察的方式，以了解系統的使用情形。

(2) 訂定績效規格（Performance Specifications）包括下列幾項：

輸入：介面、流程、有效性的檢查。

處理：運算法則、正確性等。

輸出：介面、報表格式、數量、頻率等。

安全：軟硬體、網路安全等。

3. 系統設計

進入系統設計，就是所謂的寫程式的階段，在系統發展生命週期中，通常被認為是最具創造力的一環。很多優秀的工程師，可以在此一階段，提出新系統所需技術的細節。

這個階段的工作，主要是根據前一階段系統分析的說明，進一步訂出電腦的程式規格（Program Specifications）。而系統設計有三個主要的設計活動，分述如下：

(1) 資料結構

資料的格式，資料的項目、檔案的大小。

(2) 檔案處理

是批次（Batch）處理或是即時（On-Line）處理？決定取捨的因素是以成本與時效的考慮為主。

(3) 控制設計

為了保證資料的完整性及安全性，需有控制設計，也就是對讀取檔案的使用者有所控制，以保證是合法的使用者所存取。

4. 系統實施

「實施」是使得新系統的設計得以落實的過程，內容包括使用者訓練，硬體、軟體與網路的安裝等，但在安裝之前，應對系統做完整的測試。

(1) 測試的種類

不良的測試或不作測試都是很危險的，在系統發展後期對錯誤的改正通常必須付出昂貴的代價，而測試的主要目的是為了檢視新系統是否能產生正確的資訊，可用Awad（1985）提出的標準來測試。

- 反應時間測試

可分成尖峰時間測試與一般時間測試，尖峰時間測試是測試尖峰時間時反應時間是否能夠接受。

- 壓力測試

不是以時間為考慮重點，而是計算系統在尖峰負載時運作的情形，也就是說，系統在尖峰負載下，CPU、記憶體或是資料庫是否能承受大量的工作負載。

- 復原測試

系統發生錯誤，或是不正確的資料，系統是否能正確的回應，及時偵測出錯誤，並採取支援的程序。

(2) 測試的方法

擬定測試計畫以後，系統分析師必須對程式、系統及使用者接受度加以測試。

- 程式測試

  對每一個程式或是每一個模組分別檢查，以確認整個程式的正確性。

- 系統測試

  所謂的整體測試，是為確保所有程式都能正確運作。

- 使用者接受度測試

  使用者運用真實的資料，在較長的時間內作測試，這是在系統被使用者接受（或拒絕）之前的最後測試。可分成兩種：

  A. α 測試

  軟體正式完工前，組織內部的測試。

  B. β 測試

  軟體上市前，組織外部使用者的測試。

5. 系統轉換

系統實施是將一個新系統加以轉換到真正能操作的情況，而「轉換」（Conversion）在實施上是一個主要的步驟，有時也稱之為系統導入，主要包括下列的活動：

(1) 訂定轉換的計畫。

(2) 將系統從原來的硬體環境，拷貝檔案到另一個硬體環境。

(3) 記錄結果。

(4) 建立轉換的方法（見表5.1）

- 直接切入（Direct Cut Strategy）

  在指定時間內，新系統將完全取代舊系統。大部分使用在系統本身操作或使用很簡單、立即可上線、轉換時間短、學習時間短、影響範圍小的系統。例如：個人電腦作業系統的轉換，最常使用的就是直接轉換，像是由Windows XP轉換至Windows 7。

表5.1 系統轉換的方法

	直接切入	平行導入	先導系統	階段導入
特色	新舊系統直接轉換	新舊系統同時運行	完整系統，切割單位	切割系統，切割單位
轉換成本	最低	最高	較高	較低
失敗機率	最高	最低	較高	較低

- 平行導入（Parallel Strategy）

  在新系統導入後與舊系統同時並行作業一段時間後，若新系統運作順暢，無發生任何錯誤時，才淘汰舊系統。這樣的時間通常持續半年至一年。通常使用於系統本身操作或使用複雜、轉換時間長、資料量大、學習時間長、影響範圍大等情形。一般企業的資訊系統通常採用這個模式，像是當企業購併時，或使用新的資訊系統時，舊的資訊系統還是同時運作，以免資料的遺失。

- 先導系統（Pilot Study Strategy）

  將新系統指定於某一單位先行上線使用，可能是某一部門或某一作業單位，等系統運作順暢時，再全面推廣至組織內其他單位。主要的策略考量是此一資訊系統可能是實驗性質，不知道是否對整體組織有益，另一可能是資訊系統的導入，通常是被排斥的，從某一單位先行導入，一旦成功可樹立成功典範。

- 階段導入（Phased Approach Strategy）

  可區分為系統功能或組織單位兩種方式，分階段進行轉換。可能的理由包括了階段性需求，也就是組織可能目前並不需要很完整的功能，也有可能是經費上的考量。最明顯的例子就屬ERP導入了，很多公司在導入ERP時，採的都是階段性導入。

  雖然導入方式有很多種，但實務上的運用，多半混合各種不同的策略，並不是單一的方式。

6. 系統維護

在系統成功轉換之後，應該開始擬定維護保固計畫。這一部分又可分成好幾個項目分開討論。首先是保固之期間，目前一般都以一年為原則，在保固期間內，由建置公司提供免費的保固服務。至於保固範圍包括了硬體及軟體兩部分，硬體的保固大部分以原廠的保固時間為原則，至於軟體部分，除了有缺失需更正外，一旦軟體版本更新時，則廠商需免費提供更新版本。

保固期間的主要工作項目為：

(1) 系統定期的維護。

(2) 系統錯誤的更正。

(3) 系統故障的排除。

其他像是系統文件及操作手冊等的修正也都包含在內。至於電話資訊服務或是叫修服務通常與上下班時間一致，但如果是緊急狀況，也可以訂定契約，要求廠商於時限之內完成。

(二) 系統發展生命週期法的優缺點

系統發展生命週期法是資訊系統建置時最基本的方法之一，其流程設計完整，每一階段均有詳細的說明文件，讓使用者方便操作。且績效標準明確，可以衡量實際績效，可作為下次發展或修正的參考。

然而，系統發展生命週期法由於其瀑布式的階段進行方式也衍生一些缺失，諸如：容易因使用者需求改變、入不敷出或時間落後等問題，有時使用者甚至連其需求都無法說明清楚，而使得系統週期法在第一階段的需求分析，就無法進行下去，使得系統建置受阻。而且此法對每一階段該做到什麼程度沒有統一規定，在追求最佳化的情況下容易耗廢時間及成本，進而導致規劃與執行間發生重大偏差；另外，雖然人員可以在各個階段中來回調整，但是若規格需求要重新修定時，各步驟要全部重來，並經系統測試後才能修改系統，使得此法不具動態性。

5.3 其他資訊系統建置方法

一、安全系統生命週期法

現代資訊系統首重安全，於是安全系統生命週期法（Secure Systems Development Lifecycle, SSDLC）應運而生，SSDLC指的是在採用系統生命週期法進行軟體開發時，針對所有進行的流程進行安全的管控，以協助開發人員在開發軟體、應用程式，或是APP時，降低系統後續維護成本，以及遭受攻擊行為的損失，顯著降低後期階段的安全風險。

安全系統生命週期法與傳統系統生命週期法其實相當類似，傳統的SDLC階段過程，主要重點在於資訊系統的設計及應用，但在安全系統生命週期法進行中，每個階段執行的活動方面，則加上消除安全漏洞，並識別某些威脅，以及這些威脅對系統造成的風險，以及所需的安全控制措施，以應對、消除相關之風險。但也因為導入安全性的思維，進行必要安全防護措施，必定會延長設計時程。

在考量成本及時程的狀況下，安全系統生命週期法具體措施如下：

1. 需求確認

該過程由在組織最高管理層工作的官員／指令啟動。 為了執行這個過程，項目的目標和目標是事先考慮的。定義了信息安全策略，其中包含對安裝的安全應用程序和程序及其在組織系統中的實施的描述。

2. 系統分析

在系統分析階段，對前一階段之需求確認進行詳細的文件分析，須加上分析現有的安全策略、應用程式及軟體安全，以檢查系統中的不同缺失及漏洞，還需要分析可能的威脅，另外，風險管理也在此一階段中進行。

3. 系統設計

設計階段在處理各種資訊安全策略、應用程式及軟體工具的安全開發方式，必須規劃包括備份和復原策略，以防止未來的系統當機，在萬一發生災難時，計畫採取的措施。當然類似的規劃，可以在組織內自己完成，也可以委外來進行。技術團隊在實際進行設計時，應該規劃如何取得實施軟體和系統安全所需之工具，針對未來可能遇到的安全問題，提出解決方案，進行分析和記錄，以涵蓋前一階段疏忽的漏洞。

4. 系統實施

當實際進行程式開發時，SSDLC的重點會轉移到確保程式開發人員編寫的程式碼安全無虞。程式語言通常會提供安全撰寫程式指南之類的導引手冊，或是程式審查準則等資料。目前大多數現代應用程式都不是從頭開始撰寫的，也就是說，現代應用程式開發人員不能只關心他們自己編寫的程式碼。開發人員依靠開放原始碼（Open Source）軟體，以盡快完成軟體開發。事實上，90% 以上的應用程式，大都是由這些開放原始碼元件組成，這些元件通常可以採用軟體組成分析（Software Composition Analysis, SCA） 工具進行檢查。

5. 系統轉換

系統轉換階段是將應用程式，經過全面測試後，確保系統滿足原始設計要求之後，將原始系統轉換成新系統的階段。在這一個步驟，有不同的導入方式可以採用，在系統轉換時，需考量目前系統內，各項控管程式與防護措施，是否能夠有效的防禦目前已知的攻擊手法，並依據測試的結果，進行必要的調整，除非測試通過，否則不應導入新系統。另外，對所有利害關係人及相關員工，進行資安教育與教育訓練是非常必要的做法。

6. 系統維護

新系統一旦上線，資安計畫需即刻實施，以確保新系統正常並安全的執行。資安計畫及相對應的安全程式，必須隨時保持最新版本，以應對在設計時可能不可見的新威脅。

二、應用套裝軟體法

所謂的應用套裝軟體（Application Software Package），就是購買一般商用的套裝軟體來使用。一般常用的企業軟體，可以直接採購的包括人事薪資系統、會計總帳系統、庫存管理系統、公文管理系統等。這些一般性的資訊系統，都具有一些標準化流程，所以一般的企業應該都可以適用。

但是，若組織需求與軟體工作方式無法相容時，只有兩種方式因應，第一就是改變組織作業流程以符合軟體流程，另一種方式則是修正軟體。

但一般的套裝軟體，通常無法客製化，所以只剩下改變企業流程這一個方式了，這樣一來，反而有些本末倒置。

對於剛成立的新公司，採用現成套裝軟體所提供的企業流程，是比較可行的；但是如果是公司已經成立一段時間，則不容易改變作業方式，使其與套裝軟體之流程一致，因此這樣的公司較不適合採用套裝軟體法。

應用套裝軟體法的優缺點

採用現成的商業化軟體，主要的優點，就是降低內部開發軟體程式的需求。如果套裝軟體可以符合大部分的組織需求，公司就不用再額外開發軟體，公司可以節省成本與時間，再加上軟體廠商會提供持續性的系統維護與支援。

當然採用套裝軟體也有一些缺點，例如無法滿足組織的獨特需求，或是花了錢買了一些不必要的功能。萬一需要額外的客製化，又要花費一筆經費。

三、使用者自建系統（End-user computing, EUC）

使用者自建系統（End-user computing, EUC）是指一般資訊使用者在現成的資訊環境中建置其工作所需應用程式的系統，具體做法是使用者利用容易學習、容易上手的軟體，加上資訊人員的支援與協助，進行開發、維護自己所需要的應用程式。

使用者自建系統（End-user computing, EUC）能夠在現今的環境中成為資訊系統建置的主要方法之一，主要是因為有目前的資訊環境中已有足夠的軟體工具，以及妥善的教育訓練，使得企業員工有能力設計其工作中所需要的應用軟體。

在可見的未來，資訊系統部門主要負責提供相關標準、管理資訊資源及管理網路通訊，而使用者則負責開發符合自己所需的應用軟體（圖5.4 使用者自建系統）。

使用者自建系統的優缺點

由上述說明，可知在現今的資訊環境中，使用者自建系統的做法將越來越普遍，例如使用者利用現成的辦公室自動化軟體開發成微型企業用的記帳軟體、利

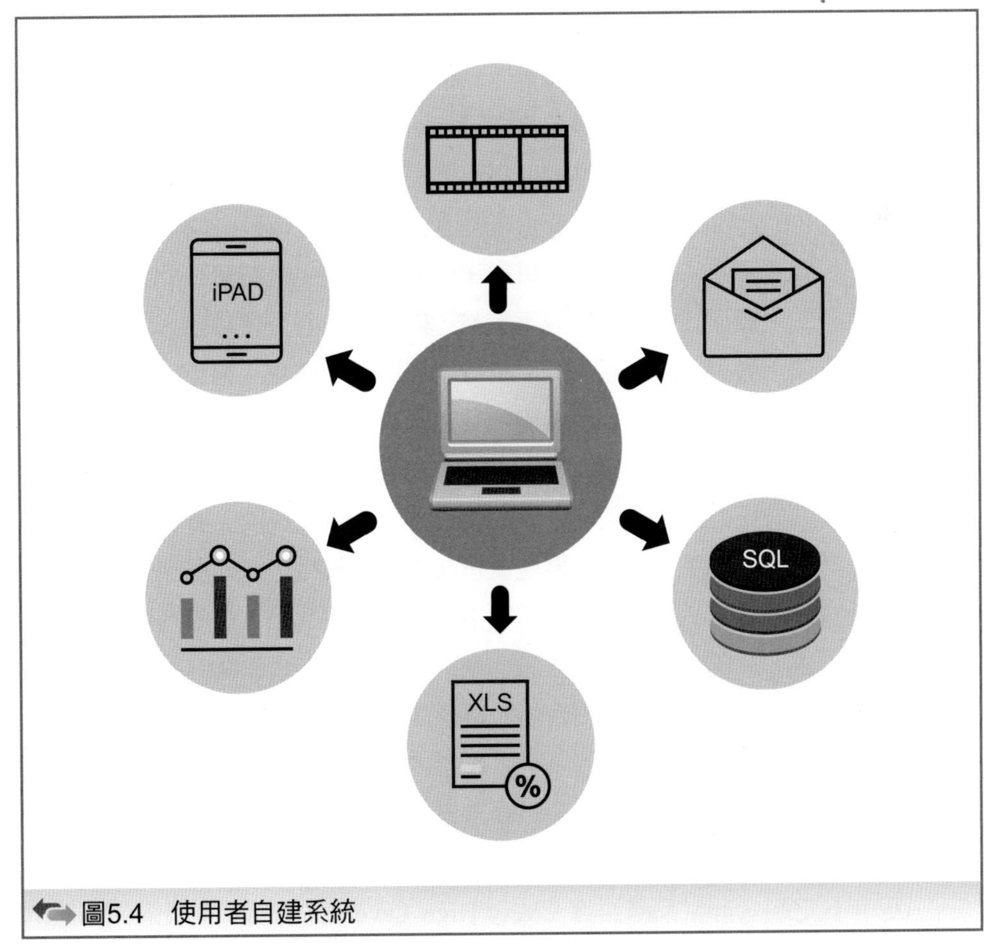

圖5.4　使用者自建系統

用Excel開發成顧客關係管理系統等，都屬於這類的範圍。採用使用者自建系統的優點在於使用者自己開發系統，因此沒有溝通與抗拒問題、組織的MIS部門負擔降低，使用者沒有等待系統問題。自己的系統自己建置，也提高了組織創意。

但相對的，這樣的建置方式也有不少的缺失，自行開發系統通常以完成系統為最高指導原則，開發方式、系統文件等都付諸闕如，另外沒有整體眼光、安全控管，與其他系統整合、維護困難、重複開發、資源浪費等，都是使用者自建系統容易發生的問題。EUC組織中的應用程式的規劃與建置，不應該是隨機的演化，應該有明確地策略導向。使用者自建系統如能填入企業自動化系統中的缺口，應該是最佳的策略。舉例來說，企業已經導入了ERP企業級的自動化系統，但也許遺漏了工讀生的時薪加薪規則，此時就是適合採用使用者自建系統最佳時機。

四、雛形法

在開發系統時，程式設計人員或是系統分析師常有一些的基本假設前提，就是使用者知道自己想要什麼，但是現實的環境中，常常可以發現使用者不知道自己的需求，或者說使用者無法清楚說明自己的需求，這時雛形法派上用場了。

雛形法（Prototyping）是一種資訊系統建置的觀念，也是一個不斷反覆確認系統需求，以建置資訊系統的過程。雛形法的進行方式，是系統設計者先設計出一個資訊系統的大概形式，其功能並不完整，僅具備一些主要功能，隨即交給使用者試用，由使用者提出改進意見，反覆修改到使用者滿意（圖5.5）。

雛形法本身並無固定的形式或架構，其範圍大小和所呈現出來的風貌，也因所發展的系統不同，而有所差異。前面所述的系統生命週期法，在建置的過程中，花費相當多的努力於文件規格，等到系統需求分析完成後，會進行下一步的系統分析，其主要理由是，避免一再地重新修正系統規格，但是這樣的方式，是否合宜，相當值得討論？在現代商業環境中，很多的情況是，使用者根本無法明確地說出其需求，系統設計人員也無法了解系統建置後，真正產生的問題，一旦系統建置完成後，才發現系統並不合用。雛形法的提出，主要就是解決傳統資訊系統建置方法的缺點。其次，也因為有了系統的大致功能介面，可以解決設計者與使用者間所產生溝通障礙，造成資訊需求界定的錯誤，導致後續程式設計、檔案結構的不適合。

九〇年代之後，非常高階語言（Very High Level Languages）及通訊網路的

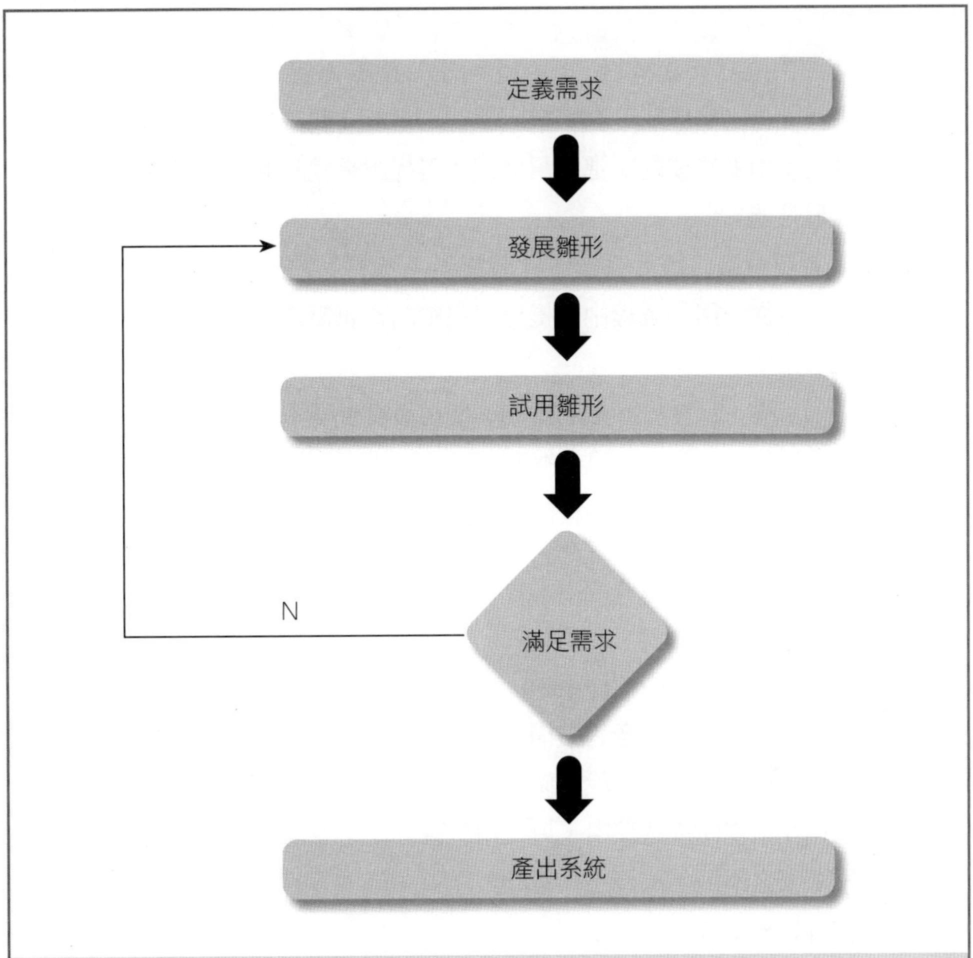

定義需求

發展雛形

試用雛形

N

滿足需求

產出系統

圖5.5　雛形法架構

出現，也讓系統設計人員能更方便的工作，不需要知道完整的架構，就可定出系統需求，並且透過快速回饋、反覆設計以確定系統的規格成為可行，也助長雛形系統的流行。

(一) 雛形法的實施步驟

雛形法的主要步驟如下：

1. 定義需求

   主要是為了發展雛形系統所做的確認，包括資料類別、資料屬性以及資料結構等，這個階段所定義出的系統需求，完整性並不重要。

2. 發展雛形

在短時間內建立一套試用系統，也可稱為模擬系統，以使用者所提出的概念，將其簡化，建構成一套系統，讓使用者能夠親身試用，以確認這樣的系統，就是使用者想要的，進而幫助使用者提出更完整的系統需求。

3. 試用雛形系統

由使用者親身體驗雛形系統，此時雛形系統的目的，在於讓使用者能有感覺，進一步從使用的過程中，提出更完整的資訊需求。

4. 檢視雛形系統

最後一個步驟，是屬於回饋的機制，使用者有覺得不妥當的地方，系統設計者需要進行修正更改，一直重複到令使用者滿意的雛形出現為止。雛形快速修正才能降低風險及提高系統的合適性。

雛形法一般被應用在幾個地方，包括有：

(1) 作為規劃工具

在很多委外服務的招標案中，我們常可以看到雛形法的採用，也就是系統規劃時，畫了再多的結構圖、資料字典、流程圖，其實遠不如先提出一個雛形系統，更能說服使用者。而此種雛形化工具即為拋棄式雛形，意指在系統建置過程中，只使用於確認使用者需求，而在往後的開發階段即棄之不用。

(2) 作為系統基礎

即使不是委外的案件，在系統發展生命週期法無法說明清楚時，也有很多的系統設計者，採用雛形法來作為後續的系統的基礎。當雛形可以讓使用者滿意時，設計者再將邏輯增加上去，這樣的做法，可以減少系統發展時重複的精力投入，使用者也能夠在短時間內得到結果。此種雛形化工具為非拋棄式雛形，意指在利用此雛形化工具確認使用者需求後，在往後的開發階段亦以此工具為基礎。

(二) 雛形法的優缺點

1. 優點

(1) 需求清晰

由於在確認需求時，可以反覆的驗證，不像系統發展生命週期法，是透過訪談或問卷，一次將需求確認，所以可以掌握系統的精神。

(2) 有效溝通

儘管使用了結構化語言、決策表、資料流程圖等工具，但單靠訪談或問卷所設計出來的規格書，用來表達設計的內容，仍然太過精簡，且語意模糊的問題，也無法適當地解決，雛形法可以直接在操作的過程中，針對問題、規格及功能做面對面的討論。

(3) 減少風險

很多的軟體系統發展專案，在完成後需要修改或重做，方能真正發揮效用，雛形法可以在大量資源投入之前，便對雛形系統進行測試，可以降低風險。

2. 缺點

雛形法第一個碰到的問題，就是系統雛形本身要做到何種程度？也就是要包含多少待建置的系統，才能讓使用者了解。前面已經提過，系統需求在一開始時都難以掌握，故一邊開發、一邊討論，缺乏整體規劃的方式，更被有些系統設計者覺得容易造成管理上的疏失。

企業資訊系統的建置，通常是仰賴系統分析師及軟體設計師的努力，若是採用雛形法，邊看邊修、邊修邊添購設備，容易造成預算不易控制，也可能會產生採購上的弊端，所以最後可能會在代理成本的提高下，反而使整體系統建置成本高出預估。

五、敏捷軟體開發（Agile Software Development）

傳統的生命週期法雖然完善，但開發時程頗長，1990年代新型軟體開發方法，敏捷軟體開發（Agile software development）逐漸引起關注。敏捷軟體開發是一種用來應對快速變化需求之軟體開發能力，支持敏捷式開發的社群於2001年組成了敏捷聯盟（Agile Alliance），並發表Agile宣言與原則。

(一) The Agile Manifesto（敏捷宣言）

- 「獨立的工作成員與人員互動」勝於「流程與工具的管理」。
- 「工作產生的軟體」勝於「廣泛而全面的文件」。
- 「客戶的合作」勝於「契約的談判」。
- 「回應變動」勝於「遵循計畫」。

(二) The Agile Principles（敏捷原則）

- 最優先的任務，是透過及早並持續地交付有價值的軟體以滿足客戶需求。
- 即使已到開發後期，歡迎改變需求。敏捷流程掌控變更，以維護客戶的競爭優勢。
- 經常交付可用的軟體，頻率可以從數週到數個月，以較短時間間隔為佳。
- 業務人員與開發者必須在專案全程中天天一起工作。
- 以積極的個人來建構專案，給予工作團隊所需的環境與支援，並信任團隊可以完成工作。
- 面對面的溝通是傳遞資訊給開發團隊成員之間效率最高且效果最佳的方法。
- 所產生的軟體是評估進度的主要方法。
- 敏捷程序提倡可持續開發。贊助者、開發者及使用者應當能不斷維持穩定的步調。
- 持續追求優越的技術與優良的設計，以強化敏捷性。
- 精簡是不可或缺的。
- 最佳的架構、需求與設計皆來自於能自我組織的團隊。
- 團隊定期自省如何更有效率，並適當地調整與修正自己的行為。

敏捷開發的具體做法，是採用一個所謂的SCRUM的框架。這個名詞來自於竹內弘高（Hirotaka Takeuchi）和野中郁次郎（Ikujiro Nonaka）在其1986年的《Harvard Business Review》文章「The New New Product Development Game」中，所提出的一種新的方法，類似橄欖球比賽的Scrum（Scrum 的原始意思是橄欖球的爭球），這個方法能提高新產品開發的速度和靈活性。

Scrum 框架的具體做法如下，首先組成專案團隊，稱之為SCRUM團隊，成員不超過10名，工作以疊代（Iterative） 與增量（Incremental）方式進行，每個疊代稱之為Sprint，一個 Sprint 的時間從兩周至一個月。

每天都會舉行專案會議，稱之為「Scrum」或「Stand-up Meeting」，會議指導原則如下：

- 有人參加。
- 會議以15~30分鐘為限。
- 站立開會。
- 固定地點且固定時間舉行。

SCRUM團隊成員要回答三個問題：

1. 昨天你完成了哪些工作？
2. 今天你打算進行什麼工作？
3. 完成工作目標存在什麼障礙？

一個Sprint完成後，會舉行一次衝刺回顧會議，在會議上所有團隊成員都要反思這個衝刺。舉行衝刺回顧會議是為了進行持續過程改進。會議的時間限制在4 小時。

Scrum會議一共包含以下四種：

1. 衝刺計畫會議。
2. 每日站立會議。
3. 評審會議。
4. 回顧會議。

由上述的具體步驟，更可以看出，相對於傳統的生命週期法，「敏捷開發」更強調程式設計師團隊與業務專家之間的緊密協作、面對面的溝通、頻繁交付新的軟體版本、緊湊而自我組織型的團隊、用以適應需求變化的程式編寫和團隊組織方法，也更注重軟體開發過程中人員扮演的角色。敏捷軟體開發關鍵成功因素包括組織文化必須支持談判、人員間彼此信任、人少但是精煉、開發人員所作決定得到組織認可、環境設施滿足成員間快速溝通之需要。

六、統一軟體開發過程

統一軟體開發過程（Rational Unified Process, RUP）是一種軟體工程開發方法論，也稱之為「疊代式軟體開發流程」，最早由Rational Software公司開發，因此冠上公司名稱，在這裡的Rational並無「理性」或是「合理」的意義。為了避免混淆，本書就直接稱之為RUP。Rational Software公司後來被IBM併購，成為IBM之下的一個部門，因此又稱IBM-Rational Unified Process。RUP 的主要目標是建置可預測預算、以及在時限之內完成高品質的軟體，如果有必要，可以重複個別生命週期階段，直到滿足主要目標，這也是這個方法論被稱之為疊代式軟體開發流程的原因。

(一) RUP 四個不同階段

在一個專案軟體系統的生命週期中，為了把握專案的時間，RUP分成四個不同的步驟，分別是：構思階段（Inception Phase）、細化階段（Elaboration Phase）、構建階段（Construction Phase）及移交階段（Transition Phase）。具體進行方式是將原資訊系統生命週期的六個階段：需求確認、系統分析、系統設計、系統實施、系統轉換與系統維護，重複地執行RUP的四個步驟。只是在不同的階段，重點不同。並且在某些階段，會花費更多時間以進行某些步驟。例如，流程規劃主要發生在構思階段與細化階段，較少在建構階段，在移轉階段則不需要。四個步驟中的每一個步驟，都有其主要目標，必須在專案進入下一步驟之前完成。

以下分別詳細說明RUP的四個步驟，及其所產生的成果及評估標準：

1. 構思階段（Inception Phase）

   第一階段，確定專案的基本概念與架構，在此階段，團隊定期開會以確定專案的必要性、可行性和適用性。可行性和適用性包括了預估成本，將來打算採用的方式。這個階段所產生的成果包括：專案願景、可採用個案、市場調查結果、財務預測、風險評估、專案計畫、商業模式、專案雛型。

   這個階段評估標準如下：

   是否包括專案所有的利害關係人？所有利害關係人對此專案是否都同意？開發需求是否可靠？經費是否在合理範圍？專案的優先事項及風險為何？

2. 細化階段（Elaboration Phase）

   細化階段，主要是評估和分析系統需求及其架構， 此時專案逐漸成形，細化階段的目標是分析產品，並為專案未來的架構奠定基礎。細化階段的結果包括：可行架構的描述、專案開發計畫、應對風險雛型、使用者手冊。

   結果的標準：

   架構穩定嗎？重要的風險是否都已經在處理？專案建置計畫是否足夠詳細和精確？是否所有利害關係人都同意目前的設計？經費是否可以接受？

3. 構建階段（Construction Phase）

   在構建階段，軟體系統進行整體建構，將設計轉化為程式碼，進行整合和測試。此一階段的重點是開發系統元件，並開始組成其他功能，大多程式碼在這個階段編寫。在編撰程式碼過程中，成本管控及方法論是重點，以確保軟體品質，此一階段的結果包括：完整的軟體系統及使用者手冊。

評估依據：

軟體程式是否穩定且完整以供使用者使用？所有使用者、利害關係人是否準備好移轉至新系統？所有的經費是否仍在掌控中？

4. 移交階段（Transition Phase）
過渡階段的目標是將產品轉移給新用戶，將產品發布給使用者進行測試，並收集使用者的意見，之後再次進行疊代，並修改產品使其完善。一旦使用者開始使用系統，可能出現新的需求，需要對產品進行修正。故此一階段的目標是確保使用者平穩的從舊系統移轉至新系統。最後階段的成果和活動：Beta測試版本、現有用戶資料庫的轉換、教育訓練。

(二) RUP 的優缺點

RUP是一個強調準確且完整文件檔案的方法論，由於客戶需求經常不斷改變，導致開發風險提高，RUP在變更需求管理具備仔細評估，能有效降低風險。且整合流程在軟體開發生命週期中的每一階段都會重新進行，因此整合所需的時間較少，加上元件的重複使用，所需的開發時間更少。另外，教育訓練是一開始就在進行，會減少使用者的摸索時間。

但RUP也有部分缺失，像是團隊成員除了需要熟習開發軟體之外，還必須熟習產業及流程，才能採用這種方法。其次，開發過程過於複雜且較無組織。在較為先進的領域或新的流程，因為沒有專家存在，就沒有元件的重複使用這回事，因此，節省時間也無法實現。

軟體開發過程中的流程整合，理論上聽起來是件好事。但是在大的軟體系統中，多個流程只會增加複雜度，並在測試階段引起更多問題。

七、資訊委外

資訊委外就是將組織的資訊系統發展相關活動，包括規劃、建置、評估等，部分或全部由組織外的資訊服務提供者來完成，這些資訊相關活動的內容，包括硬體、軟體、通訊網路、參與者等，而資訊服務的提供者則包括資訊軟硬體廠商、資訊服務公司、顧問公司等。資訊委外的內容相當多，我們將在下一章介紹。

• 各種發展方法間的關係

一般說來，資訊系統建置的方法論中，還是以系統生命週期法是最完整的系統建置方法，也就是任何一個電腦化資訊系統，都必須經過這六個階段才得以完成，所以儘管後續許多學者提出了新的發展技術，但嚴格說來，只能夠算是針對部分階段的工作，提出輔助的工具或是改善，其發展的過程終究還是依循著生命週期的各個階段，所以生命週期法可視為所有發展方法的基礎架構，也可稱為規範性架構。

Chapter 6

資訊系統委外

由於資訊技術快速進步，各項資訊產品生命週期變短，且維修更新成本高漲，除了加強對資訊部門投資外，資訊系統委外（IT Outsourcing）已成為企業經營者提高競爭力的解決方案之一。本章先說明企業資訊系統委外的理由，主要分成策略層次及戰術層次兩方面。就策略層級而言，資訊系統委外可以使其專注於企業的核心業務，資源集中運用。而戰術性理由則是可以增加可用資金、減低營運成本。其次說明資訊系統委外組織、功能與規劃，並說明「意見徵求文件」（RFI-Request for Information）及「建議書徵求文件」（RFP-Request for Proposal）的撰寫方式。

資訊業務委外：無縫接軌、服務不斷線

叡揚資訊成立於1987年，是臺灣資訊軟體業的領導廠商，也是區域級資訊軟體與雲端SaaS服務供應商。長期關心客戶的經營需求，經由成熟的軟體工程、先進的協同、行動通訊、雲端等資訊科技，開發出流程e化與創新應用系統，贏得金融業、政府、醫院與製造業等2,000餘名客戶及上萬個雲端用戶的肯定。公司成立以來，即懷著永續經營的精神，用心觀察環境變化與客戶所關心之議題，經由成熟的軟體工程、專案管理及優異的系統架構所開發出的系統，博得金融業、政府、醫院、電信與製造業等客戶的好評，形成目前大部分業務皆來自於既有客戶以及既有客戶引介新客戶之口碑現象。

服務一年各方滿意度正向提升

中部科學工業園區管理局的資訊業務即是委由叡揚資訊負責，過去幾年，園區管理局進行了「中科資訊業務委外滿意度調查統計報告」，針對(1)維修滿意度；(2)資安服務滿意度；(3)網路服務滿意度；(4)應用系統服務滿意度；(5)整體服務滿意度進行調查，每個項目都呈現正成長，而且都有九成以上的高滿意度，並在整體服務滿意度上，拿下96.10%的好成績，比起去年的87.86%，滿意度大幅提升近9%。這對於接手中科管理局之資訊作業委外服務案的叡揚資訊來說，不僅需要維運使用的系統超過六十種，亦得服務園區一百多家廠商及局內三百名以上的使用者來說，能拿下這樣好成績，實屬不易。

叡揚團隊無縫接手，服務上軌道不斷線

「讓客戶很有感！」中部科學工業園區管理局投資組組長王宏元懇切地說出這一年下來跟叡揚團隊合作的感想。「一開始難免有磨合，而且叡揚並非原委外廠商，卻可以在接手後很快就進入軌道！」雖然駐點中科管理局的叡揚團隊只有八個人，但這一年合作下來，發現叡揚是以公司整體資源來投入服務，例如：創新提案或是網路設備等，會引介公司之資源及人才來協助提供諮詢建議，努力達到「讓客戶揪感心」的服務目標。

一踏進中部科學工業園區管理局，宛如走到一個小型行政院，所轄範圍計

有臺中、后里、虎尾、二林及中興新村高等研究園區，總計開發面積約1,654.84公頃，目前廠商數已達150多家。不論是進駐廠商、育成中心，或是其他服務業（如：銀行、電信服務業、報關、物流商、工程包商、餐飲業）的各種問題及繁雜事務，中科管理局都需要一手包辦，而其資訊系統更是串聯中科的重要網絡，鞏固龐大園區之運作。

強調管理追蹤，列管透明彈性高、回覆快

而精實服務更是貫徹專案成功的基石，「在經費有限的情形下，達到最大之成效。」這是王宏元組長對當初規劃資訊業務委外的初衷，「叡揚在此合作中，精實四大成效：(1)控管很落實；(2)創新做法；(3)列管透明；(4)做法彈性快速。」舉例來說，在問題管理上，導入JIRA問題管理系統，將所有問題與需求鍵入系統中，101年度問題總記錄量近八千件，是接手前一年的二倍，因為以往紙本記錄無法完全呈現工作狀況，透過JIRA線上問題管理工具，除了減少紙張用量，並適時反映團隊的工作績效，鍵入的資料，就成了很重要的資料庫，除了能隨時掌控問題處理進度與情形，還能進行各種維度的報表分析，找出異常與常見問題，再進行問題分析與改善，並適時提供常見問題之FAQ，供團隊維運同仁與客戶參考，長期下來，透過經驗累積，更能找出看似無關，卻能有效改善專案成效的方法。

PM（林威志專案經理）觀點

叡揚資訊自101年開始接手中科管理局之資訊作業委外服務案，屬於軟、硬體統包案之方式進行維運，範圍大至電腦機房、伺服器、網路設備、資料庫、各平臺應用系統，小至一般行政電腦、耗材等管理，因此在管理上，也特別針對這兩類進行加強。在硬體管理上，加入圖形化系統效能展現工具，強化網路及時監控，主動回報各伺服器、網路設備之硬體使用狀態，降低人員不足時的管理困難。在軟體管理上，考量到中科管理局組織改造及各應用系統維護人員之程式碼版本控管不一的問題，特別提供一部測試主機安裝虛擬系統（VM）作為測試機，並作為程式碼版本控制主機（Subversion），除了中科之外，「行政院國家科學委員會」及「新竹科學工業園區管理局」，皆是叡揚資訊的服務對象，因此在中科管理局資訊系統的垂直整合與橫向溝通上，皆能有良好的互動，彼此分享問題與管理經驗，進而學習再進步，但叡揚在中科管理局，仍有許多再進步的空間，希望往後能持續高度的服務品質，創造雙贏。

PM 經驗豐富，公司資源有效灌注

就管理面來說，叡揚接手後盡可能留任原委外廠商優秀之工作人員，一來是因為這些同仁熟悉中科作業環境及系統，二來是強化教育訓練及團隊氣氛，提升服務品質。此外，叡揚特地指派具有竹科管理局委外經驗的PM來管理團隊，「在最短時間內，達到無縫接軌並創造高績效。」也因為用心經營，「零離職率」更穩定了不必要之變動。

「叡揚團隊的表現超乎預期！」中科投資組副組長黃懿美說，「實際上，合作愉快最重要的就是廠商態度！」這一年下來，叡揚團隊不僅在管理、技術及經驗都讓人驚豔，最關鍵的還是配合的態度及彈性，「投入時間很多，而且有彈性，盡可能配合中科需求！」黃副組長回憶道，合作之初，叡揚團隊就強調「不確定的事情不會先承諾，但是會努力做到。」現在回頭來驗證，真的是所言不假。

習題演練

1. 哪一種情況下，委外是比較佳的資訊選擇？
2. 這與公營或私人企業是否有差異性？
3. 會不會因為委外，導致資訊系統的控制權在外人手中？

資料來源：撰文 | Bear Lee
https://www.gss.com.tw/eis/110-eis71/1104-96

6.1 資訊系統委外意義與內涵

一、資訊系統委外的意義

競爭力是企業生命的泉源，而現代化企業的競爭力來自有效的企業經營管理，面對迅速的市場變動，企業必須從中掌握最大的市場機會，以及有效的成本控制，以爭取最大的利潤空間。

企業對資訊系統的依賴不可一日或缺，對資訊系統的投資需求也不斷擴大，對最新資訊科技的利用，已成為企業加強經營管理、提高競爭力不可忽視的重要手段，例如：從最簡單的結合辦公室自動化（OA）和管理資訊系統（MIS），將既有的業務電腦化處理，進一步利用網際網路（Internet/Intranet）和電子商務（E-Business）來加強市場開發，增進營運效率；隨後建立供應鏈管理（Supply Chain Management）體系，以提高營運速度與彈性，降低企業經營成本；最終運用商業智慧（Business Intelligence）及知識管理（Knowledge Management）的技術來擴展商機或提高工作品質等，但日趨複雜的資訊系統，衍生出許多問題，如何控制與日俱增的資訊作業成本？如何加速新資訊科技的應用？如何降低新系統開發的風險？如何掌握新的資訊技術人員？如何管理複雜的系統環境與資源？要解決這些麻煩的問題，除了不斷加強對資訊部門的管理和持續的系統投資外，資訊系統委外（IT Outsourcing）已成為眾多企業經營者為爭取競爭力所選擇的策略性解決方案之一（圖6.1）。

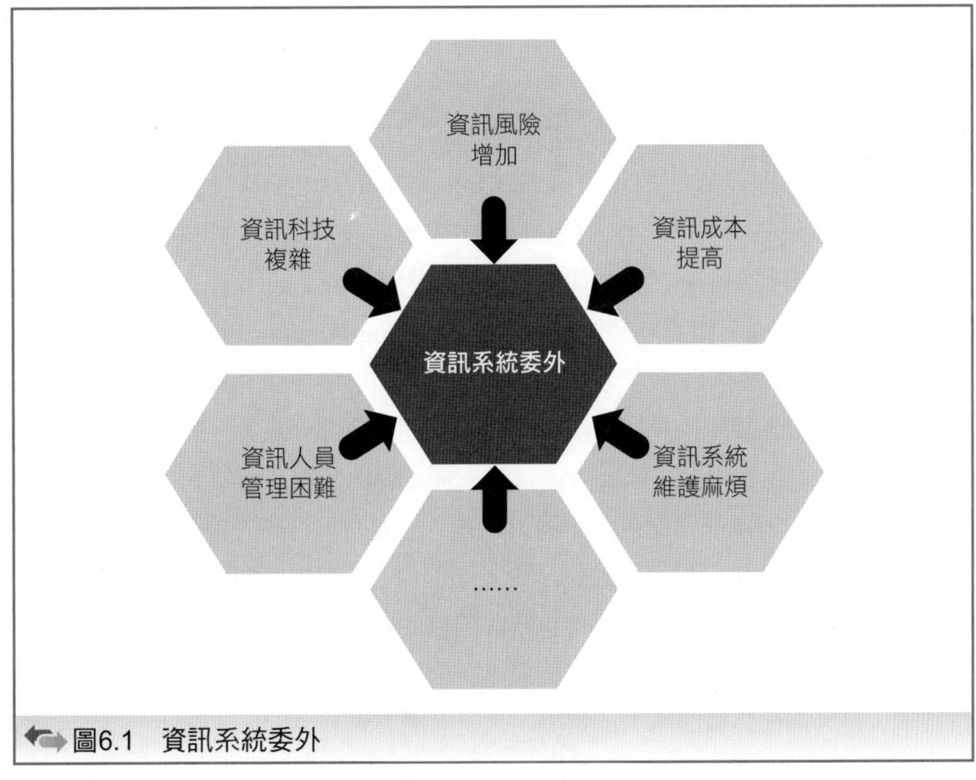

圖6.1 資訊系統委外

所謂的資訊系統委外，即選擇合適的IT服務提供商，提供商業流程、應用系統或是基礎架構之解決方案，其目的是構建最佳夥伴關係或外部供應商關係。委外除了上述工作外，還包括應用程式、軟體服務和雲端服務，以協助客戶訂定未來策略與願景。

二、資訊系統委外的理由

一般來說，資訊系統委外大致可分成策略層次及戰術層次兩方面。

以企業策略層級而言，資訊系統委外可以使其專注於企業的核心業務，將企業資源集中運用、提高資訊應用水準、加速獲得企業改造成果、分攤風險、促進資源運用彈性與提升效率。

戰術性理由則是可以增加可用資金、減低營運成本，並透過資訊系統所帶來的效果，取得現金挹注；在缺乏人力／技術資源的情況下，以資訊系統解決人力與技術的不足，然而也必須面臨到難以管理複雜的資訊作業。

由於資訊技術快速進步，各項資訊技術產品生命週期變短，且維修更新成本高漲，加上經濟全球化、國企民營化、各區域市場開放等經濟因素，企業的競爭情勢加劇。企業經營者必須考慮如何在成本可控制的情形下，善用最新的資訊科技，以爭取達成最低的經營成本、最大的競爭力量。

如果企業組織內已經有資訊部門，則資訊系統委外勢必影響到企業既有資訊部門的組織與人員，相關人員可以內部移轉或由委外廠商接收來解決。但企業內負責資訊系統的主管——資訊長（Chief Information Officer），其功能和角色必然有所調整。資訊系統委外後，CIO管理重點應該是從資訊系統（IT Systems）規劃、開發移轉到應用系統與資訊流程，管理對象也從內部資訊人員移轉到企業使用者（End Users）和委外合作廠商（Outsourcing Services Provider），同時工作的重心也將從日常的系統管理工作，移轉到策略性的規劃和業務資源的管理。資訊主管將可發揮更大的功用，專注於企業長期的資訊系統發展規劃，而不只是系統開發。

資訊委外也有部分問題產生，例如失去自主能力，容易受委外廠商控制，彈性應變能力差，通常一但系統外包之後，不但自己的MIS部門無法掌控，連後續的維護、升級、優化等，也需要外包廠商的協助與配合，企業策略機密以及安全問題，也容易會有顧慮。委外廠商如果沒有對於資訊技術及時升級，採用過時的IT技術，是否造成組織競爭力的喪失，也是考慮重點。

另外，員工士氣、MIS部門的員工升遷、經費等是否會有阻礙，組織內的技術升級、組織學習等都是需要注意的問題。在溝通方面，也會有需求溝通，或者理念不合的問題，這些都是在考慮委外時應注意的問題。

三、資訊系統委外安全

在採用資訊系統委外時，企業用戶最擔心的便是因資訊設備和資料儲存脫離自己管轄範圍，而影響到企業資料的安全性。事實上，在資訊委外相當普遍的今日，全世界有眾多企業會放心將資訊系統委託給外界廠商，是因為有嚴密的合約條款保護，保障雙方的權利、義務。用戶也仍保有資料控制、保密與稽核的管理權限，有信譽之廠商對系統安全管理有著嚴密完整的制度，以維持長期信譽保證。所以選擇信譽良好、制度健全的合作廠商，配合雙方嚴密的管理作業，資訊委外並不會造成安全上的顧慮。

四、資訊系統委外項目

根據組織的資訊需求不同，也會有不同的方案規劃，下面列出資訊委外服務的項目：

- 組織一般PC定期維護、異常維修
- 伺服器維護管理
- 備援機制規劃管理
- 網路、防火牆設定管理
- 網站或郵件託管
- 資訊系統委外建置
- 資訊系統維護、優化
- 資料庫建置
- 資訊系統規劃顧問服務

雖然資訊委外需求不斷膨脹，國內資訊系統委外服務，也開始逐漸形成相關的產業規範，但政策或法令依據都尚有努力空間。不少研究機構也提醒企業，多數委外專案，都因為無法達成預期目標而成為失敗案例。例如保險業史上的最大系統轉型案，由德國軟體大廠思愛普（SAP）進行，這個系統雄心萬丈的希望保戶從買進保單那一刻起，直接連結到後台，從繳交保費、編制報表、提存準備金、風險控管到投資管理，全部以電子方式處理，不需要紙本。投資金額從開始的37億投資，增加到百億元，耗時5年的資訊系統案，最後上線出了差錯，並沒有獲致預期的效果，可見委外有其風險，故企業在進行資訊委外時，需要注意，以降低任何導致委外失敗風險因子。

五、資訊系統委外合約

資訊委外、簽訂合約之前，有以下幾點事項必須注意：

(一) 確認費用結構

固定式服務費率或是一次性資本。資訊系統委外服務合約的費用結構，一般是針對議定的服務範圍，採用固定服務費率計算。相對於傳統的設備購買和系統整合合約型態，委外服務付費方式能帶來許多好處，例如：對資訊支出成本有更好的控制與預測、減低資本支出的需求、提高資本報酬率等。

(二) 制定服務水準協議（Service Level Agreement）

服務水準協議即是規範資訊委外廠商提供給企業用戶相關的權利、義務。一般基本的SLA須載明企業用戶系統報修時間、委外廠商須處理之任務、提供哪些報表，如無法遠端排除時，多久時間內必須到場維修等。對企業客戶而言，廠商履約的承諾和服務品質，為委外重要考慮因素。

(三) 合約期限：長期合約或是短期合約

資訊委外合約的期限如果能涵蓋較長時間範圍，用戶與廠商之間才能建立夥伴關係，在彼此信賴的基礎上進行合作，長期獲益才能獲得保障。也正因為如此，委外廠商的信譽和長期承諾，即是用戶選擇廠商的最重要因素之一。

6.2 資訊系統委外之整體規劃

由於資訊委外的項目種類非常多，本文將聚焦於資訊作業「整體規劃」委外服務的過程，進行整體的描述，並說明其流程。最後再以委外服務的價值觀，來討論資訊委外的效益及缺失。

「整體規劃」係指對組織未來資訊系統應用方式，提供一整體性的藍圖，以確定使用資訊系統的目的，分析所需之各項資源（設備、人力、經費、時程等），以及具體的實施步驟。其可包括之服務項目有：(1)策略性資訊應用規劃；(2)資訊系統規劃；(3)整體網路連線規劃；(4)資訊相關組織及人才培訓規劃。

整體規劃之委外資訊服務，可約略分為三階段，其整體作業流程如圖6.2所示，並說明如下。

一、計畫準備階段

此一階段的工作重點由掌握企業本身需求，進一步協調相關單位進行資訊委外評估的可行性及經費時程需求，接著完成工作計畫、編列預算。

資訊作業委外之前，首先要將委外的工作範圍，期望達到的效果、目的，也就是委外工作需求，用文字表達，並力求明確，作為工作說明書工作項目的草稿；其次則須估算所需的經費、時間，以便訂定工作計畫，編列預算。明確的需求與完整的計畫，可使委外工作順利執行，大型或較複雜的委外工作，在事前準備時，即可委請資訊業者參與。

透過「意見徵求文件」（RFI-Request for Information）的撰寫及業者資料之蒐集，將整體規劃的構想，以文字表達並向業者說明、討論，業者了解需求後，提供建議方案或資料給委託機關，委託機關再據以撰寫計畫書爭取預算，或作為撰寫「建議書徵求文件」（RFP-Request for Proposal）的參考。承辦人員蒐集並整理需要委外服務事項的相關資料撰寫RFI文件，提供給相關業者，請業者依照RFI中的需求內容及要求格式，提供可行的做法或資料。經由這樣的過程，可以了解各家業者的相關能力、知曉目前資訊技術的發展狀況，而所蒐集的資料文件可作為經費預算的參考，與蒐集日後撰寫RFC的參考資料。此階段的主要作業流

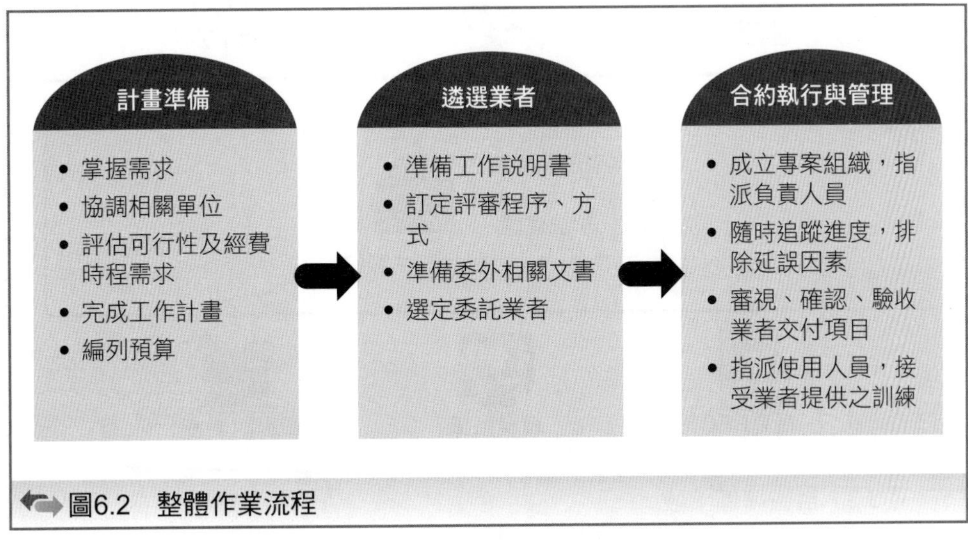

圖6.2 整體作業流程

程如圖6.3所示，並說明如下：

(一) 蒐集相關資料

由相關單位共同蒐集資料，並事先對將要委外服務的工作，其欲達到的目的、原因有清晰的想法。再依據上述的目的及原因，先整理現行的作業方式，將現行作業的流程、相關表單以及執行中所遇到的困難，均加以整理。

尋訪類似的案例資料，諸如：哪一個單位機關？在何時？做什麼案子？用什麼方式？過程如何？有什麼狀況？與本單位有何差異？等等。

要蒐集的資料文件，包括：技術上可行的設備或產品、所需人力的要求、所需時程的預估、所需經費的預估以及可能的限制因素等資料。蒐集到的任何資料文件，因屬於參考性質，所以對於出處最好能加以求證保留。

(二) 撰寫「意見徵求文件」（RFI-Request for Information）

相關資料蒐集完成，經過比較、分析後，要把所有用得到的資料彙整出來。按照定義出來的格式內容，整理所蒐集到的資料，將資料分項、分類，同時設定合適需求的內容，並依照定義好的格式，依序撰寫RFI的各項內容。

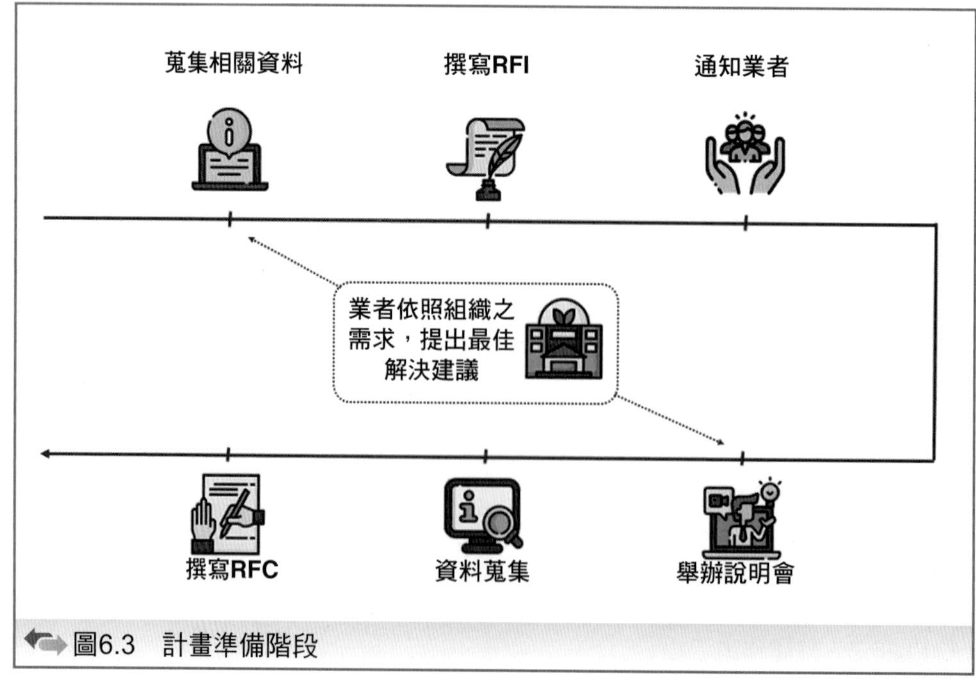

圖6.3　計畫準備階段

(三) 通知業者

委託單位將RFI文件寄送資訊相關公、協會，再轉送合適業者、國外知名廠商，或自行寄交數家具有信譽、專業知識及經驗的業者參與。

(四) 舉辦RFI說明會

業者接到通知後，應先了解委託機關的需求，選派在該領域有專精的人員參加RFI說明會。委託機關藉由雙方溝通，將RFI的內容及相關附件向業者解說，並回答業者的問題，協助業者了解委託機關的需求。

(五) 撰寫建議或提供資料

業者充分了解委託機關需求後，應提出業者認為最佳的建議方案，並盡可能提供佐證資料。

(六) 資料蒐集

將數家業者的建議做彙整、歸類，以便做進一步的分析。

(七) 撰寫RFC（Request for Comment）

當數家業者之見解有相互矛盾或衝突時，且造成委託機關之疑慮，可再發出RFC，讓業者針對有疑慮之處加以澄清及解釋。

二、遴選業者階段

此階段的主要作業流程如圖6.4所示，並說明如下：

此一階段的工作重點為：

1. 準備工作說明書。
2. 訂定評審程序、方式。
3. 準備招商相關文書。
4. 選定委託業者。

建議書徵求文件，即包含工作說明書的內容，而評審標準除考量業者的技術能力、管理能力，並參酌業者的規模、人力、經驗、實績等間接因素作為評審項目，而非單以價格因素考慮。

建議書徵求文件（RFP-Request for Proposal）視為合約的一部分。其主要功能在於載明界定委外工作需求及範疇，預先做好委託機關與有意願之業者間的溝

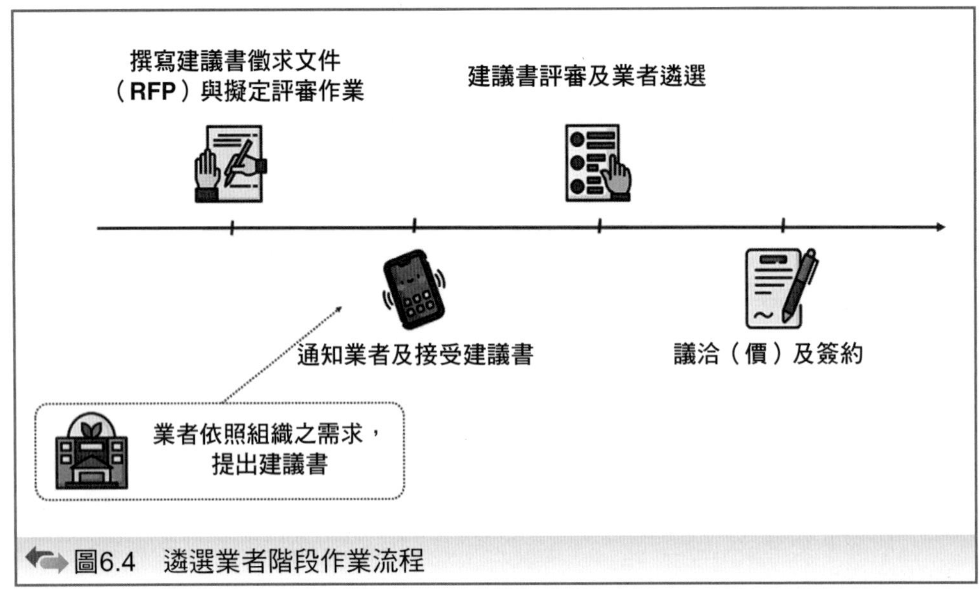

圖6.4 遴選業者階段作業流程

通依據，避免日後合約執行過程中產生爭議。同時也作為有意願之業者提出建議書之基礎，及提供執行合約驗收之依據。所以，撰寫建議書徵求文件的步驟在程序上極為重要。另外，依據所撰寫的建議書徵求文件，為其列出確定評審項目，同時參酌必要之參考，再透過遴選組成評審作業小組，執行評審作業之依據。

(一) 撰寫建議書徵求文件（RFP）與擬定評審作業

1. 建議書徵求文件為委外過程中十分重要的一項對外文件，視為合約的一部分。其目的主要在於明確界定委外範疇及工作需求，預先做好委託機關與有意願之業者的溝通依據，避免日後合約執行過程中爭議。同時作為有意願之業者爾後建議書中專案經費估價之基礎及提供未來雙方驗收之根據。
2. 舉行公開說明會，但其說明僅就RFP內容之語意、用辭等釋義澄清。
3. 依據擬定委外計畫書，先列出確定評審項目，擬定必要條件、審查評核準則，及撰寫審查評核準則說明等。準備以上資料，主要是作為委託機關及外聘之評審針對委外計畫進行審標作業時之參考依據。委託機關依委外計畫核備後，必須協調合適人選組成評審作業小組，以備委外作業程序之前期準備之需要，人員報請主管單位核定遴選組成。

(二) 通知業者及接受建議書

實務作業中，除可公告為之外，亦可以個別通知業者方式為之，以利廣徵建議書及順利進行評審、遴選作業。

(三) 建議書評審及業者遴選

由於規劃或顧問案之規格本來即不易訂定明確，評審之主觀因素亦很難避免。因此委託機關為求選擇最適承包業者而進行建議書內容與RFP比對，或進行業者簡報，在對各業者公平性及委託機關之內部需求雙重考慮下，一般均訂有評分模式，經由評審委員審定。

(四) 議價及簽約

委託機關在編列作業預算時，與業者投標時預估的作業成本之間，由於認知不同，雙方將有價差，因此必須經過議洽／價之程序，取得雙方之共識，認同作業內容及價格，始進行簽約。

三、合約執行與管理階段

此一階段的工作重點為：

1. 成立專案組織，指派負責人員。
2. 隨時追蹤進度，排除延誤因素。
3. 審視、確認、驗收業者交付項目。
4. 指派使用人員，接受業者提供之訓練。

委外的資訊作業，一般須有較長的工作期限，通常在六個月以上，在此期間承包業者會對委託組織的需求、期望、細部工作範圍，做詳盡的溝通，並依合約規定，陸續交付各項文件、成品；委託組織則須對業者交付的文件、成品，進行審視、確認、驗收，並回應業者提出的決策或配合需求，同時定期召開工作會議，掌握工作進度、品質，排除可能造成延誤的因素；為達上述目的，委託組織通常會成立一專案組織，指派專案負責人及小組成員，並訂定決策程序，使工作順利進行，達成委外目的。

「整體規劃」委外工作，除承包業者於過程中提供之服務外，所交付之產品以「報告書」、「諮詢報告」等文件為主。因此當專案完成，業者交付文件經審查驗收後，除可於一定期間（通常為六個月至一年）要求業者提供諮詢服務或對後續工作承包業者解釋、說明外，並無合約保固或維護服務。

四、委外作業需求書格式樣本

委外需求計畫書在資訊專案中屬於重要的文件，代表了需求的一方正式向賣方以文件方式提出需求，其內容在上一節中已經說明清楚，主要包含專案所需的軟體、硬體、需求、預算、時程等，這份委外需求計畫書也會成為合約的一部分。

雖然委外需求建議書並沒有規定的格式，不同的組織、單位與專家的寫法也有所不同，但是格式、方向均大同小異，撰寫方式在網路上也很容易搜尋到，下列提出一般資訊專案委外需求計畫書呈現的方式。

需求建議書（Request of Proposal）目錄範例

摘要

壹、機構背景概述

　一、組織職掌及施政目標

　二、組織資訊科技策略

貳、專案性質描述

　一、資訊專案名稱“○○○○○○○○○○”

　二、資訊專案背景、起因、現況、理想

　三、資訊專案目標

　　說明專案欲達成之目標。

　四、資訊專案範圍

　　說明專案之範圍，明確包含或不包含之項目。

　五、資訊專案時程

　　資訊專案計畫完成之時間。例如：簽約後X個月內完成，或XX工作天完成。

　六、資訊專案費用

參、現有資訊作業環境及資源說明

　一、組織現有資訊設備

　二、組織現有相關資源：辦公場所、電腦機房、電腦教室、耗材儲藏室

　三、組織現有資訊人員

　四、導入資訊系統計畫

五、服務計價方式

六、專案組織及管理

七、服務水準之履行

八、未來發展規劃

肆、服務需求及服務水準

一、資訊應用作業

二、提供系統或套裝軟體

三、資訊硬體設備

四、通訊與網路服務

五、教育訓練與支援

六、機房作業

七、耗材、周邊設備提供及未來擴充組件

八、災害復原

九、資訊安全、備援及機密維護

十、稽核作業

6.3 資訊系統委外展望與效益

現代大多數企業都是專業分工，企業專精於其競爭力較強之部分，例如鴻海的強項是製造，台積電強項是晶圓代工，所以常常將非核心競爭力的資訊系統或資訊科技委外。

企業資訊委外的主要原因為降低及控制資訊科技成本，也有學者認為資訊系統委外，是為了改進管理流程，或是為了取得過去無法取得之先進資訊科技。但現實的狀況往往不如預期效益，不但無法實現原來所訂定之目標，且風險相當大；一般來說，只有約一半的資訊委外合作案，達到降低成本的目的。相對的，隨著委外市場的成長，資訊科技廠商的經驗越來越豐富，也會極大化其服務價值。

目前資訊委外已較過去成熟，結果比以往改善許多。藉由資源互補性及核心競爭力理論，可以解釋委外服務廠商在專案執行時，可以利用資源互補能力以增加產能及降低成本。

從IT應用軟體廠商的角度來看，發展一套以特定產業經驗為基礎核心競爭力的軟體或IT Service，提供其IT專業服務價值予客戶，可以讓企業專注於其核心競爭力。

但企業為何不自行複製及應用資訊委外廠商的能力，以求自給自足呢？主要原因是企業各有專精之本業，個別企業應專注於超越其競爭對手的產品或服務價值，提供客戶需求，將非核心能力之IT委外給資訊廠商，可能是更佳的選擇。

總體而言，從企業的服務角度來看，不同的產業有其不同的軟體應用市場，且各有其軟體特色，例如大賣場的POS系統與百貨公司的POS系統，即使一樣是流通業，也有不同的流程及重點。委外資訊廠商應設法滿足客戶，提高客戶的資訊滿意度，改善企業形象，以進一步擴大委外應用軟體市場的特性及系統功能。

採用專業的應用軟體，使委託業主專注於其本業，更能增加委託業主之核心競爭力市場的特性及系統功能，這樣的結果反饋到本身，提高滿意度，也能增加客戶－廠商之間的關係，進而成為正向的循環。

總體而言，資訊系統委外可以產生如下之益處：

- 藉由規模經濟或較低的資訊勞動成本，提供較佳之資訊服務。
- 企業資訊彈性增加，提高企業效率。
- 企業專注於專業技能或核心資源，而非專注於資訊策略及資訊資源。
- 企業可增加靈活性，以滿足不斷變化的商業市場。

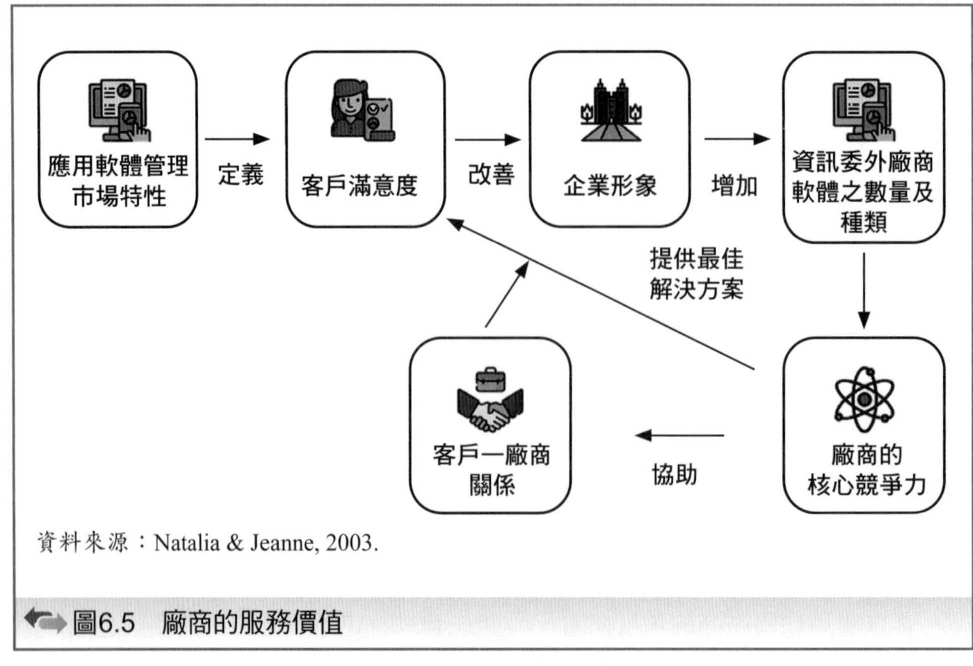

資料來源：Natalia & Jeanne, 2003.

圖6.5　廠商的服務價值

- 企業如有上市計畫，可加快上市時間。
- 減少對內部資訊基礎設施的持續投資。
- 獲得資訊科技創新、知識產權，且可藉由資訊系統的導入增加控制力與領導力。
- 不須過度投資資訊系統或資訊科技，可將資產轉移給新的供應商，以增加現金流入。

前面以整體組織角度，呈現資訊系統委外之益處，如果從組織中不同角色來看，其效益也不同。

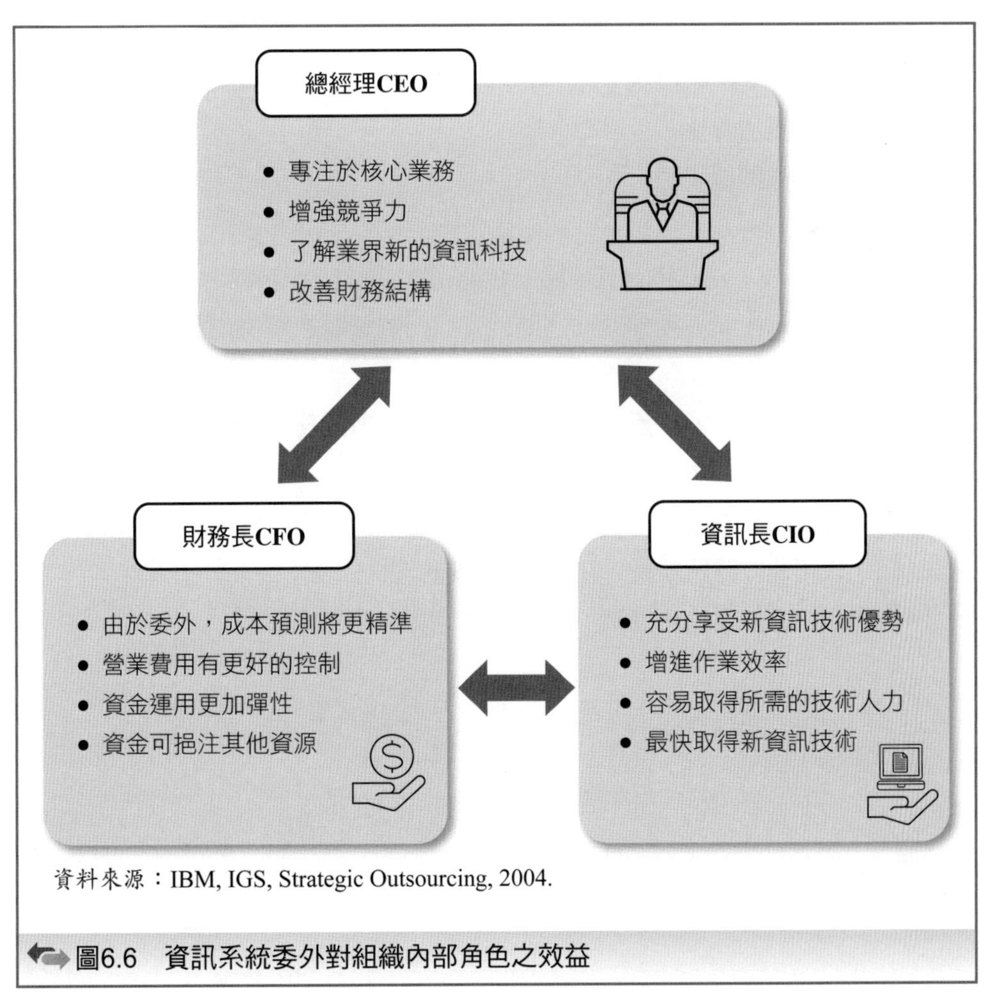

資料來源：IBM, IGS, Strategic Outsourcing, 2004.

圖6.6　資訊系統委外對組織內部角色之效益

對總經理CEO而言：

- 專注於核心業務。
- 增強競爭力。
- 了解業界新的資訊科技。
- 改善財務結構。

對資訊長CIO而言：

- 充分享受新資訊技術優勢。
- 增進作業效率。
- 容易取得所需的技術人力。
- 最快取得新資訊技術。

對財務長CFO而言：

- 由於委外，成本預測將更精準。
- 營業費用有更好的控制。
- 資金運用更加彈性。
- 資金可挹注其他資源。

資訊系統委外，當然也有其風險，包括了：

- 效率較差，企業與委外廠商之間就資訊相關議題之解決或討論等，需花費較多時間。
- 資訊委外廠商可能缺乏產業領域知識，或是對業務了解有限，即使了解產業，但對個別公司文化也需要花時間學習。
- 跨國的資訊委外廠商，可能具備良好資訊技術，但語言和文化障礙有其限制，也可能有時區差異，在進行專案時受限。
- 對資訊核心技術缺乏控制，將來的轉制成本可能很高。

Chapter 7

資訊系統評估

所謂的資訊系統評估，指的是如何在有限的預算下、限定時間裡，發展對使用者有價值的資訊系統。本章將介紹資訊系統的評估概念以及各項評估指標。首先說明資訊系統評估概念，包括為何要做資訊系統評估及評估的目的、資訊系統評估哪些部分、由誰來進行資訊系統評估及如何進行評估。其次說明資訊系統評估之品質控制，包括系統品質及資訊品質。最後介紹兩種資訊系統績效評估模型，分別是DeLone和McLean於2003年所發展出來的資訊系統成功模式（Information System Success Model）、Goodhue和Thompson於1995年所提出的任務／科技配適度模型（Task Technology Fit Model）。資訊系統成功模式主要利用系統品質（System Quality）、資訊品質（Information Quality）及服務品質（Service Quality）幾項變數來衡量資訊系統淨效益，並將效益高低視為資訊系統之成功要件。至於任務／科技配適度模型，指的是某一特定資訊系統或資訊科技提供的特性與支援能配適任務的需求。

管理顧問公司資訊系統導入評估

隨著數位時代的來臨，資訊科技迅速的發展造成商業環境巨大的改變與衝擊，回首過去幾年所帶來的衝擊，許多企業因為跟不上資訊的發展而面臨重大經營風險，例如曾經手機市場的龍頭Nokia及曾霸佔攝影器材類市場90%利潤的Kodak都是衝擊之下的受害者，當然也有許多公司在面臨衝擊之後迅速站穩腳步順勢而行，成為了現代最具指標性的企業，例如Google、Apple及Facebook等企業。在這種變化速度如此之快的數位時代，企業常常面臨各種即時的決策及判斷，但任何決策及判斷都必須仰賴於公司內部的各種資訊上，為了滿足決策所需的資訊，企業紛紛導入各式各樣的資訊系統，但市面上數以百萬計的資訊系統，要如何評估一個資訊系統是否符合企業的需求及能力，便是目前許多企業所面臨的難題之一。

資訊系統比較

對企業來說最常用到的資訊系統不外乎是記帳系統、進銷存管理系統及企業資源規劃系統（ERP系統）等相關紀錄公司各方面營運的資訊軟體，記帳系統通常涵蓋了整個會計循環，依照分錄、過帳、試算、調整、結帳以及編表忠實紀錄企業所有的會計活動。換句話說就是詳實記錄企業從進貨到銷貨中間所產生的各種收入及費用，並統整成各式報表以此顯示企業的經營績效，供管理階層或投資人作為決策參考依據，且記帳系統屬於通用的套裝軟體導入企業快速，價格也較實惠，是許多企業首先導入的資訊系統。

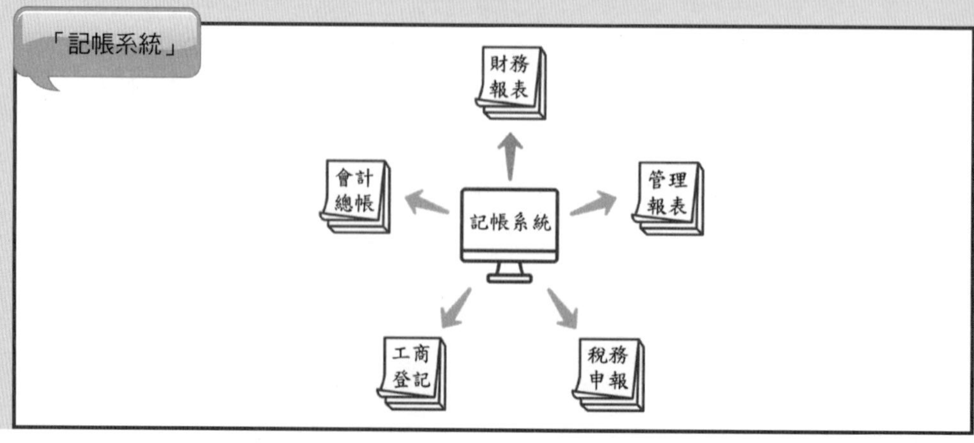

但也正因為記帳系統屬於通用軟體，許多較複雜的企業作業流程無法及時的紀錄並提供給管理階層，這種需要即時資訊來做決策的最常見的便是企業的庫存，因此進銷存管理系統應運而生，進銷存管理系統相對於記帳系統前期的導入時間較長，因需要花費許多時間建立原物料等相關資料檔案，但導入後便能夠即時的知道所有產品的目前的庫存狀況，方便進行查詢及統計是否需要進行採購等相關動作，簡單來説進銷存系統包含了採購管理、銷售管理和庫存管理，協助企業進行存貨的管理避免資源上的浪費。

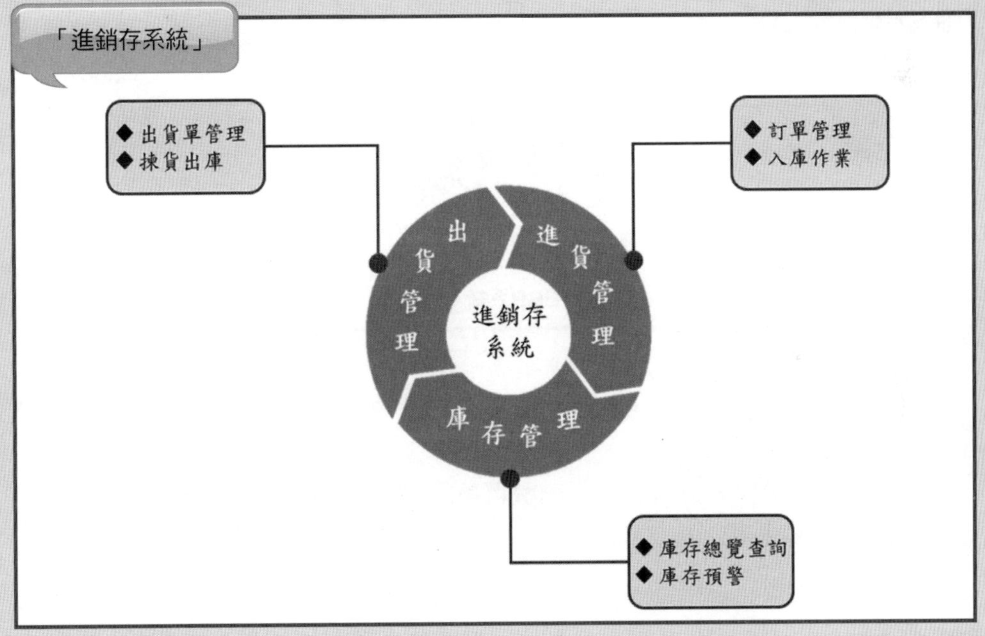

企業資源規劃系統（Enterprise Resource Planning以下稱ERP系統）涵蓋的範圍就更大了，ERP系統是管理企業所有活動的一種軟體，從會計、財務管理、生產控制管理、物流管理、採購管理、銷售管理、庫存控制、人力資源管理、專案管理一直到風險管理都是ERP系統的涵蓋範圍，ERP系統整合了跨部門的所有資訊，能即時且精確地提供各式報表協助企業進行規劃、預測和報告企業的財務結果，不僅如此也因為整合了整個企業的資訊，可以精確地知道企業各個產品的成本結構，協助企業產品的訂價政策、銷售策略……等，但也正因為需要跨部門整合資訊，導致了前期建置的時間成本較高，當然除了時間成本外ERP系統的導入費用也較昂貴。

「ERP系統」

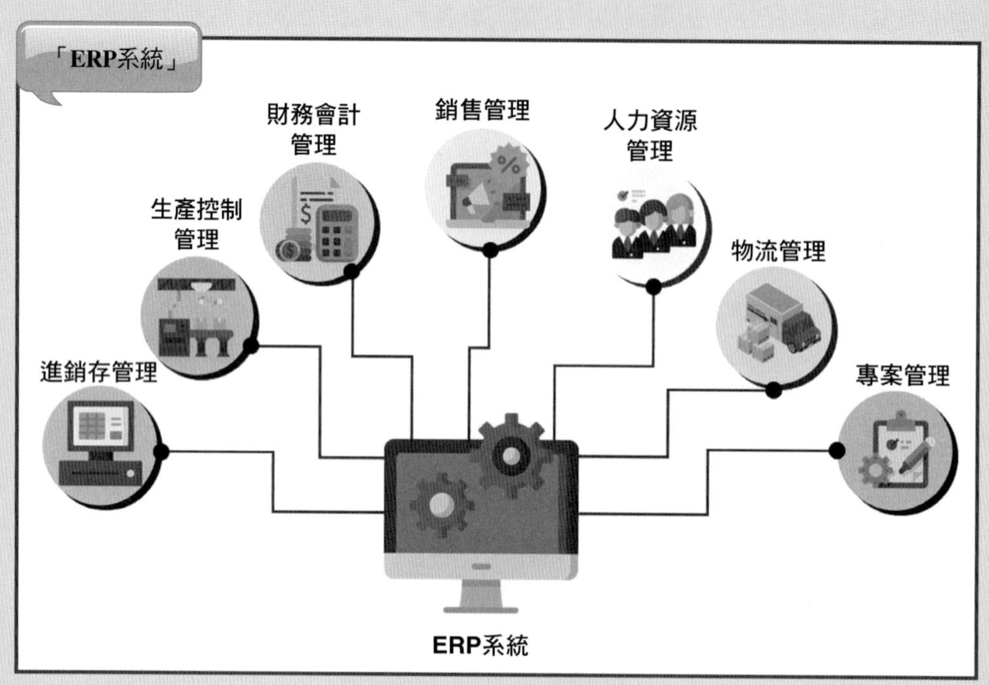

資訊系統錯誤迷思

俗話說「一分錢一分貨」，一套數百萬的ERP系統當然是比幾十萬的進銷存管理系統具有更強大、更完善的功能，比起數萬元的記帳軟體更是相距甚遠，更別說一些免費的資訊系統了，資訊系統的功能都會反應在價格上，貴的資訊系統功能當然比較好，能提供企業更多即時且精確的資訊，但卻不一定適合企業目前的情況，畢竟資訊系統並不是買了就能馬上產生效益的東西，許多企業主會誤以為資訊系統就像市面上的應用程式，能夠在購買後快速的上軌道，但事實上導入資訊系統這個過程是需要一定的時間磨合的，規模大資歷久的企業在導入時因為各個部門的資料及訊息的龐大，而造成建置基本資料耗時長久；剛設立的新創公司也常常因為公司許多作業流程的不完整而造成導入上的困難，更可能造成花了大錢卻不能使用的狀況產生，因此挑選出符合企業需求且又能夠負擔便非常重要了。

導入最適資訊系統

析力國際管理顧問有限公司（以下稱析力國際）發現企業在數位化的過程中，往往不知道如何選擇資訊系統才是最適合的，有些企業甚至在沒有充分了解公司及資訊系統的狀況下盲目導入，常常造成花了一大筆錢卻成效不彰的情形。為了減少這樣的情況發生，析力國際決定協助企業更順利的導入ERP系統，除了系統的導入外，他們也提供系統客製化、電子發票整合及完整的財務方案等服務。臺灣知名的家飾品牌——慶豐富實業，正是析力國際成功協助導入ERP系統的案例之一。

「析力國際服務」

EPICOR專業導入

析力國際是目前臺灣少數可施行快速導入EPICOR的團隊，可以深入了解顧客需求。

EPICOR客製化

團隊擁有豐富經驗，是臺灣少數可以實施ServiceConnect、WCF、WEB API解決方案的顧問公司。

電子發票整合

團隊採用的技術，讓使用者除了ERP內的操作以外，也能完成電子發票的操作，非常親善簡易。

完整財務方案

析力國際擁有完整上市櫃財報經驗，經得起市場考驗。

因為每個企業業別、經營方式都不同，系統導入的過程中往往會遇到許多難題，所以在導入之前析力國際會先評估企業的狀況：

1. 充分了解企業現行的營運流程

   各個產業對資訊系統的需求都大不相同，即便是相同的產業，也因不同的商業模式而有異，唯有了解企業的營運流程才能替企業量身打造最適合企業的ERP系統。

2. 確認資訊系統已有的功能及流程

   目前大部分的企業都有導入部分的資訊系統了，析力國際為了避免資訊系統功能重複，造成企業資源的浪費，了解現行資訊功能、運作、限制等都是必要的，以便後續的系統選擇與使用。

3. 調整公司流程並結合資訊系統

系統初期的導入勢必需要大量的溝通及討論，許多企業利用本身的資訊部門導入系統時，常常會遇到資訊工程師跟財務經理因為專業領域不同而造成詞不達意造成系統無法精確達到要求，析力國際專業的跨領域團隊，可以輕鬆解決這個問題順利替企業量身打造資訊系統。

4. 規劃系統導入的計畫

透過企業目前的預算及狀況，規劃ERP導入的目標及計畫所需要的步驟或時間，考量到每個企業的狀況不同，導入資訊系統的程度也會有所不同，因此大致將導入的程度分為以下三種：

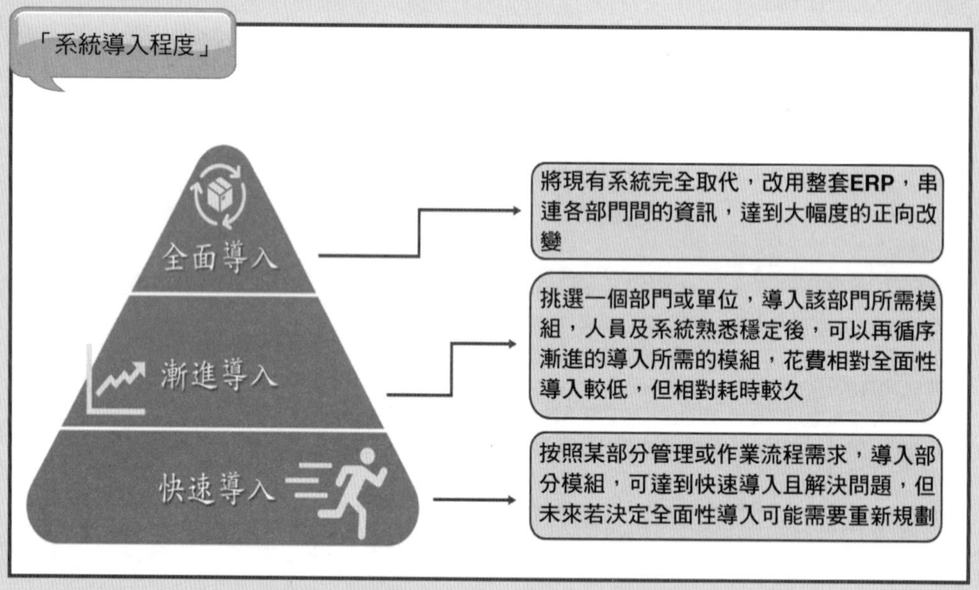

其實資訊系統導入就好比是購買汽車，除了一開始購入的成本外，後續還會產生各項的維護、調整費用等，需要考慮進去，千萬不要誤以為只需要負擔購買成本。如果企業規模較小時就全面性導入ERP系統，不僅負擔高額成本，也因為許多功能上的不必要造成資源上的浪費，應該考慮成本效益原則，透過專業的分析或評估，讓資訊系統充分發揮它的功能，才是對企業最好的選擇。

習題演練

1. 在進行評估時，組織內有哪些成員需要參與？需要委託組織外的人來進行嗎？
2. 如果採用Delone and McLean的模式來進行評估，你覺得系統效益如何衡量？
3. 管理顧問公司相較於一般科技公司，技術較不需要很高的水準，採用「任務/科技配適度」模型適合嗎？

7.1 資訊系統評估概念

一、評估的基本概念

學者為了進行資訊系統評估，發展出許多工具、方法與技術來幫助評估的過程。評估的目的通常在於分配資源或是調整系統，具體來說，資訊系統評估目的說明如下：

(一) 監視與控制

評估系統是否達到原有之目標。

(二) 發展與改善

透過評估發現問題，透過資訊系統，改善現有作業流程。

所謂資訊系統評估，是指如何在有限的預算下、限定時間裡，去發展對使用者有價值的資訊系統。故資訊系統評估的主要功能，在於藉由分析新的專案計畫，為企業或組織的決策提供資訊，作為決策之依據。其次，當審查資訊系統發展的進度或在系統操作階段中，評估資訊資源分配的合理性，以加強資訊系統之競爭優勢。

二、評估前考慮要項

評估時所要考慮的，不外乎目的、時間、對象、方法等，我們可以歸納成下列考慮因素（見圖7.1）：（陳炳宏，1991）

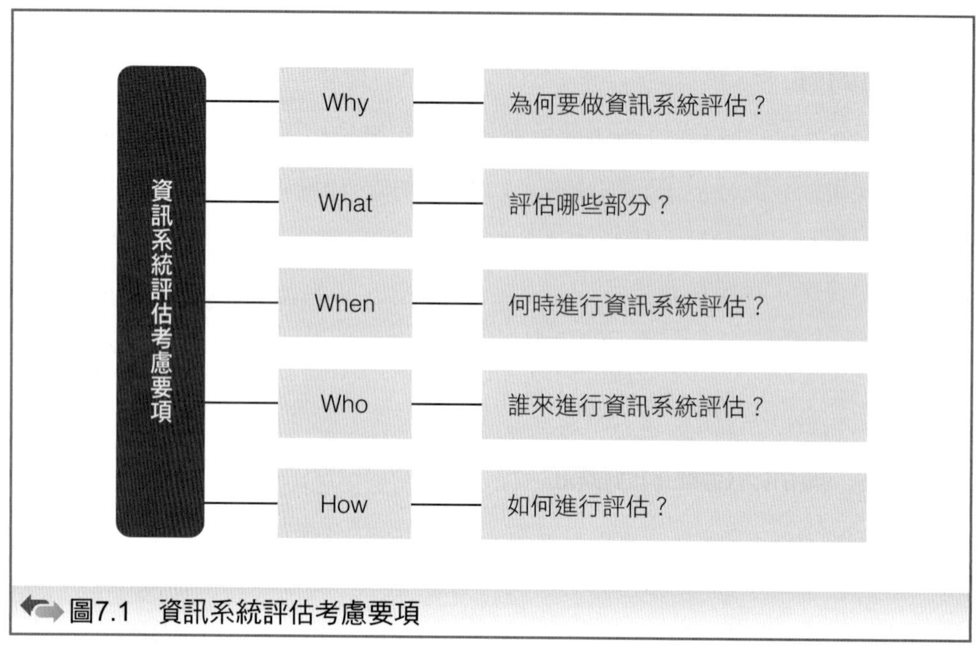

圖7.1 資訊系統評估考慮要項

(一) 為何要做資訊系統評估？（Why）

首先須了解評估的目的及效益，大致來說，其效益主要在於：

1. 確認符合需求。
2. 設定優先順序。
3. 提報最終成效。

(二) 評估哪些部分？（What）

基本上有四個部分需要評估，分別是財務、作業、人力資源及應用部分，分述如下：

1. 財務：財務資源如何適當地分配於資訊系統的各個功能。
2. 作業：系統的可及性及可用性。
3. 人力資源：人員的產出被適當地運用於資訊系統。
4. 應用：系統的設計、建置及維護是合宜的。

(三) 何時進行資訊系統評估？（When）

指事前即進行可行性分析，檢討上次的缺失呢？或是隨時進行品質的控制，並在驗收後進行績效評估？這麼大規模的進行評估，成本效益如何？是否應對評估本身再做評估？

換句話說，成本效益分析之可行性研究，係屬於事前分析；資訊系統建置時的品質控制，屬於進行中評估；而資訊系統驗收後的績效評估，則屬於事後的評估。

(四) 誰來進行資訊系統評估？（Who）

這部分分成兩個層次，也就是評估者與被評估者。評估者由誰擔任，是一個相當大的問題，一般來說，最好是成立「評估委員會」。

很多的資訊系統在進行評估時，直接由組織內部的資訊部門人員來進行，也有部分組織交由外聘的顧問公司進行。然而，這兩者都有限制；若只由資訊部門人員來執行評估，經常不能針對使用者需求進行評估，且易流於本位主義；若由外聘的顧問公司進行，雖然可以客觀的進行評估，但可能對組織了解程度有限，無法深入。

因此，合適的做法是由各方專家組成評估委員會。而專家成員的代表應包括：組織的高階管理者、資訊部門人員、系統分析師、程式設計師、各部門經理、使用者代表及外部顧問等。

評估委員會由於是屬於集體的運作，較容易避免偏差，使結果較為客觀。當評估內容屬於財務面的評估時，應由內部稽核部門來進行；當評估內容偏向於作業面或應用面時，應由系統或技術方面的人員進行；如果是人力資源或行為面的評估時，則應由使用者來評估。

(五) 如何進行評估（How）

這部分包括資訊系統評估時所涵蓋的範圍，如技術面、經濟面、管理面。

其次是資訊系統在評估時，對組織所造成的衝擊，例如：當多數同仁對資訊中心不滿意時，該如何解決？當掌握資訊即掌握權力時，是否應該限制資訊的存取權力？

第三，資訊系統評估後，其所評估出來的資料是主觀性或是客觀性？例如：行銷部門對資訊部門最近發展的行銷資訊系統很滿意，就是所謂的主觀性資料；如果要求資訊部門應於一週內完成的報表沒有達成，就是所謂的客觀性衡量。

最後，系統評估也應該指出，可能的困難與限制該如何解決。

如何確立合格的評估人員、一致的評估準則、適當的評估方法等，都是資訊系統評估的困難之處。

7.2 品質控制

資訊系統的品質控制，即在衡量資訊系統本身的品質，當資訊系統再建置時，最重要的就屬品質的控制。而資訊系統的品質主要有兩個構面，分別是系統品質及資訊品質。

一、系統品質

Pressman（1983）則認為，好的資訊系統，其品質應該包括幾種特性。首先，系統是根據特定需求所設計的，包括速度、效率及功能；系統是可維護的；最後，系統除了程式碼之外，還包括說明文件。

Sigwart等人（1990）則將系統品質分成15個因素（圖7.2），包括：可靠性（Reliability）、效率（Efficiency）、可維護性（Maintainability）、更改彈性（Modifiability）、可攜性（Portability）、可用性（Usability）、一致性（Consistency）、可了解性（Understandability）、正確性（Correctness）、可測性（Testability）、穩健性（Robustness）、結構性（Structured）、輕巧性（Compactness）、相容性（Compatibility）、整體性（Integrity）。

嚴格來說，這些因素並非完全獨立，大部分的因素會互相影響，甚至於產生矛盾。舉例來說，需要比較高的可攜性與相容性，最好使用的就是一般Microsoft系統，因為Microsoft的Windows是較普遍的系統。但如果考量美觀、穩健等因素，也許Apple的產品更占優勢。所以，系統品質應該是在系統的發展過程中「設計」進去的，而非在系統完成之後才設法補加上去。

二、資訊品質

所謂資訊品質的評估，就是衡量資訊系統的輸出。資訊品質的研究專注於資訊系統的輸出，對使用者所具有的價值及其重要性。

資訊品質評估的標準包括8個因素，即輸出資訊之可靠性（Reliability）、關聯性（Relevance）、正確性（Accuracy）、精確性（Precision）、完整性（Completeness）、及時性（Timeliness）、流通性（Currency）及簡潔性（Conciseness）（Bailey and Pearson, 1983; Ives et al., 1983）。

隨著網際網路的蓬勃發展，其資訊品質評估標準也不一樣，過去學者

圖7.2 系統品質的15個因素

Richmond曾提出網路資源品質評估的10C準則，每一準則之下，又包含了幾項問題，可以清楚評估網站資訊品質，以下分別詳述之（見圖7.3）：

(一) 內容（Content）

- 資訊內容是一般普遍性的或是學術性的？
- 文件是何時刊登的？
- 是最新的版本嗎？

(二) 可信性（Credibility）

- 可以清楚的識別題目及作者嗎？
- 內容可靠嗎？具權威性嗎？
- 網站地址來源是.edu、.com、.gov或是.org？
- 內容的目的是認真的？或是開玩笑？

(三) 批評性思考（Critical Thinking）

- 你能像傳統出版品一樣，很快的確認此網站或資訊來源的作者、出版商、版本嗎？
- 你用何種標準來評估你的資訊來源？

(四) 著作權（Copyright）

- 網站或資訊來源的著作權，有時並不是很明顯的出現在你所引用的來源中，但這些資訊來源仍受到著作權的保護，你是否仍忠實的寫出來源？

(五) 引證性（Citation）

- 網際網路的來源有時是難以辨認的，但引用者應該還是要詳細說明來源，以確保來源的正確性。

(六) 持續性（Continuity）

- 網站或資訊來源有持續維護嗎？有持續更新嗎？
- 如果有些非營利的網站已經成為營利性的網站，或是一開始免費的資訊已經開始收費，那麼資料的來源還可能持續嗎？

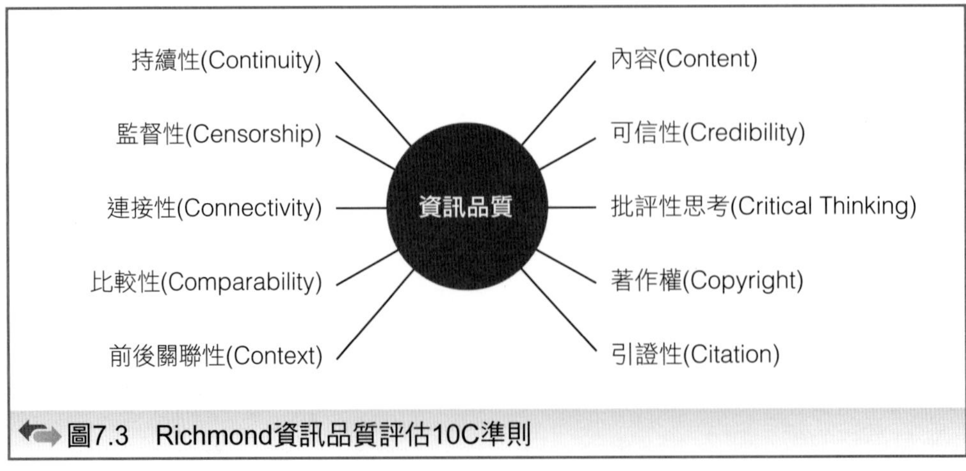

圖7.3　Richmond資訊品質評估10C準則

(七) 監督性（Censorship）

- 你的搜尋引擎是否自動的排除某些字或詞？
- 你的機構是否會做某種程度的篩檢？

(八) 連接性（Connectivity）

- 如果網際網路的使用非常頻繁時，網路是如何連接的？需要哪一種資源？

(九) 比較性（Comparability）

- 資訊的來源是純粹的數位形式或是有紙本出版？
- 如果有紙本出版，是全文出版或是摘要出版？當比較以前的資料及以後的資料時有困難嗎？

(十) 前後關聯性（Context）

- 你的研究需要前後文的對照嗎？除了資料本身以外，有其他的評論、意見、說明或統計資料的佐證嗎？
- 你在找的資料是定義？研究成果？或是參考文獻？一旦確定你的目的，資料才不致於過多。

7.3 績效評估

為了獲得高品質的資訊績效，當系統開發完成後，要持續進行資訊系統的績效評估，包括資源利用、服務等，也就是將預期的成果與實際的績效做比較。評估程序見圖7.4。

以下將針對各項評估步驟，分別說明之。

一、確立系統的目標

在評估資訊系統的正常程序上，評估是屬於系統規劃與系統建置之後續工作，其目的在於對所開發的資訊系統效果進行檢驗。

舉例來說，品質管理系統的目的，在於提高產品品質、減少存貨時間及簡化生產流程，評估時就必須從這幾個系統目標進行，收集相關人員的使用情形及資訊，整體彙總後進行評估。

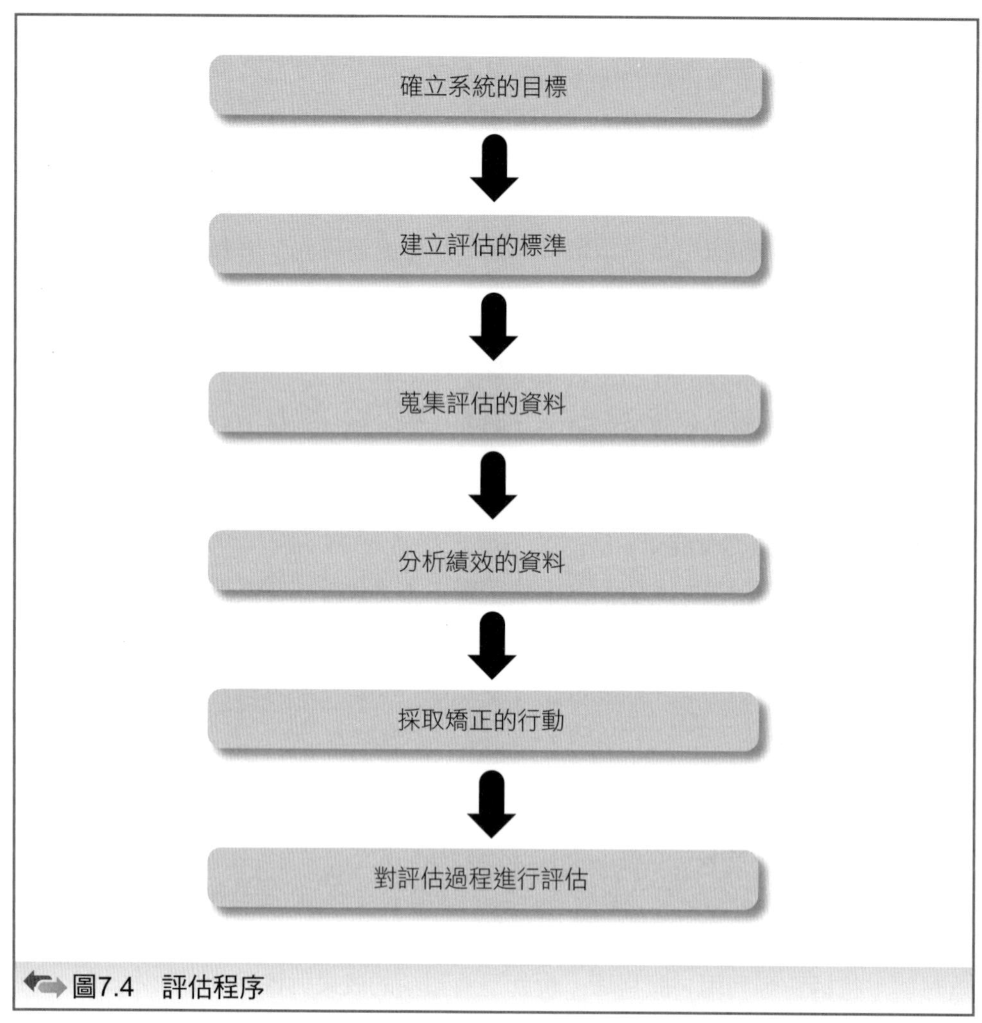

圖7.4　評估程序

二、建立評估的標準

一般來說，評估的標準通常分為兩種，一種是效率（Efficiency），一種是效能（Effectiveness）。

效率的表示方式相當單純，也就是輸出與輸入之比值（Output/Input）。這是不是一個好的表示方式，相當見仁見智，但其實有相當的困難度存在。舉例來說，將輸出的產出報表頁數除以輸入的頁數來計算，所得出來的比值將沒有任何意義。

第二是效能，所謂效能是指資訊功能是否符合目標，包含下列三點：

(一) 及時性（Timeliness）

表現在資訊系統方面，及時性是相當重要的，像是反應時間的快慢、處理時間的快慢等，都屬於及時性的範圍。但隨著硬體速度的進步，及時性已經愈來愈容易掌握了。

(二) 正確性（Accuracy）

資訊系統正確性的重要性無庸置疑，從硬體的正確性到軟體的正確性，都是資訊系統正確性所討論的範圍。很多人以為，以目前的硬體技術，硬體部分的正確性是沒有問題的，但事實上並非如此，例如：千禧年Y2K問題的產生，就是對資訊系統正確性最大的挑戰。

(三) 可靠性（Reliability）

所謂的可靠性就是資訊系統能持續運作，並可預期其所產生的結果。舉例來說，當超市的顧客在收銀臺結算金額時，POS系統的可靠性通常超過收費員的腦袋，我們可以說POS系統比人腦更具可靠性。

三、蒐集評估的資料

蒐集評估資料的方法有很多，但主要分成客觀及主觀兩種方法。客觀的方法主要包括工作日誌（Log）或是線上監視（Monitor）；主觀的方式則是收集使用者問卷調查（Questionnaire）。

(一) 工作日誌

在一般的電腦中心或是電腦部門，工作日誌是評估績效的最基本要項。工作日誌通常記載了人員進出時間、系統運作時間、系統維修時間等資訊。

(二) 線上監視

包括軟體的監視及硬體的監視；所謂的軟體監視系統就是利用應用程式來記錄相關資料，像是網站上瀏覽的人次、使用印表機的頁數等，都屬於這個範圍。至於硬體的監視，則包括使用CPU的時間、使用記憶體的多寡等。

(三) 問卷調查

利用問卷來調查使用者滿意度是最傳統的，除此之外，線上訪談、網路問卷等，都是現在常用的方式。使用者滿意度的問卷中，所包含的問題不外乎操作易用性、報表完整性、資料安全性等。

四、分析績效的資料

如果蒐集完績效評估的資料，而沒有進行分析的話，前面的工作就白費了。假設所蒐集到的資料顯示出某應用系統的數據如下：

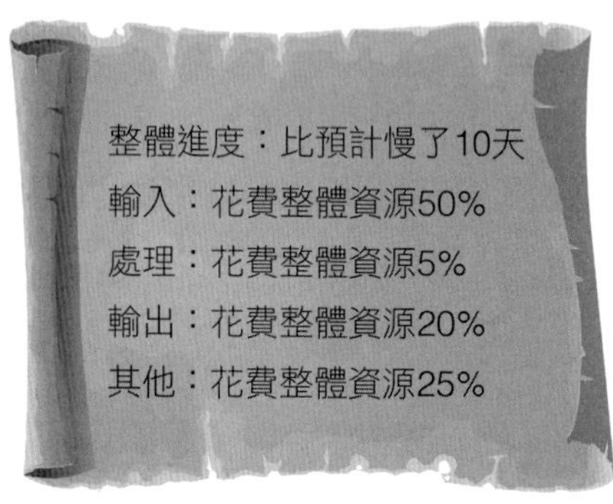

我們該探討的是，為何在輸入階段花費了這麼多的資源？而不是因為比預期的時程落後，而升級硬體設備。

五、採取矯正的行動

根據分析出來的結論，應即刻提出建議並採取相關措施。一般而言，評估的結果不外乎是服務水平不足與工作負荷過重，此時可以考慮的方法應該是軟體、硬體資源的提升或是人員的增加。

六、對評估過程進行評估

評估是一個重複的過程，但整體的評估是否合理，也需要對先前設定的評估程序及標準作業進行評估，以確認評估的計畫、組織及標準等程序的嚴謹性。

7.4 資訊系統成功模式

DeLone和McLean於1992年審視了180篇研究論文，將資訊系統效益設為應變數（Dependent Variable），品質及使用者滿意等設為自變數，而推導出六項構面來衡量資訊系統的成功。這些構面包括之前所提到的系統品質（System Quality）及資訊品質（Information Quality），輸出部分有四項：使用者滿意度

（User Satisfaction）、系統使用（System Use）、個別影響（Individual Impact）及組織影響（Organizational Impact）。其模型如圖7.5所示。

DeLone和McLean又於2003年更新資訊成功模型（見圖7.6），其構面包括：系統品質（System Quality）、資訊品質（Information Quality）及服務品質（Service Quality），輸出部分有三個：系統使用（System Use）或使用意願（Intention to Use）、使用者滿意度（User Satisfaction）、系統效益（Net Benefits）。其中系統品質與資訊品質已於前面章節討論，此處不再贅述，以下分別討論其他變數。

一、服務品質（Service Quality）

在1980年代中期出現的終端使用者運算，使得資訊系統組織同時具有「資訊提供者」及「服務提供者」的雙重角色。Pitt等人（1995）指出，如何測量一個資訊系統的好壞，如果只是單純產出結果數量的話，容易產生誤差。更好的方法是，去檢視提供服務的有效性。另外，若單純測量有效性而漏掉服務品質是件危險的事。測量的指標包括：有形性（Tangible）、可靠度（Reliability）、回應性（Responsiveness）、保證（Assurance）、同理心（Empathy）。

1. 資訊系統有最新的軟硬體（有形性）。
2. 資訊系統是可靠的（可靠度）。

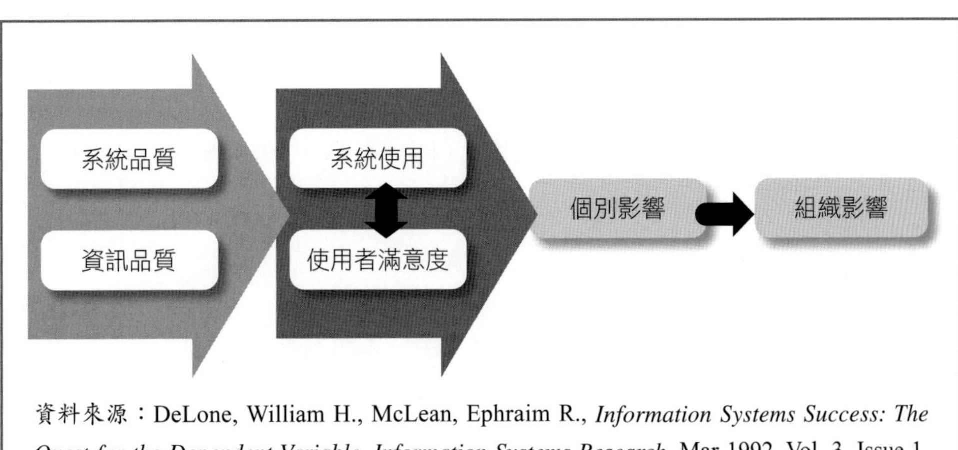

資料來源：DeLone, William H., McLean, Ephraim R., *Information Systems Success: The Quest for the Dependent Variable, Information Systems Research*, Mar 1992, Vol. 3, Issue 1, pp. 60~95.

圖7.5 資訊系統成功模型

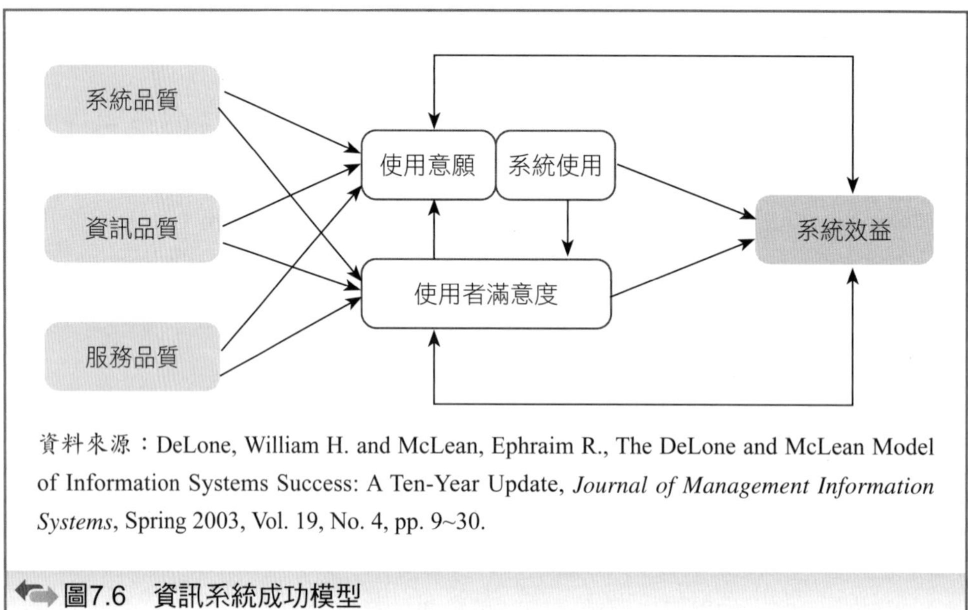

資料來源：DeLone, William H. and McLean, Ephraim R., The DeLone and McLean Model of Information Systems Success: A Ten-Year Update, *Journal of Management Information Systems*, Spring 2003, Vol. 19, No. 4, pp. 9~30.

圖7.6 資訊系統成功模型

3. 資訊系統人員提供快速的服務（回應性）。
4. 資訊系統人員有足夠的專業知識（保證）。
5. 資訊系統有使用者最多的關注（同理心）。

二、系統使用

系統使用即在衡量使用者對資訊系統輸出的使用消耗情形。資訊系統實際使用情形，與其工作科技吻合程度及資訊品質、系統品質有關（Goodhue, 1995, 1998），也與系統使用是否為自願（Voluntary）有關，且影響績效。因此使用衡量有主觀，也有客觀。系統使用評估因素（Kim & Lee, 1986; Srinivasan, 1985）有四項，即連接時間、使用時間、交易次數和使用頻率。

三、使用者滿意度

即接受者對資訊系統輸出的使用反應。由於資訊系統評估很難直接衡量，所以間接以資訊系統使用者對資訊系統的滿意度來衡量。例如：使用者資訊滿意度（User Information Satisfaction, UIS）（Bailey & Pearson, 1983）。UIS為「知覺性或主觀的評估系統之成功」，用以替代重要但無法衡量的資訊系統效能（Ives, 1983）。

四、個別影響

即資訊系統對接受者行為的影響。最先被資訊系統衝擊的，一定是個人使用者，他們會對所使用的系統有所評價。有從行為面去實際統計使用時間及頻率，或個人生產力的衡量。

五、組織影響

即資訊系統對組織績效的影響。組織成員因為是資訊系統的使用者，態度有所改變，自然會在組織當中形成一股氛圍，使整個組織結構、組織學習效益、組織競爭力的變化、文件製作上的品質、參與者的滿意程度等改變。在組織影響評估中，最常使用的財務模式如投資報酬率、成本效益分析、市占率變動、營業額變動等。

在上述四個輸出構面上（使用者滿意度、系統使用、個別影響、組織影響），資訊系統效益此一變數可更進一步劃分成三種衡量，即：決策績效（Decision Performance；將「個別影響」及「組織影響」結合成為一個項目）、使用者滿意度（User Satisfaction）及系統習慣使用（System Usage）（Arnold, 1995; Srinivasan, 1985; Yuthas & Eining, 1995; Zmud, 1979）。但也有學者認為績效、系統使用習慣和使用者滿意度是相關但屬於不同構面，需要分別衡量。然而「使用者滿意度」在對資訊系統的評估上是很重要的，是非常關鍵的評估因素。因此，「使用者滿意度」在資訊系統評估上，也常常被使用作為一種主要工具。在一些重要期刊上如MIS Quarterly自1991年開始，在143篇以使用者滿意度為主題相關的文章中高居第二位。

六、系統效益（Net Benefits）

當組織愈來愈大的時候，會受到資訊系統活動的影響。這時候就有很多外部的因素會影響資訊系統，諸如工作團隊、組織內部、產業環境等。但是哪些變數應該被測量呢？變數對資訊系統成功與否的重要性，會隨著系統及系統目的而改變。於是DeLone和McLean將這些變數統稱為「系統效益」。

7.5 任務／科技配適度模型

除了DeLone和McLean提出的資訊成功模型之外，Goodhue和Thompson（1995）也提出另一種評估的方式，稱之為任務／科技配適度模型（Task Technology Fit, TTF），見圖7.7。這個理論的目的，是在解釋科技與組織任務的適配程度對組織績效的影響，以及資訊系統的使用者在衡量其任務特性、科技特性及個人特質間的相互關係下，如何影響個人績效，讓企業可以明確評估系統是否可以被有效率的使用，進而達到成本降低、提高員工工作效率及組織效能。

在TTF衡量中，Goodhue和Thompson的衡量標準主要有下列5項因素，分別是任務特性、科技特性、任務科技配適度、績效以及效能。以下分別解釋之。

1. 任務特性：指使用資訊系統或資訊科技時要完成的工作特性，可以概念地定義為個人將輸入轉成產出的行為，也可能是組織工作的特性。在轉換的過程中，可能有很多的因素會影響到使用者，而使其更依賴資訊科技。因此，任務特性可以有不同的衡量標準，例如：使用資訊系統時間的長短、交易次數的頻率、任務的複雜性等。
2. 科技特性：是指一種完成任務所需的工具，藉由這樣的工具，協助使用者完成任務。這裡指的是可以幫助個人用來完成特定任務之資訊系統特性，包括硬體、軟體、內容資料和使用者支援服務，像是支援使用者的教育訓練、客戶服務熱線等。

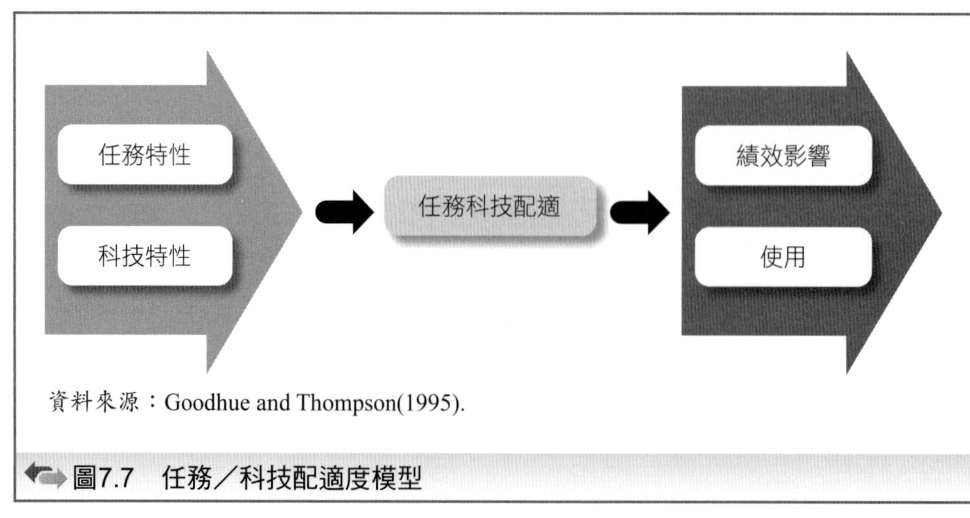

資料來源：Goodhue and Thompson(1995).

圖7.7　任務／科技配適度模型

3. 績效：衡量績效有很多種方式，像是效率、效能及工作品質等。
4. 效能：前面已經說明何謂效能，包括：及時性、正確性及可靠性。
5. 任務科技配適度：這個變數是整個模型的重心，主要指的是「科技可以協助個人完成特定任務的程度」，其重點在於系統特性是否符合使用者需求的程度。Goodhue和Thompson發展8個指標來衡量資訊科技與任務的配適度，主要包括品質（Quality）、可及性（Locatability）、授權（Authorization）、相容性（Compatibility）、易於使用（Ease of Use/Training）、產出及時性（Production timeliness）、系統可靠性（Systems Reliability）與使用者關係（Relationship with Users）等。
   (1) 品質：資訊品質與任務是否配適？儲存的資料是否正確且詳細？能否滿足使用者工作的需求？
   (2) 資料取得之可及性或方便性：是否容易從公司或部門的系統中，找到任務相關的資料？
   (3) 授權：取得資料，使用者有沒有被適當授權，可以從公司的資料庫下載工作相關資料？
   (4) 及時性：資訊可以及時提供工作任務之相關資訊。
   (5) 相容性：資訊與任務之間的需求是否具備相容性？由不同部門或資料庫提供的資訊是否具備相容性？
   (6) 可靠性：資訊與任務之間的配適是否可靠？
   (7) 容易使用／相關訓練：使用者是否容易學習如何使用資訊系統來存取資料？且使用資訊系統存取資料是方便而容易操作的。
   (8) 與使用者之關係：資訊系統與任務特性是否符合使用者的需求？

在評估資訊系統的過程中，任務特性與資訊系統是否合適是重要的評估因素之一，系統使用者通常依賴資訊科技來完成工作任務，任務－科技配適理論意味著所使用的資訊系統，其功能或者能力都要能配合任務需求，系統的使用才能發揮效能。這個模式說明不論是IT，或是IS，都有可能對個人績效產生積極影響，如果IT的能力與使用者執行的任務相匹配，則績效可以提高。

這個理論可以進一步擴大說明，當企業在規模小的狀況之下，所需要的資訊系統可能是記帳系統，當規模逐漸擴大，就應該隨著人員增加、營業額擴大，轉換成進銷存系統，再進一步到規模更大時，再逐漸導入企業資源規劃（ERP）、供應鏈管理（SCM），或是顧客關係管理（CRM）系統。如果企業規模小的時候，就採用ERP，不僅是錯置資源，也不會因為ERP的功能強大，讓個人或組織績效提升。理性經驗的使用者，會選擇以最大利益的方式來完成其任務，讓資訊科技充分的發揮其優勢，才是正確的選擇。

Chapter 8

資訊系統與組織

企業引入資訊系統的方式主要有兩種：由企業內部自行開發或是由外部導入資訊系統。然而，不論是透過何種管道，企業都應先了解其內部的組織型態及文化，不同的部門將會對資訊系統有不同的需求，不同的層級也會有使用權的限制。其實，許多學者都發現企業在開發或導入資訊系統時，會產生許多變革及阻力，如何選擇資訊系統、及如何在引入企業內部時不受組織成員反彈，都是企業主要面臨的議題。本章節首先介紹組織型態，説明各部門之主要目的，並説明何種資訊系統可以輔助企業達到目的，接著以層級架構説明各層級的使用者對於資訊系統的需求為何。最後，本章將從經濟面、行為面及心理面等多個角度出發，去探討資訊系統與組織之間的關係。

生醫科技的資訊系統

立創生醫科技股份有限公司成立於100年是一間由八個臺大博士生共同創立的公司，因為有八個博士生組成一個團隊，知識礦與一般公司比較相對充足，反映在營運上的是產品研發上的幅員廣闊，從醫療技術的開發到醫療器材用品的販售、從演算法到太陽能電池特性分析樣樣精通；此外與各個公司相同，立創生醫科技股份有限公司在內部管理上擁有自己的一套管理模式。

無可避免的組織營運上必定會遇到些困難，為了順利經營下去，企業勢必得想出一套解決的方式，而資訊系統就是在此時派上用場，本章節以立創生醫科技股份有限公司內部部門區分與日常疑難雜症的處理為例進行探討。

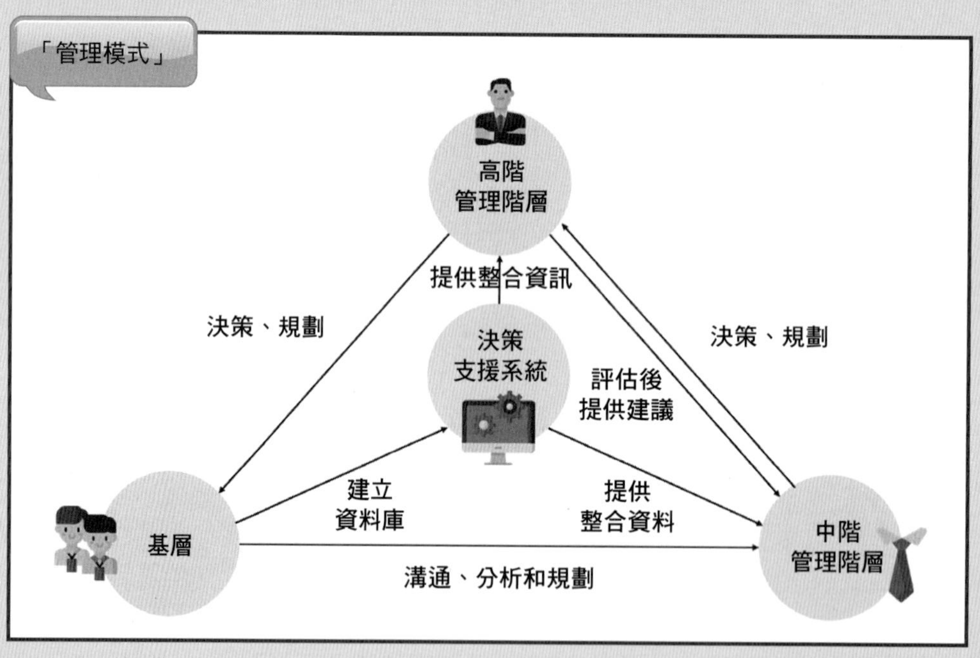

作業控制階層

• 財務部門：業務內容包含了日常收付款項、雜項支出及製作公司營運成果報表。

營運難題：

1. 結算財務支出時款項與請款憑證金額不符。

2. 客戶收款日期與銀行系統憑證無法核對。

3. 進貨下單品項與實際送達不符。

• 研發部門：主要為研究市場上對於生技醫療領域尚可改善的不足之處，並研發針對性的產品。

營運難題：

1. 產品研發面向過廣，難以凝聚研發量能。

2. 產品研發所需的成本費用高低幅度過大。

3. 市場變動迅速，研發方向與市場走向不符。

• 業務部門：積極尋找各大學會與展覽並取得參展門路以推廣自家公司所研發的產品。

營運難題：

1. 售後服務時重複遇到相同問題，但解決方式尚未統一。

2. 送貨給客戶的路徑重複，造成運送時間的浪費。

3. 展覽的日期排程重複。

為了改進上述問題，立創生醫科技股份有限公司以資訊化的方式予以解決，財務部門利用文書處理軟體建置制式的表格，對於財務支出的金額嚴格把關，要求第一線人員確實做到電子化紀錄，以降低支出結算時差異的幅度；研發部門利用知識管理系統將各類產品售後回饋，依照種類別、問題別等類別將問題與解決之道做連結，以便作為下次研發產品的參考基準；業務部門利用資訊系統將購買商品的客戶地址建立成資料庫以達到路徑最優化的效果。除此之外，管理階層更因建置了DPS所以能以此為基礎，將大量的資訊集中於智慧決策統整系統之中，從前端各部門無論是從ERP系統或是DSS蒐集的巨量資料中，將其整理並分析，得出屬於結構型的問題並協助管理者制定改善方針。舉例來說，當系統蒐集了足量銷售產品的相關回饋，便可透過之前整合放入DPS資料庫中的資訊分析，並得出特定產品在某些地區銷售的情形較優、該地區的客戶屬性統計資料，最終可研判出該地區的客戶偏好，以制定更相關的產品研發與銷售計畫，由此可知，資訊系統在組織的營運上是可以做到一定的潤滑作用，有了資訊系統協助將可以使因人為因素造成的誤差最小化，以達到強化內部控制的目的。

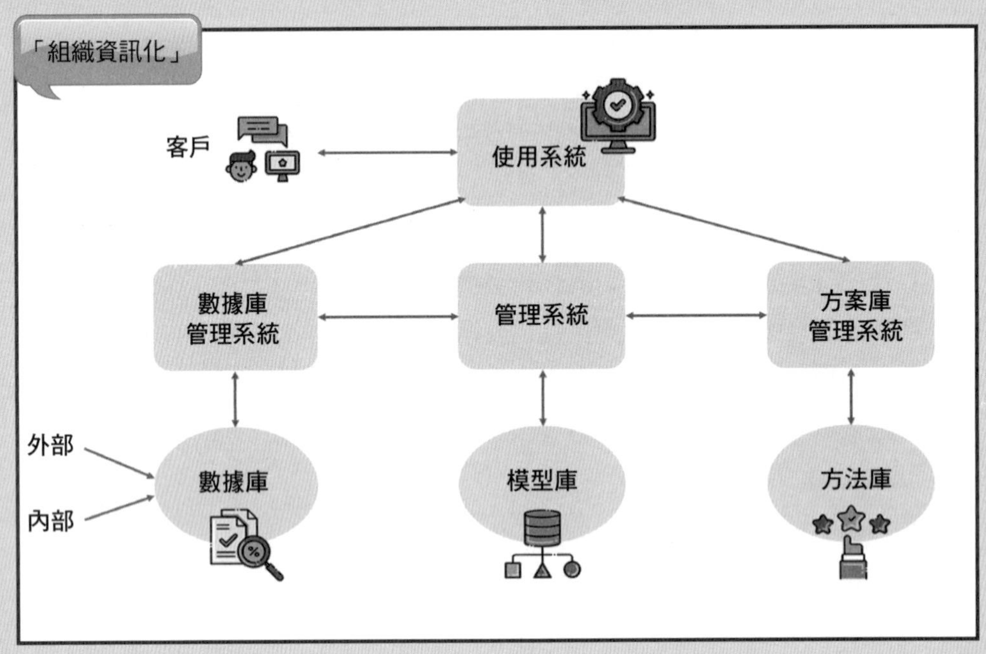

習題演練

1. 個案中導入資訊系統能否解決作業控制階級的組織問題？
2. 這個個案可以用哪一個理論來說明？
3. 使用了資訊系統能否降低基層或是中階管理人員的人力？

8.1 組織的構成

一、組織的功能架構

傳統組織以功能作為分類的方式，分別為生產與製造、行銷與企劃、人力資源與組織、研發與資訊及財務與會計（見圖8.1）。各部門在運作上，都會使用到資訊管理系統，進行資料的蒐集、處理、儲存以及傳播資訊，以支援各部門的管理者，解決組織中經營決策與控制作業上的問題。

(一) 生產與製造

主要目的為生產產品或服務，工作內容包括編定生產計畫、生產排程、作業流程控管、存貨管理等，甚至能更進一步的進行產能決策、產品設計、產品規格安排、品質控制檢驗等，都屬於這個範圍。所應用到的系統，最標準的就是製造資源規劃（Material Resource Planning, MRP）系統，以及存貨管理系統、製造排程系統等。

(二) 行銷與企劃

主要目的為銷售組織的商品或服務，工作內容當中包括訂單管理、廣告的運用、銷售預測等。如顧客關係管理系統（CRM）、電子訂貨系統（EOS）及銷售點情報系統（POS）等，均屬於此一範圍，像統一超商（7-11）就把EOS及

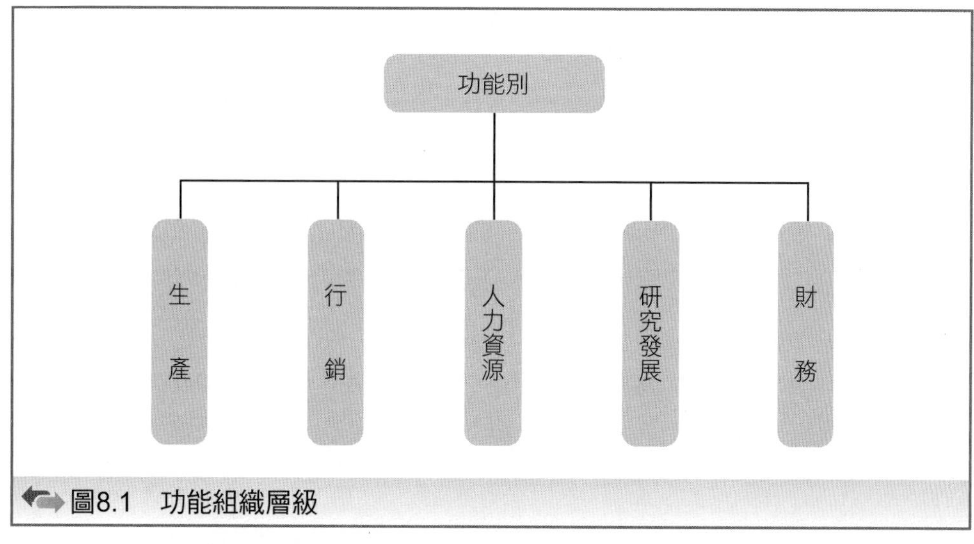

圖8.1 功能組織層級

POS系統的特性發揮得淋漓盡致。

(三) 人力資源與組織

主要目的為負責組織人力招募、訓練與管理、員工資料之維護，應用到的系統有人力薪資系統、員工教育訓練系統、員工出勤系統等。

(四) 研發與資訊

主要目的為研究並發展出新的產品及服務，以改善組織中現有的技術。應用到的系統有電腦輔助設計、電腦輔助製造，其他如經濟部技術處所提出的協同設計計畫，也屬此一範圍。

福特汽車就採用了協同設計的合作模式設計汽車，利用高容量的通訊網路與電腦輔助設計（CAD）軟體，在世界各地（如英國、日本及澳洲）同時進行設計，以結合多國的技術，最後在設計完成後，交由義大利的工程師利用這個設計打造汽車的原型。

(五) 財務與會計

主要目的為對企業財務資產管理，如現金流量管理，或是相關往來紀錄之管理，如應付帳款系統、應收帳款系統等，也就是一般的財會系統。

8.2 組織的層級架構

現代組織可以分為三個層級來看（見圖8.2），包括個人、團隊、組織，這裡將組織層級視為企業層級，企業與企業之間或是企業與供應鏈之間，也常因為合作關係，而有跨組織聯繫的必要。

一、個人（Person）

組織中的最小單位，因階層不同，工作性質也因此不同。

在操作層次的個人，通常利用個人應用軟體、個人客戶端資料庫、個人電腦等。但如果是高階主管，雖然同樣使用個人電腦，應用的資訊系統會是決策支援系統（Decision Support Systems, DSS）、主管資訊系統（Executive Information Systems, EIS）。

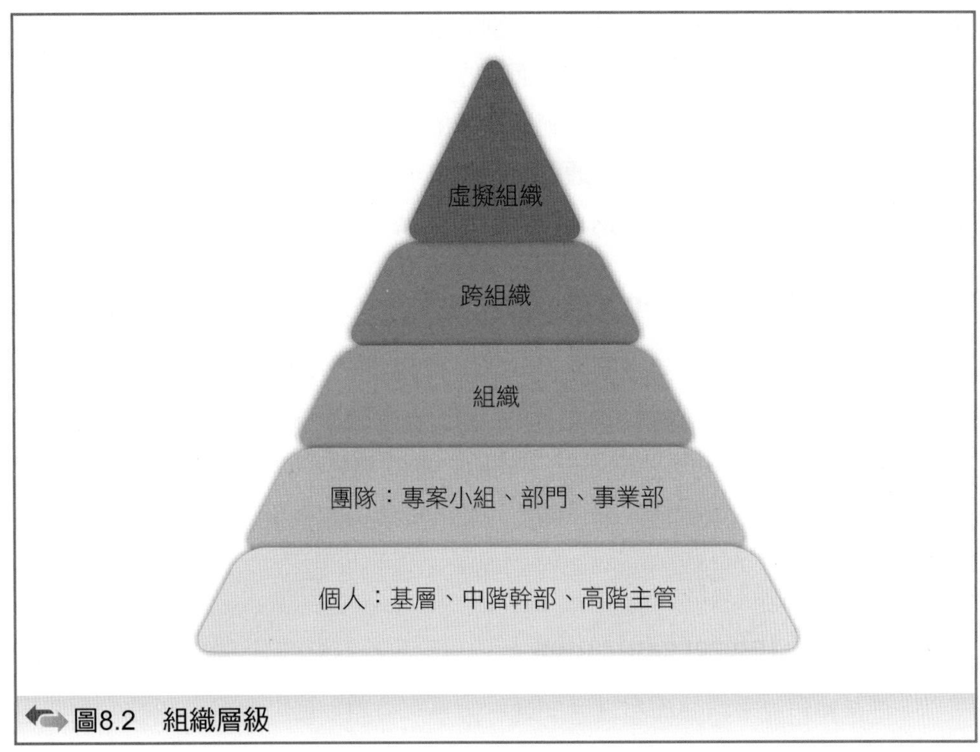

圖8.2　組織層級

二、團隊（Team）

(一) 專案式（Project Team）

企業內的團隊多進行專案活動，通常由專案經理領軍，應用到的資訊系統，如專案管理系統、生產排程系統。當需要與其他團隊溝通時，則需要群體決策支援系統（Group DSS）或是群組軟體（Groupware），另外有動態資訊需求或是大量的資料計算，可能會需要大型主機設備。

(二) 部門（Department）

企業的基本單位，大多以單位劃分，單位主管通常是部門經理，例如：行銷部門經理、人事部門經理。而不同的部門有不同的資訊需求，如財務部門的進銷存系統、倉管部門的倉儲管理系統、人力資源部門的人力資源系統、行銷部門的行銷資訊系統等。

(三) 事業部（Division）

幾個相近的部門可能組成事業群或是事業部，可以分為產品別、地區別等。

產品別共同處理相近的事務，其單一類別的產品具經濟規模；而地區別則可能因市場範圍較廣，為掌握各地市場特性而設立的。

在事業部中，運用的資訊系統範圍逐漸擴大，且必須有整合的概念，不然會由於各部門相互獨立，而造成溝通協調的困難，應用到的資訊系統，如辦公室自動化（Office Automation Systems, OAS）。

三、組織（Organization）

一個組織中，通常有多項產品、不同的服務，CEO要兼顧各種不同的目標，也有許多規劃與整合的工作要進行。多數企業會建立內部聯繫網路（Intranet），即建立一套資訊系統，成為企業的另外一個公共空間，具有增進溝通、傳遞內部資訊以促進效率、創造討論的環境，讓企業內激發創意等，甚至含括外部資訊。

四、跨組織（Interorganization）

一旦是跨組織，組織與組織之間就有競爭、資訊交換、聯繫、協調等問題，通常提到的是供應鏈系統或是快速回應系統（Quick Response）。

五、虛擬組織（Virtual organization）

使用網路來連結人員、資產、創意，以創造及提供產品和服務，而不受傳統組織疆界或地理位置之限制。虛擬組織透過網路，將公司人員、資產和構想連結在一起，也可以連結供應商、客戶，甚至競爭廠商，來建立和分配新的服務及商品。

例如：設於臺灣的研發中心與設於中國的製造中心透過網路，可以共同開發設計新產品，透過虛擬組織，可以加快產品的上市時間。

8.3 資訊系統與組織之相關理論

資訊系統必須與組織相契合，並用來提供組織內所需的資訊；另一方面，組織必須了解並接受資訊系統的影響、調適組織，以獲得新技術所產生的效益。

此一複雜的雙向關係受許多中介因素干擾，不僅是最後管理者決定要或不要，也受到其他中介因素的影響，如組織文化、官僚體系、政治、企業風潮、機會等。另外的一層意義，組織亦同時透過以上中介因素的層面去影響資訊系統，而資訊系統也在同一個構面上去調適組織（見圖8.3）。

從經濟學的觀點來看，資訊系統技術可被視為生產的一個要素，且可自由地替代資本與勞力。當資訊系統技術的成本下降時，可以取代不斷成長的勞力成本；因此，資訊系統可替代勞力，故能減少組織的中階管理者與文書處理人員的數量。資訊系統影響組織最簡單的看法就是其能減少組織人力或成本，但事實上，資訊系統的導入，很少達成這樣的目標，以下從幾個角度來解釋。

一、代理理論（Agency Theory）

組織機構龐大，可以被視為一堆專案的結合，而不是一個團結、追求最大利潤的個體。委託人（Principal）無法自行管理，僱用並授權代理人（Agent），或將部分決策權授予代理人，也就是企業的經理人為其工作，以追求雇主之利潤。但雇主須時時監督及管理代理人，否則代理人可能為追求其自身利益而犧牲公司整體利益。委託人與代理人之間因目標不一致，而產生利益衝突，稱之為代理問題（見圖8.4）。

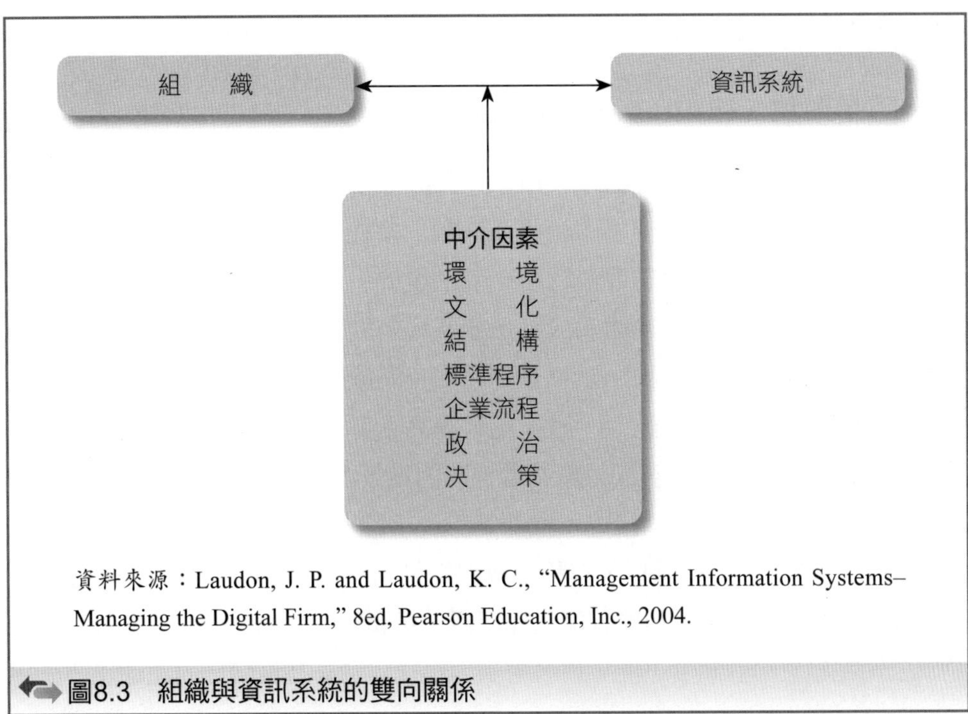

資料來源：Laudon, J. P. and Laudon, K. C., "Management Information Systems–Managing the Digital Firm," 8ed, Pearson Education, Inc., 2004.

圖8.3　組織與資訊系統的雙向關係

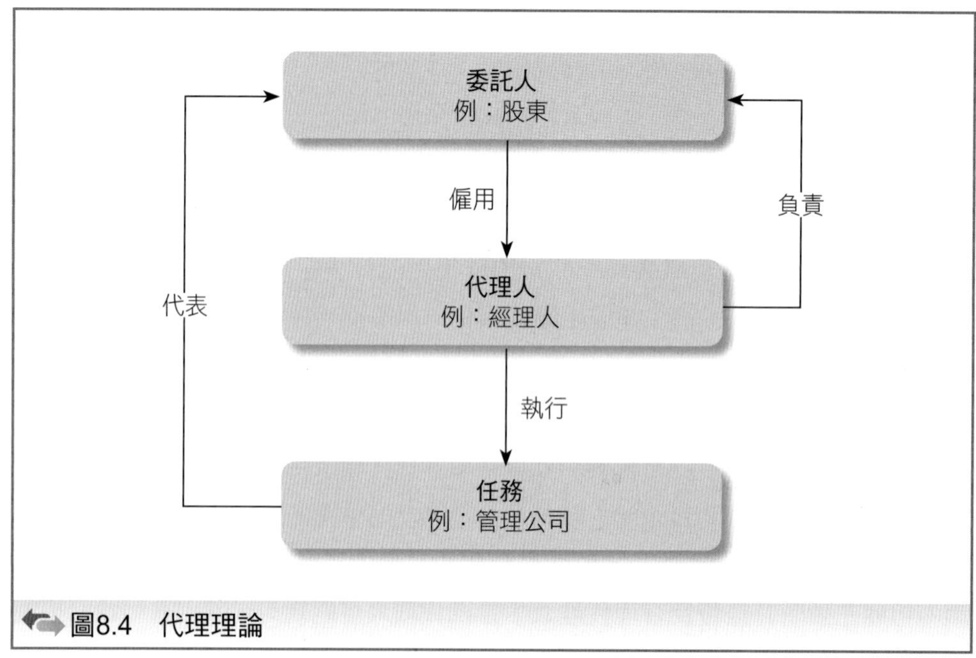

圖8.4 代理理論

資訊系統能減少資訊的取得與分析成本，讓委託人能透過資訊系統了解企業內概況，在資訊更為透明的情況之下能減少代理成本。且每一位代理人能監控更多的工作同仁，也就能使企業在持續擴張的情況下，降低代理成本。

二、體制理論（Institutional Theory）

雖然社會結構有彈性的部分，但更存在許多規範行為及秩序的體制。所謂的體制，便是指秩序背後要求的結構及機制。為使企業成員都有共同依循的標準，企業會設立一套標準的運作程序，包括模式、規則、社會規範以及慣例，體制理論就是在說明這些結構及機制是如何成為社會行為準則的過程，包括這些元素的創造、傳播、採用，以及在時間和空間變化下，最後陷入衰退和滅亡的整體過程。體制理論也認為，組織為了提高正當性與存活機會，必須遵守其體制環境的各項規則，故在同組織社群裡的組織，會有相同化（Isomorphic）的趨勢。相同化的過程有三種模式：強制（Coercive）、規範（Normative）、模仿（Mimetic）。不論何種過程，資訊系統都提供企業一套能夠因應的作業程序，並加速這些運作程序，使作業程序更加順暢（見圖8.5）。

公司在建立一個制度之前，須考慮到內在環境和外在環境，內在環境不外乎

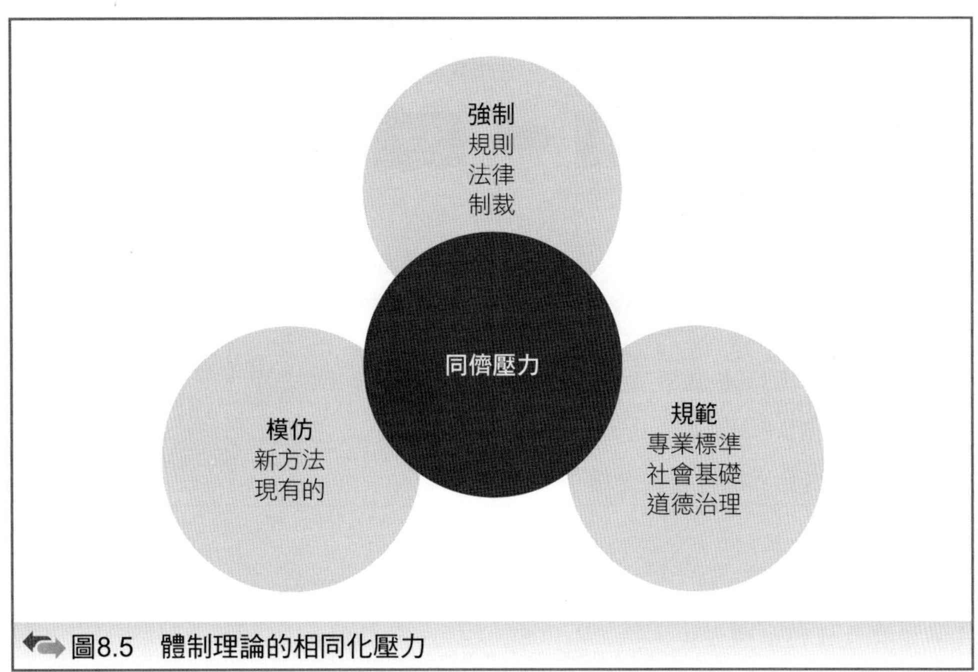

圖8.5 體制理論的相同化壓力

是公司的文化、組織等；外在環境包含了政府規範、時代變遷等。公司在採取特定措施或結構設計時，必須考慮到體制理論的本質，然後加以設計，才容易成功。舉例來說，近年來不斷發生一連串食安風暴，不但動搖民眾信任，重創許多知名企業辛苦建立的品牌形象，不僅內需市場損失，外銷市場也受阻，眾多國家都禁止我國特定產品進口，顯然已經失去對臺灣食品的信心。政府為重拾消費者信心，要求廠商建立食品及相關產品追溯追蹤制度，強制上傳資料，並強制使用電子發票系統，除了相關資料要傳到政府的相關單位，內部的流程也有很大的改變。食品企業為了符合政府法令，需要修正公司的模式、規則以及慣例，也需要修正資訊系統流程，像是電腦系統須與政府相關單位連線、食品添加物全部先行登錄、進口報關時的審核資料、業務部門出貨單的填寫資料、出貨資訊（品名、數量、包裝規格、批號、有效日期、客戶名稱、產品登錄碼等資訊）上傳至雲端、電子發票等（見圖8.6）。

三、權變理論（Contingency Theory）

權變理論認為，在真實生活中，各種技術和方案的成功，會隨情況不同而改變。也就是說，沒有一種固定組織結構可以普遍應用在所有的情境。權變理論的

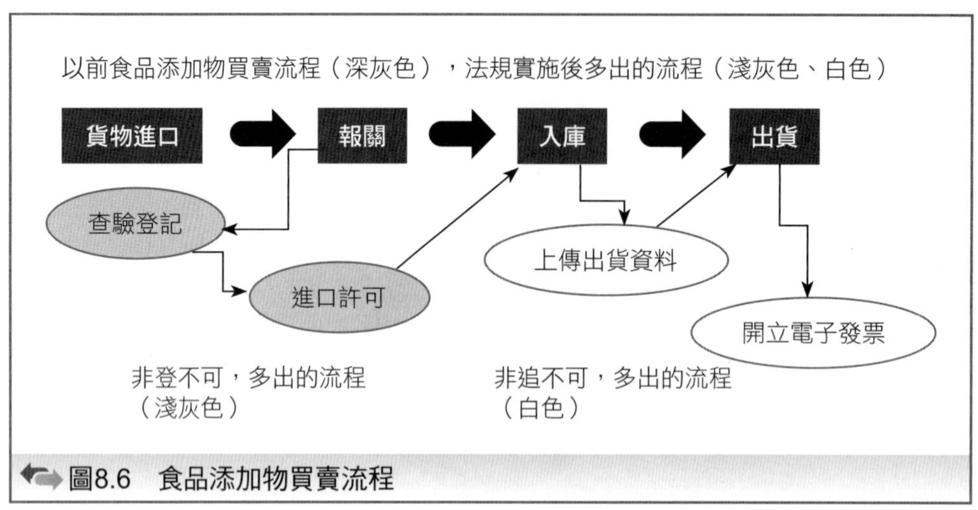

圖8.6　食品添加物買賣流程

前提是：

- 沒有最佳的組織方式。
- 組織方式相同但情境不同，則效果不同。
- 組織的成果是各種不同因素間，互相調適的結果。

而資訊系統是影響組織情境的重要因素之一，新的資訊設備、新進資訊人員等，都會對組織產生影響。

權變理論與資訊系統的關係中，最重要的是說明既然沒有最佳的組織方式，情境不同，則效果不同。各種不同因素會調適出不同的結果，作為一個企業管理者，在考量是否要導入資訊系統、考量要導入何種資訊系統時，都要考量到企業內在需求及外在環境的條件，進而去選擇合適的資訊系統，而資訊系統得出的資訊，也需要適應不同情境，做出不同決策。

我們可以由圖8.7來說明。

綜合而言，在資訊管理領域中，不同的變數會影響資訊系統的績效，這些變數與資訊系統設計和使用之間的配適度愈高，資訊系統績效就愈好。

整個模型在說明權變的變數會影響資訊系統變數，資訊系統變數則影響資訊系統績效，進而影響整體績效。權變變數包括了策略、組織結構、組織規模、整體環境、技術、任務和個人特徵。例如，組織策略與資訊系統的配適度影響組織績效，就是權變理論的具體說明。再舉例來說，組織規模越大，會讓自動化程度提高，造成權力下放的部分原因，這些都是權變變數的例子。

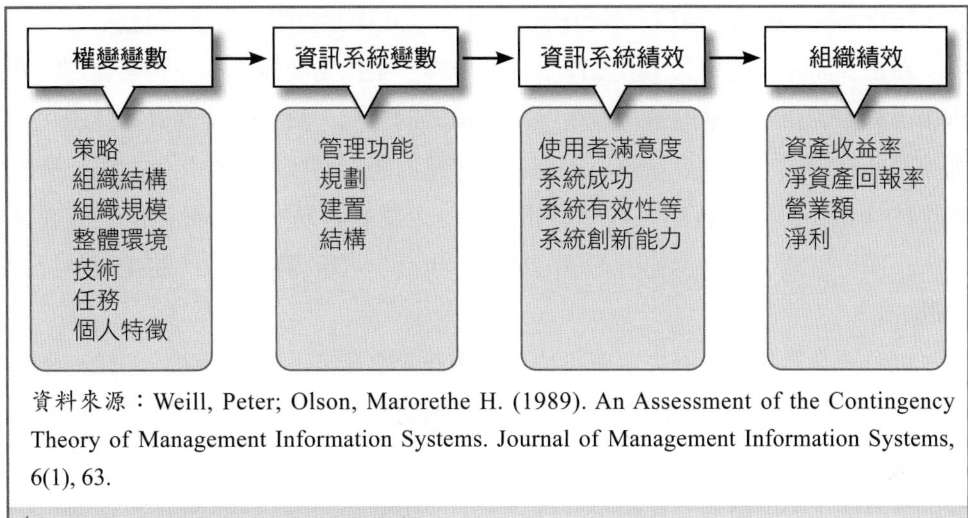

資料來源：Weill, Peter; Olson, Marorethe H. (1989). An Assessment of the Contingency Theory of Management Information Systems. Journal of Management Information Systems, 6(1), 63.

圖8.7　資訊系統中的權變變數

資訊系統變數包括了系統管理功能、資訊系統規劃／建置及資訊系統結構等。

資訊系統績效通常採用認知來衡量，例如使用者滿意度、系統成功、系統有效性等，有時系統創新能力也被用作系統性能的一個指標。

最後在組織績效部分，通常以財務績效來呈現，衡量標準包括：資產收益率，淨資產回報率，營業額、淨利等。純粹的組織績效則較少可以用量化指標來呈現，而且較難與資訊系統指標結合。

四、交易成本理論（Transaction Cost Theory）

交易成本是英國經濟學家Ronald Coase於1937年，在其論文《企業本質探討（*The Nature of The Firm*）》中提出來，他認為交易為日常生活中常見的行為，而交易成本就在這些買賣中發生。交易成本理論主要為探討交易的過程當中，一些無法以產品價格來解釋的行為。一般交易過程中，除了產品本身的成本之外，為了促進交易成功，額外衍生出的成本，就稱之為交易成本。換句話說，在交易的過程中，會伴隨產生各種活動的成本，如資訊搜尋、議價、監督交易實施等。交易成本實際包含的成本，各種說法都有，但不外乎搜尋成本、談判成本、契約成本、監督成本等非生產性成本。而市場交易的方式，會朝向減少交易成本的方向來進行，也就是公司和個人都會積極尋求將交易成本最佳化。當組織進行市場交易時，如交易成本過高時，超過企業的營運成本，企業就會傾向成立子公司。反之，當交易成本小過企業自己執行的營運成本，企業就會開始將內部業務委外。

藉由資訊系統的導入，設法降低交易成本，是很重要概念。在企業營運的過程中，減少資訊不對稱的情況發生，是很重要的功能，資訊系統的導入及優化，即可降低諮詢成本，減少資訊不對稱現象，藉此將交易成本極小化，並優化有限理性的決策。其次，藉由完善的資訊系統，企業更容易搜索到最佳供應商或客戶，不僅可以減少談判合約所花費的成本，也減少之後資料竄改、監控與執行合約的成本。

以股票交易為例，過去買賣股票必須透過營業員來下單，但資訊系統在硬體和軟體方面的進步，使得現在股票交易可以透過網路或電話語音下單來進行。如此一來，可以減少證券公司之營業員人力需求，因此可以降低客戶和證券公司之間的交易成本，而證券公司也將減少之人力成本回饋給客戶，因此網路或電話語音下單皆有手續費折扣之優待。

再以房屋買賣為例（如圖8.8），眾多的房屋仲介商，都有資訊系統，不論是房屋物件資訊服務、分析比對、查詢等，不論是買屋或是賣屋，都可減少諮詢成本，內政部的實價登錄系統，更可減少資訊不對稱的情況發生，大大降低了交易成本。

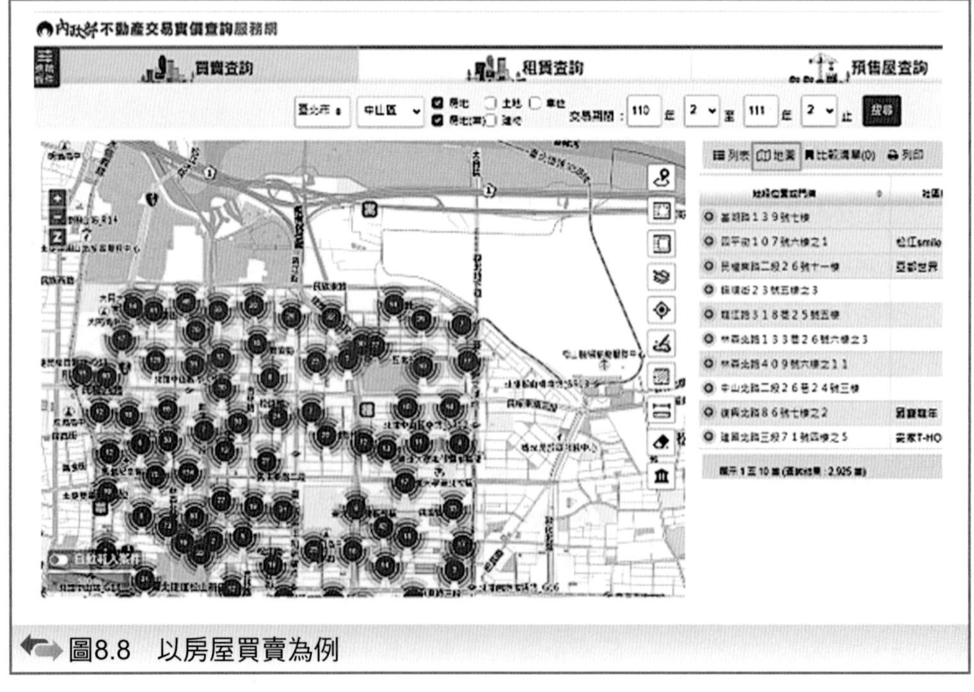

圖8.8　以房屋買賣為例

五、組織學習理論（Organizational Learning Theory）

組織學習指的是在組織內創造、保留和轉移知識的過程。隨著時間的演進推移，組織會隨著經驗的積累而改進。從這種經驗中，組織能夠創造知識，而這種知識是廣泛的，涵蓋了各種可以改善組織的內涵與主題，例如提高生產效益、改善投資者關係的各種知識與策略。組織內的各種單位，包括個人、團體、組織和組織間，都有可能創造知識。

組織學習理論主要在說明在不斷變化的環境中，如果要具備競爭力，組織必須改變目標和行動，以實現這些目標。為了加速組織學習的進行，企業必須成為一個有機體，做出有意識的決定，以適應環境的變化。組織學習與心理學和認知研究有許多相似之處，因為初始學習是在個人層面進行的，從個人層級擴散至組織層級，如果沒有資訊分享，則無法成功，資訊或是知識以各種方式儲存在組織記憶中，並用於組織目標。組織學習理論就是在透過蒐集、儲存、萃取、分享等方式，將更好的知識、技術、科技等，加深理解及運用，從而提高的過程。企業環境改變迅速，要如何在眾多競爭者中，提高自身競爭力，組織必須改變，進而學習更多的技術、科技（見圖8.9）。

如果組織積極地致力於優化其學習能力，就可稱之為學習型組織。學習型組織通常積極地利用知識管理系統來設計組織流程，具體的促進知識的創造、分享、移轉及保留。換句話說，學習型組織是指組織「知道自己知道什麼」的過程。

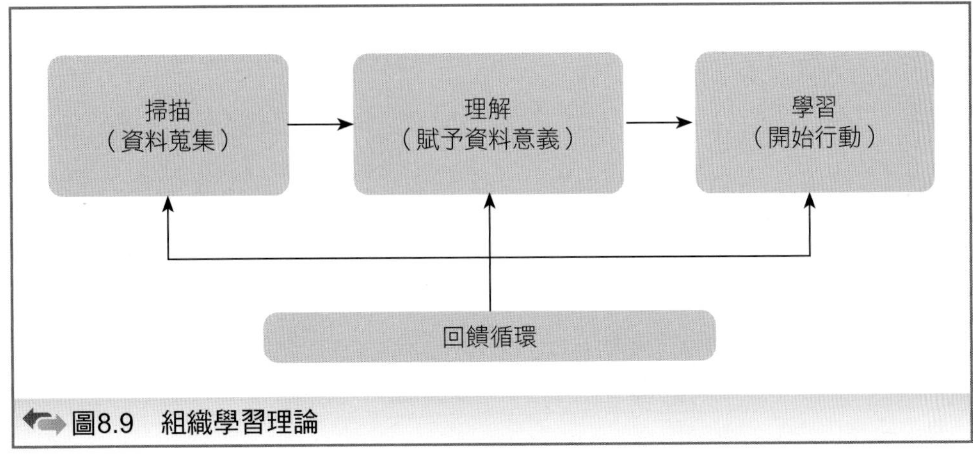

圖8.9　組織學習理論

組織學習類型包括下列兩種（如圖8.10）：

1. 單循環學習（Single Loop Learning）

   當學習發現錯誤時，可以立即糾正錯誤並改進的過程。這種學習能夠對例行性的活動加以改良，但是沒有改變組織活動的基本性質。單循環學習適合於例行性、重複性的工作學習，有助於完成日常工作，是一種企業日常技術、生產和經營活動中的基本學習類型。

2. 雙循環學習（Double Learning）

   指工作中遇到問題時，不僅僅是尋求直接解決問題，更要檢查工作系統、制度、規範本身是否合理，分析導致錯誤、或成功的背後原因。雙循環學習與複雜、非例行性的問題相關，更能確保組織在碰到變化時，具備解決問題的能力。雙循環學習相較於單循環學習，是一種較高水準的學習，能擴展組織的學習能力，注重系統性解決問題的方法，更能適應組織的變革和創新。雙循環學習會在既有的組織規範下進行探索，還包括對組織規範本身的探索。雙循環學習通常在組織的漸進或根本性創新時期發生。

這兩種的組織學習方式並無衝突，兩種學習方式組織都需要，只不過組織採用不同的學習策略時，會選擇不同的學習類型。在組織創新過程的不同階段，經常伴隨有不同形式的組織學習。例如：在組織創新的形成階段，可能需要新的組織知識為主導；其他如組織成熟階段，組織轉型階段，其學習目標均有不同的特點。

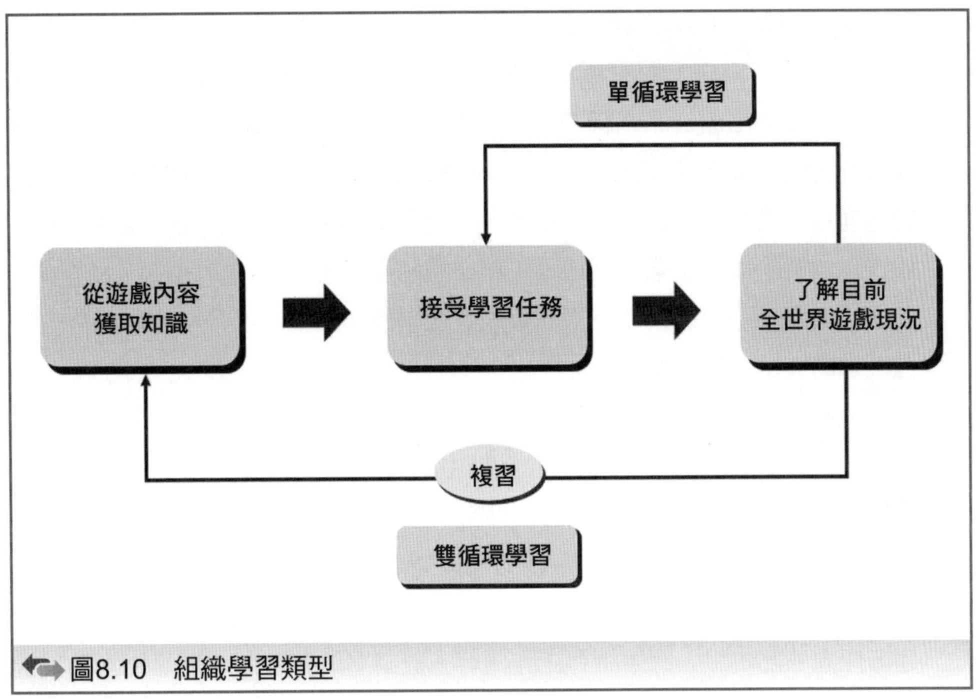

圖8.10 組織學習類型

8.4 資訊系統如何運用在組織經營

現代社會資訊透明唾手可得，無論是任何人都可以在網際網路上零成本的取得情報，將數以萬計的情報進行整理，輸出成使用者所需的資訊，將有用的資訊統計、整合後便成了所謂的知識，如同第5章開頭案例所述，瑞傳公司收到訂房系統出了問題的情報，進而集思廣益找出問題癥結點與解決辦法，最後導入知識管理系統以供後進或者初次面對問題時的參考依據，因此，我們不難看出資訊系統對於組織的經營是有其存在的必要性。

資訊系統的分類除了依照部門別區分，也可依照使用者在公司的管理層級劃分，如基層員工及管理職對系統的需求即有所差異，依照安東尼模型（Anthony Model），按照能力需求與決策參考資料來源區分，由下而上可分成作業控制階層、管理控制階層、策略規劃階層（見圖8.11）。

1. 作業控制階層

作業控制階層多為第一線的作業人員，此階層所需的核心技能以實際操作的技術能力（Technical Skills）為主、人際能力（Human Skills）為輔，做決策時大多只憑個人專業判斷與內部訊息，依靠個人技術能力就算不與他人分工合作依然能夠將上層交辦任務如期完成。由於重點要求個人作業能力故此階層主要使用的資訊系統多為資料處理系統（Data Processing System簡稱DPS）或稱交易處理系統（Transaction Processing System簡稱TPS），目的在於處理日常例行交易與內部異動資料，並蒐集各類可用於管理的資料，產生報表以支援組織的作業控制活動。作業控制階層所使用的資訊系統大多屬於獨立性的作業系統，大多為管理資訊系統中最初成型的部分，用以代替大量且繁瑣的人工處理手續。

2. 管理控制階層

在組織營運上的管理控制階層大多為中階管理者，身兼一線作業人員的監督與高階管理人員的溝通，因此此階層的人不再著重技術能力的強弱，相較作業控制階層更加注重人際能力，同時著手培養概念能力（Conceptual Skills）以面對逐漸概念化的工作內容。因此作為判斷依據的訊息來源開始逐漸傾向外部資訊，因應上述工作內容，此階層的管理者主要應用管理報告系統（Management Reporting System簡稱MRS），通常是整合各個架構而成的產物，透過網羅各項DPS蒐集的第一線資料，將其分析整理後，產出管理時所需的綜合報表與例外案例，報表內容通常會反映出部門的現況，提供組織管理資訊以供中階管理人員解決各種結構性問題。

3. 策略規劃階層

在組織階層中高階管理者通常會被分類為策略規劃階層，藉由評估外部環境且參考經統整後內部資訊制定組織未來的營運方向。同時作為組織的領頭羊高階管理者也身兼組織的領導者地位，相當的倚仗個人的概念能力，從各式各樣的外部訊息中制定出適合的長期策略方向，最常使用主管資訊系統（Executive Information System簡稱EIS）或稱主管支援系統（Executive Support System簡稱ESS），能將資訊整合並以系統性的方式呈現，例如組織現況、收支狀況……等，用以支援高層於制定決策時所需的相關資訊，並協助溝通、分析和規劃，此系統的功能著重於追蹤、控制與溝通。

4. 知識管理階層

企業於經營時或多或少會遇上問題，無論是自行發現抑或是由外部反應而來，由於這些問題五花八門，有的問題來自於使用者，有的問題來自於產品或服務自身，所以此階層的管理者所需的知識與技能並不局限於特定來源。

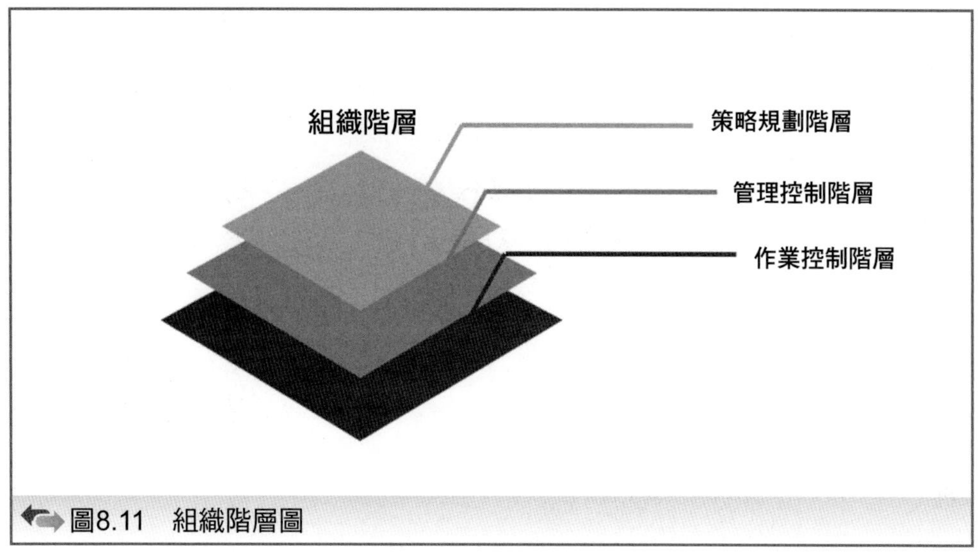

圖8.11 組織階層圖

換句話說，從工作控制階層到策略規劃階層的管理者皆有可能身兼知識管理階層，將這些問題的解決方式經由系統性與邏輯性的方式整理與歸類便是其負責的管理工作，透過知識工作系統（Knowledge Work System簡稱KWS）與辦公室系統（Office System簡稱OS）兩個系統，以此累積知識並運用該知識提高組織的競爭力。

- 決策資訊系統簡介

資訊系統在組織中的使用範圍並非絕對，如同供管理階層使用的MRS系統，雖說主要使用者為中階的管理階層，但同時也能成為高階管理者於決策時重要的參考依據。因此除了上述幾種資訊系統，尚有無法清楚劃分的資訊系統，例如決策支援系統（Decision Support System簡稱DSS）……等，以DSS為例，DSS是一種以系統性的方式，將問題定義並釐清，最後協助決策者做出最佳決策的資訊系統，其主要的功能需包含資料倉儲（Data Warehousing）、資料探勘（Data Mining）、線上分析處理（On-Line Analytical Processing）。作業控制階層的管理者能從DSS中擷取員工日常的工作資料，藉以判斷現階段的生產能力是否有待提升；管理控制階層的管理者則能利用DSS系統從中取得期間性的初步營業成果彙總，進而調整基層人員的工作進度或者向高階管理者提出更貼近現實層面的建言；策略規劃階層的管理者則能夠以巨量的資料為基礎預測產業的未來走勢，藉此評估組織營運的方向。

Chapter 9

資訊系統與決策

企業在進行決策時，會由於決策層級的不同，而面臨不一樣的決策，通常愈低階層的人員，所面臨的決策內容會愈單純，而愈高階層的管理人員，則會面臨更為複雜的決策內容。此時，資訊系統便可以從中支援組織成員做更適當的決策，讓組織成員可以用較輕鬆、方便的方式蒐集及整理資料，進而透過資訊系統本身整合成有用的資訊內容。因此，管理人員必須要有能力判斷哪些才是有用的資訊。本章節首先介紹決策的四大流程，再加以介紹決策的不同類型，並且以不同層級的決策類別，介紹其所能使用的資訊系統類別。最後，本章節將整理與資訊系統決策相關的理論，提供組織思考的不同面向。

賣菸賣酒也要跟著市場脈動走

自88年開放洋菸、洋酒進口後，菸酒不再由臺灣菸酒專賣，面對大環境的遽變，為鞏固臺灣菸酒在菸酒市場的領導地位，在網際網路日益普及的今日，及企業電子化的強烈需求下，各大企業對資料的快速蒐集與分析處理，已到刻不容緩的地步，臺灣菸酒的經營方式必須有所調整，因此，如何及時、精準地掌握每個營業處所產品的銷售情況，並將這些資訊轉化為可利用的報表資訊，便顯得相當重要，且資訊單位有必要為因應組織的變化而做跳躍式的追趕，菸酒公司也決定建置「商業智慧管理系統」。

在以往還是公賣局的時代，公司對於銷售資訊的及時性要求並不高，一方面除了是因為當時的環境對資訊化要求不高外，另方面則是當時菸酒市場由公賣局獨占，只要確保不讓營業處所或市場發生缺貨就好了。另外，隨著公司改制及開放菸酒市場等因素，面對多家競爭的情況，及時掌握產品銷售情況就變得愈來愈急迫。在早期，銷售資訊是今日下午產製昨天的，但現在是當天的銷售狀況當天晚上就要掌握，資訊處更自行開發一套及時銷售資訊系統，就像是看板一樣，讓主管隨時取得每一個營業處所的銷售狀況，得知每個單位目前的銷售狀況及數據。

克服瓶頸同仁對BI的依賴度日高

目前臺灣菸酒BI的系統架構是，先彙集自各單位如營業處（所）、工廠、各地門市部與免稅店的資料，將資料匯入資料庫中，透過資料擷取的方式，產生管理階層所需的數據資料或報表，如行銷、生產、財會及客戶管理等四大構面的資料。臺灣菸酒公司屬公營機構，所有的採購流程必須符合公開招標的方式，但在建置BI的過程中，仍面臨以下的問題與瓶頸：

1. 內部使用者對資訊化的接受度不高：因為新系統的流程都會受到嚴格管控，不像以往開放讓同仁任意進系統更改資料，此舉易讓同仁誤以為新系統使用限制過多，進而產生排斥或抗拒。
2. 使用者需求不斷變更：使用者對新系統的需求並不清楚，經常改變意見與流程，影響系統上線的進度與時程。

3. 各單位參與人員多為流動式參與：有些單位因人員異動頻繁，而未能指派專員參與系統建置相關會議，以致部門需求難統一。

菸酒公司針對上述問題，除了請求高階主管大力支持外，也研擬出相關解決方法以為因應，如：

1. 降低使用者的恐懼與不安，舉辦多場宣導說明會與教育訓練，利用實際操作讓同仁熟悉系統，藉此消弭使用者接觸新系統時產生的排斥與不安。
2. 做好文件管理：每次開會的會議紀錄文件妥善保管，可避免業務部門或使用者對資訊系統之需求不斷變更的情況發生。
3. 避免流動式參與者：要求各單位指派專人參與。

經過一段時間的適應，現在同仁對BI的依賴程度愈來愈高，例如：過年前，資料庫不小心出了問題，無法提供及時銷售資訊給各營業據點，每個人都很焦急的打電話，請負責的資訊公司趕緊修復系統，由這點就可以看出，大家對這套BI系統的依賴程度相當高。

BI讓通路、地區性銷售情況無所遁形

BI的導入對臺灣菸酒公司帶來哪些效益呢？臺灣菸酒資訊處處長洪丁賀說，最大的幫助就是這套BI系統將通路、地區性的銷售情況完整呈現出來，且資料也可提供高階主管制定相關決策。他進一步表示，就銷售面而言，以往對於產品賣到哪裡的資訊，只能掌握到銷售據點而已，無法得知再細部的資訊，但現在不同了，透過BI的協助，它不僅提供零售商的區域及通路點的資訊，就連產品是在通路點的哪一個通路被賣掉、銷售情況如何、哪一項產品在哪個通路或地區銷售情況的好壞等細部資訊都有，這有助於研發部門進一步思考相關的行銷策略以為因應。

另外，從IT的角度來看，洪丁賀說，BI是採用集中式管理架構開發，正好符合資訊處目前正在規劃臺灣菸酒未來資訊架構的需求。以前的架構是採分散式管理，一個營業處所一臺Server，試想我們全臺的營業處所多達一百多個，這樣要做好全臺所有系統的維護，單靠資訊單位幾位同仁的人力根本無法應付，但現在改採集中式管理，就免去這方面的困擾；另外，也因網路發達的關係，所有資料

都利用網路統一集中儲存在資料庫中，資訊人員透過Web化介面，就能管理及維護資料，讓組織的人力資源做更有效的運用。

因為BI，輕而易舉掌握更多資訊

此外，我們也利用BI的資料分析功能來檢視產品實際銷售情況與預計目標偏離的情形。洪丁賀說，記得過年在家收到一份圖表，內容是菸類產品今年過年的業績，竟較去年同時期的業績衰退許多，但酒類跟其他產品卻都呈現正成長。之後詢問同仁才得知，這是因為政府開始徵收健康捐，民眾在預期心理下大量搶購囤貨，才會讓菸類的業績一下子衝高許多。洪丁賀接著說，同樣都是報表資料的呈現，類似情況在未建置系統前，想知道是什麼原因造成這樣的結果，可能得出動兩、三名人力到資料室翻箱倒櫃一番才會知道，但現在因為有系統的幫忙，輕而易舉地在短時間內就能獲得更多資訊，既省時又節省人力成本。

臺灣菸酒的春節禮盒在過年期間非常搶手，缺貨及四處調貨更是司空見慣，為準確掌握禮盒銷售與鋪貨的情況，菸酒公司會利用BI傳遞及時銷售情況，讓營業處所與通路商隨時可利用系統進行立即調貨的動作。以往一個貨物的轉調可能要耗費一個星期的時間，但現在一、兩天內就能取貨，調貨的時效明顯縮短許多，也提高客戶滿意度。另外，也因BI的關係，讓所有資訊都透明化、公開化，這也讓以往在營業處所會出現塞單、灌帳的情況不再發生。

面對未來，臺灣菸酒已做好準備

面對激烈的市場變化，臺灣菸酒公司對於未來的規劃，主要著重在e化、M化及產品身分資訊的建立。

e化：預計在2年9個月內完成ERP系統的導入。對此，臺灣菸酒研擬一套完整計畫，預計採分階段的方式進行，第一階段先從人資系統與生產系統著手，第二階段則是行銷系統及財會系統。

M化：目前臺灣菸酒正在進行訪銷員PDA系統的建置，也著手進行相關的教育訓練課程。其主要用意是，要讓訪銷員在訪查完銷售據點後，能以Online、Web或離線等方式，將訪查所得的資訊傳回到系統資料庫，這樣也能讓總公司清楚掌握每位訪銷員的情況，及訪查地區的實際需求為何。若反應良好，未來將推廣至營業據點的行銷人員，透過親訪零售商方式，與其建立良好的客戶關係，並直接將訂單傳回據點，在當日或隔日即可送貨。

產品身分資訊的建立：產品身分資訊建立對我們而言相當重要，因為偶爾會有民眾發現啤酒裡有雜物等新聞，我們就會立即開會檢討，但只能查出瑕疵品的貨號、由哪家工廠製造、製造日期等大略資訊。未來待產品身分資訊建立完備，萬一再發生類似情況，我們就能在第一時間追蹤並追查原因，並做好品質的管控，提升客戶滿意度。

吸取經驗，為未來提供更好服務奠定良好根基

現在BI系統在臺灣菸酒公司已是一套不可或缺的系統，待上述一連串的目標完成後，公司對內不但可利用機會，將不合宜的資訊系統予以重新規劃及整合，並可大幅提高同仁對資訊e化的接受度；對外，亦可藉由這次建置BI系統的機會與經驗，為後續緊接著要建置的客戶關係管理系統（CRM）與供應鏈系統（SCM）的整體規劃及開發，奠定良好的根基，並期盼透過客戶關係管理系統（CRM）的建置，來提升服務品質，而這也是臺灣菸酒公司追求卓越及不斷茁壯的目標與願景。

習題演練

1. 菸酒公司的哪些決策屬於結構化決策？哪些決策屬於非結構化決策？哪些決策屬於半結構化決策？
2. 菸酒公司導入的BI是否足以解決其碰到的問題？
3. 哪一種理論可以解釋菸酒公司的決策模式？

資料來源：叡揚資訊
臺灣菸酒公司因商業智慧系統，制定有效行銷策略
https://www.gss.com.tw/index.php/focus/eis/292

9.1 決策

一般日常生活中，常碰到資訊與資料的問題。「資料處理」（Data Processing）是依附於組織內的決策問題而存在，「資訊系統」則是幫助管理者溝通與分配資訊，並提供決策者作為制定決策的參考。故資料處理的目的，在於減少某一決策問題的資料量，而資訊系統的設計，應著眼於過濾、匯總與濃縮資訊，並降低不確定因素，以便於方案的選擇，兩者之功能截然不同。

Simon（1960）所定義的資訊，從資訊處理學派的角度來看，包含下列兩種意義：

1. 當人類在做決策時，能夠導致個人改變其期待或評估的刺激。
2. 為了特定的決策問題而收集，可以供作參考或做決策之用。

一、決策制定程序

早在1960年代，學者就提出人類之決策程序。Simon（1960）指出，人類決策會遵循四個階段進行，分別是情報、設計、選擇、執行，以下分別說明之（見圖9.1）：

(一) 情報（Intelligence）

又稱為蒐集資料階段，主要目的是確認組織中發生的問題，指出為什麼、何處與什麼原因導致問題發生。資訊系統在此可扮演的角色，在於提供詳細的資訊，以幫助管理者分辨問題。

(二) 設計（Design）

在問題產生後，提出可能的解決方案。如果問題並不是過分的複雜，屬於例行性的問題，則電子資料處理系統或是交易處理系統將可發揮功能，協助在這個階段設計解決方案。

(三) 選擇（Choice）

從設計出的解決方案中，選擇出最適宜的方案。決策制定者可能需要一個大型的決策支援系統，來發展出更廣泛的資料，應用於不同的方案和複雜的模式中；也可發展決策工具，來計算所有的成本、結果和機會。

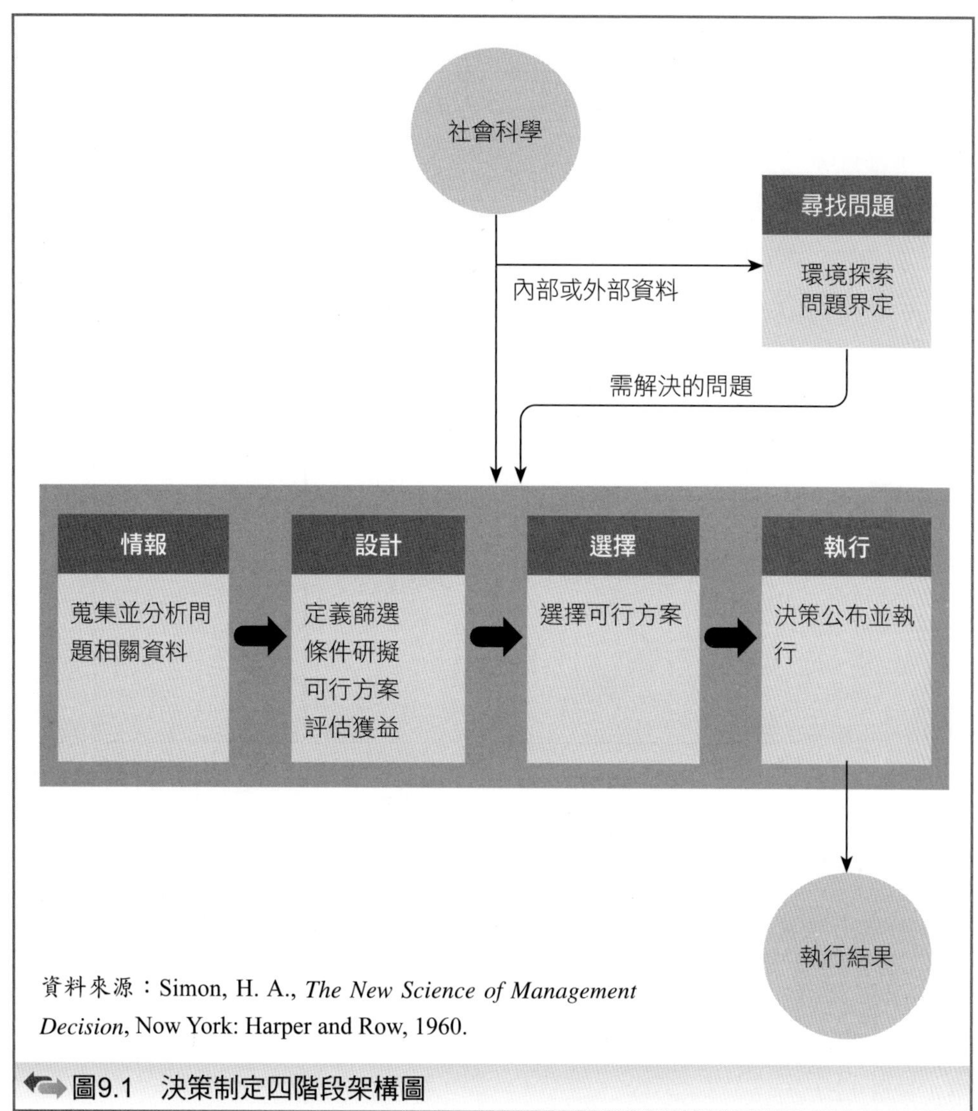

資料來源：Simon, H. A., *The New Science of Management Decision*, Now York: Harper and Row, 1960.

圖9.1　決策制定四階段架構圖

(四) 執行（Implementation）

管理者使用日常管理報表的報告系統，報告某個解決方案的執行進度。支援系統包括大型的管理資訊系統到小型資訊系統，以及在PC上運作的專案管理軟體。

二、決策的分類

決策的類別可以從問題本身來定義，分為「結構化決策」、「半結構化決

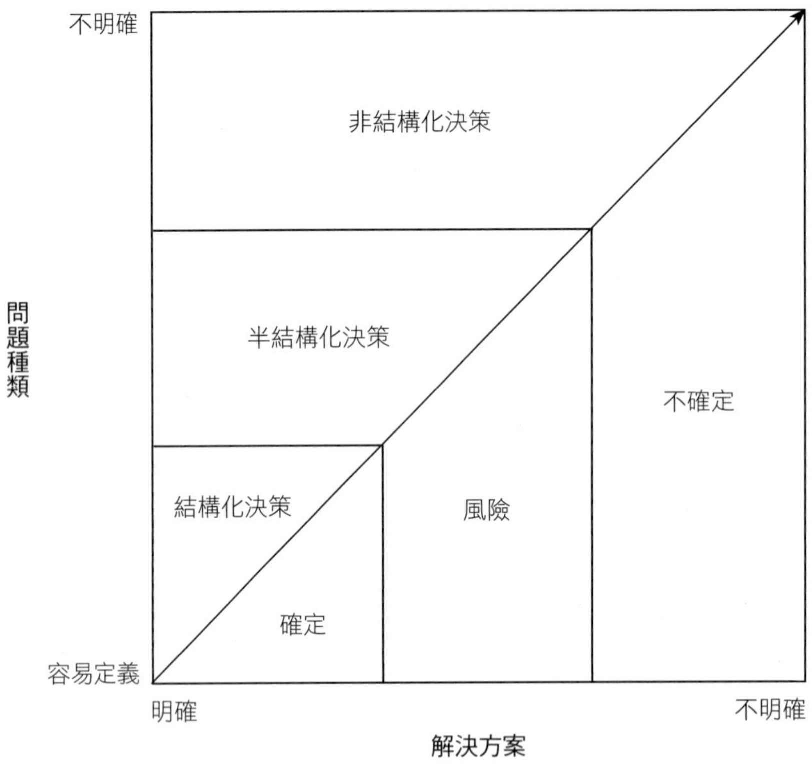

資料來源：D. Hellriegel, J. W. Slocum, *Management*, Seventh Edition, p. 226.

圖9.2　決策的類別

策」、「非結構化決策」三種，而針對三種問題類型，也能夠對應出三種解決方案（見圖9.2）。

(一) 結構化決策（Structured Decision）

重複的、例行的、有定義清楚的程序，不必每次都視為新決策，且其解決方案通常是確定（Certainty）的。結構化的決策最適宜利用資訊系統來取代。

日常生活中這樣的例子很多，像是銀行的提款程序。民眾如果要領出現金，可以到銀行抽一張號碼牌，坐著看報紙，等著輪到自己的號碼；接下來是寫提款單，到櫃檯前將現金領出；而資訊系統的主要工作就是進行交易記錄，並將民眾所提領的金額從存款中扣除。單純就提款這個工作（Task）而言，就是屬於結構性的，最適宜交由資訊系統來解決。

(二) 半結構化決策（Semi-Structured Decision）

一部分問題非結構化，其解決方案可能是有風險（Risk）的，也就是資訊並不完全，只能預估。就像一般機構中運作的電子化公文系統，公文其實是一種例行並重複的工作，但在處理上，常會出現一些非預期的情況，需要人工去處理。

再舉上面銀行的例子，如果民眾到銀行辦理貸款業務，所根據的應該是個人的基本資料，像是年齡、性別、教育程度、收入等，再由審核人員做綜合判斷，也就是部分的決策由資訊系統來進行，最後的決策還是需要人員處理。

(三) 非結構化決策（Unstructured Decision）

也就是創新決策。需要決策者對問題的定義提出判斷、評估或見解，這些決策通常都是新的、重要的、非例行的，且沒有建構清楚或一致的程序去制定這種決策，因此非結構化決策的解決方案是不確定（Uncertainty）的，無法列出可用的替代方案，也難以評估可行性。

通常依靠經驗、嘗試錯誤、啟發式的方式去進行。在企業策略上，規劃者常要去處理高度非結構化決策。例如：新產品的研發及設計，雖然可以靠大量的資料來啟發靈感，但基本上還是設計者的創意，所以是非結構的工作。

三、資訊系統與決策的關係

企業採用或導入新技術的過程中，針對非結構化決策，會受到外在任務環境、組織本身與技術本身的影響。Technology-Organization-Environment模型提供企業一個創新思考的架構，由企業的內部組織環境、外在任務環境及技術本身建構非結構化決策。

組織因素包括組織具備的特點和資源，像是組織規模、集權程度、規範程度、管理結構、人力資源、閒置資源、員工間聯繫等。大家耳熟能詳的例子，美國零售業巨擘沃爾瑪（Walmart）超市透過單據分析，找出「啤酒、尿布、星期五」間的關聯性，於是資料探勘、商業智慧、大數據像是企業救星般的流行起來，一窩蜂地導入先進的資訊系統，得到了某些相當有用的資訊，但沒有組織其他相關的配合，像是產品行銷人才、供應鏈人才、資訊部門擴大等，企業可能也無法獲得真正的利益。

而環境因素，則是企業所在產業的規模和結構、競爭者、宏觀經濟環境、管制環境等。整體環境因素影響資訊系統的例子，可以傳統的報紙為例來說明，雖然在硬體方面，朝向設備數位化、多元化發展，並提升資訊深度與服務內容，但面對整體環境，未來傳統紙本報業發展只會逐漸萎縮，所以報業朝向通路多元化等方向，才是報業的出路。

技術因素包括組織內部技術和外部技術，像是新引進的技術設備及流程。如果內部技術無法配合，即使有了經費資源，採用最新的資訊技術，也獲得了大筆數據資料，可能也無功而返。

此三者之間，有可能是技術創新的機會，但同時也可能是約束，全看管理者如何從中應用，其影響了企業如何看待需求及採用新技術的方式。外在任務環境包括產業及市場環境、競爭對手、經濟環境等；組織本身指企業特點和資源，包括企業的規模、集中程度及管理結構等；技術本身，也就是企業所導入的資訊系統，提供企業資訊作為決策之應用。

9.2 決策的制定模式

有關決策制定理論，通常分為兩種：規範性決策理論（Normative Decision Theory）及描述性決策理論（Descriptive Decision Theory）。規範性決策理論又稱古典決策理論，其基本假設為決策者是完全理性的，決策環境條件的穩定與否是可以被改變的，決策者充分了解所有資訊與情報的情況下，可以做出完成組織目標的最佳決策。但這樣的古典決策理論忽視了非經濟因素在決策中的影響，與實際情況不一定符合。描述性決策理論關注於將決策的相關規則分類及解釋，著重於分析現有的、既存的實際決策，與規範性決策理論有著明顯的區別，規範性決策理論在於提供決策者應該做出的選擇，而描述性決策理論大部分工作則偏向於構建和測試實際的可用模型（如表9.1所示）。

(一) 完全理性決策（Rational Decision）

完全理性決策的基本假設是：「人是理性的、行為是一致的，且會持續追求價值的最大化」。決策者有個明確的目標依據，可根據其目標選擇最大效用的方案。但由於環境或種種條件的限制，事實上，決策者不太可能得到完全理性模式下的「最佳解」，而只能求得「滿意解」。也因為如此，「完全理性決策」具有下列特性：

表9.1 規範性決策與描述性決策之比較

要素	規範性	描述性
理論	理性的原則	以認知過程為基礎的實驗
理論目的	建立最優化決策的一般模型	理解人在真實狀況下，可以決策的範圍
應用目標	以完美行為為對照，通過顯示決策缺陷，幫助人們達到最優化境界	通過對決策者的訓練，或者通過幫助決策者改善決策環境，達到幫助他們提高決策水平的目標
主導方法	數學模型、計算、測量	過程跟蹤、知識提取和表達
學科根據	統計學、經濟學	心理學、社會學、政治學
研究者角色	機器人工程師	教練

1. 清楚地問題說明（Problem Clarity）。
2. 明確的已知方案（Known Options）。
3. 無限的成本控制（No Time or Cost Constraints）。
4. 最佳的獲益結果（Maximum Payoff）。

因此，「完全理性模式」下之決策步驟如下（圖9.3）：

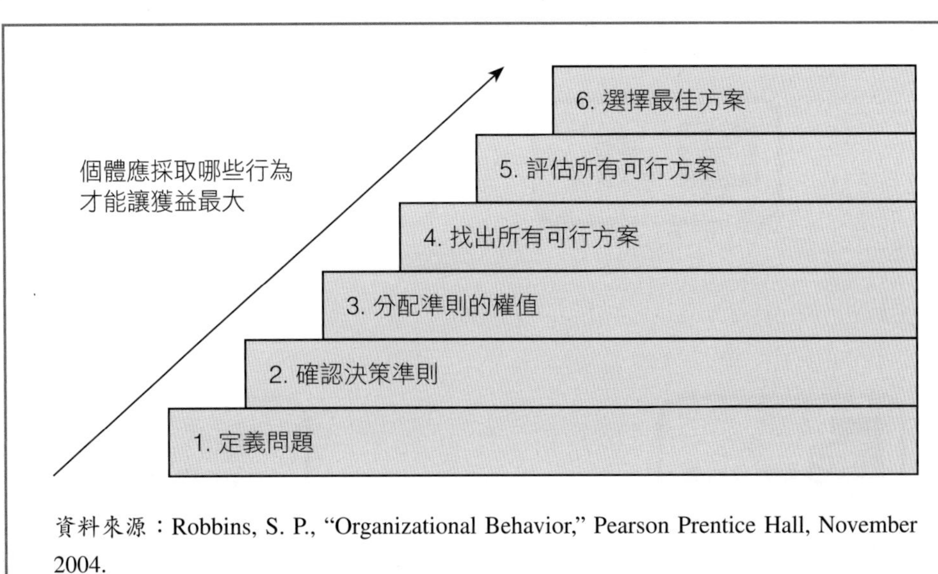

資料來源：Robbins, S. P., "Organizational Behavior," Pearson Prentice Hall, November 2004.

圖9.3 完全理性模式之決策步驟

1. 定義問題（Define the Problem）。
2. 確認決策準則（Identify the Decision Criteria）。
3. 分配準則的權值（Allocate Weights to the Criteria）。
4. 找出所有可行方案（Develop the Alternatives）。
5. 評估所有可行方案（Evaluate the alternatives）。
6. 選擇最佳方案（Select the Best Alternatives）。

(二) 有限理性決策（Bounded Rationality Decision）

有限理性模型（Bounded Rationality Model）指當個體面對複雜問題時，習慣將問題簡化，以達到容易吸收的程度，且因為個體處理資訊的能力有限，無法完全消化過濾吸收。利用「滿意解」（Satisfy），來代替「最佳解」（Optimize）的境界，將可以減少大量的成本。決策者先擷取問題的重點，簡化模式的複雜度，再以理性的方式做出決策，將能夠大幅減低決策者的成本。在有限理性決策的運作之下，組織可以標準運作程序（SOPs）進行回饋修正，進而提供未來決策參考的依據，進行經驗上的傳承。

有關完全理性決策與有限理性決策的比較，請見表9.2。

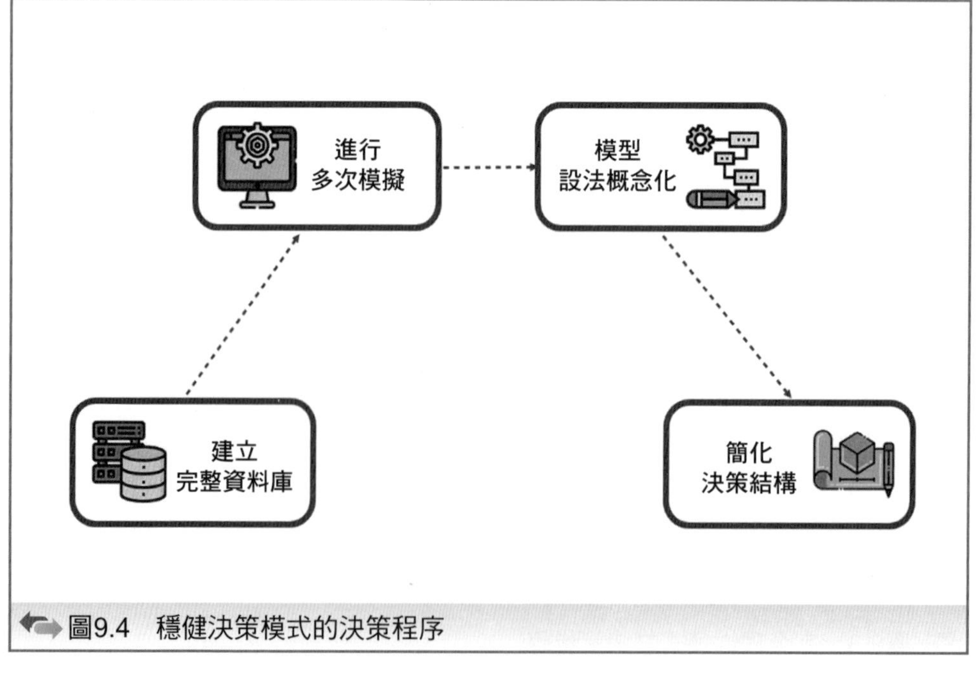

圖9.4　穩健決策模式的決策程序

表9.2 完全理性 vs. 有限理性

	完全理性	有限理性
背景	所有變項	簡化問題
成本	決策成本高	決策成本較低
時間	時間充足	有限時間
資訊	資訊完整	資訊不完整
解決方案	最佳解決	滿意可行

(三) 穩健決策模式（Robust Decision-Making, RDM）

是一個重複性之決策分析架構，其目標是確認決策之中的策略是否過於脆弱，也須評估決策與目標之間是否矛盾。穩健決策模式聚焦於所謂的「深度不確定性」條件下做出決策。所謂的「深度不確定性」，就是指決策各方不知道或不同意決策系統模型的條件、機遇以及相關參數。穩健決策模式已經應用於各種不同類型的決策挑戰，在有關環境、資源或財務等決策下，穩健嘗試重要的考慮因素，例如：如何確認減少溫室氣體排放的解決方案、水資源管理問題、中長期的國家能源策略等，都適用於所謂的穩健決策模式。

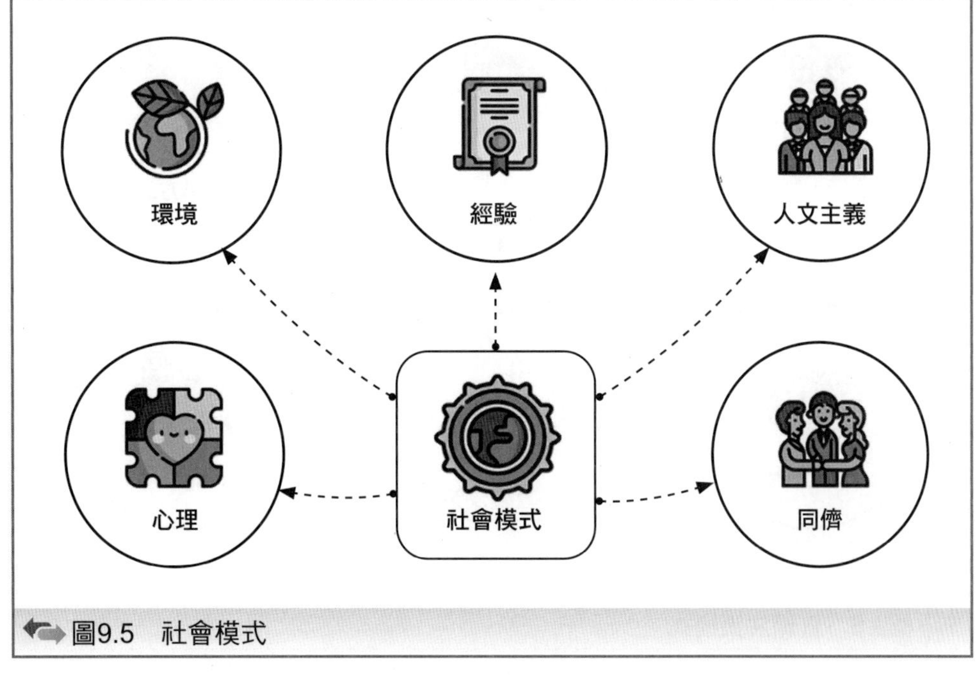

圖9.5 社會模式

穩健決策模式之決策程序大致如下（見圖9.4）：

1. 建立完整之個案資料庫，以提供各種不同情境。
2. 進行多次模擬，以簡化在許多實際應用所遇到之挑戰。
3. 建立決策模型時，應設法一般化或概念化。
4. 藉由個案資料庫來簡化決策架構，以建立決策架構模型，使得類似個案將可使用同一決策架構。

(四) 社會模式（Social Model）

前述的幾種模式均與經濟理性相關，相反地，另一種方法則是從心理學或社會學中所得出的決策模型。

人類的行為是理性、感性、直覺，是情感與慾望交錯而成，很多決策可能是無意識，所以，所謂的社會決策模式是將決策者視為情感和無意識願望的集合，與經濟理性模型不同的是，社會模型考慮到人文主義、環境、同儕壓力、經驗、心理和許多其他因素都對決策產生重大影響（見圖9.5）。

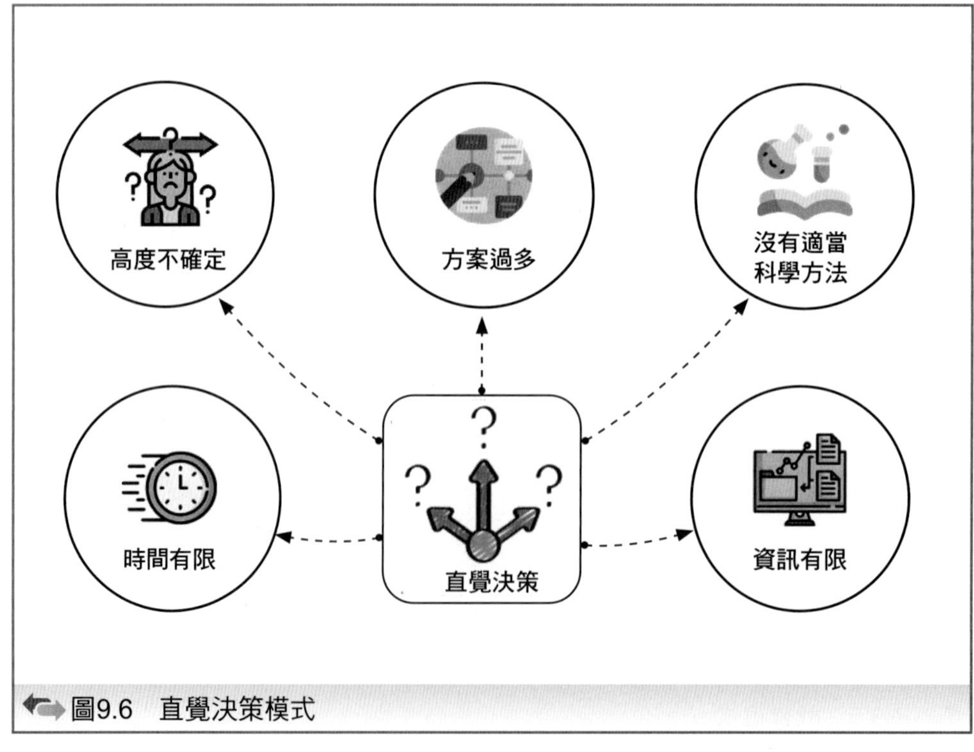

圖9.6　直覺決策模式

(五) 直覺決策模式（Intuition Decision Model）

人類比電腦高明的地方，就在於人類可以多種方法來解析問題，多為運用經驗的思考方法，用在難以量化的狀況下。使用嘗試錯誤法（Trial and Error）或是藉由啟發式學習法（Heuristic）來找出解決方案，是人工智慧（AI）一直要嘗試努力的地方，其適用時機通常如下（見圖9.6）：

1. 高度不確定時。
2. 相關資料有限時。
3. 無適當的科學方法時。
4. 方案太多難以評估時。
5. 有時間壓力時。

(六) 回顧性決策模型（Retrospective Decision Model ）

回顧性決策模型的決策者通常不合理又帶有偏見，決策者在決策之前，並沒有完整的評估替代方案即做出決定，但在做出決策之後，又設法使其選擇合理化，並證明其決策是正確的。其決策過程大致為決策者先選擇解決問題的替代方案，突顯其特點，再與其他方案進行比較，確定其缺點。整個過程彷彿是通過科學嚴謹的方式，以確認決策者的理性行為，但其實決策者從頭至尾，早已直覺式地做出其自己所認定的理性決策（見圖9.7）。

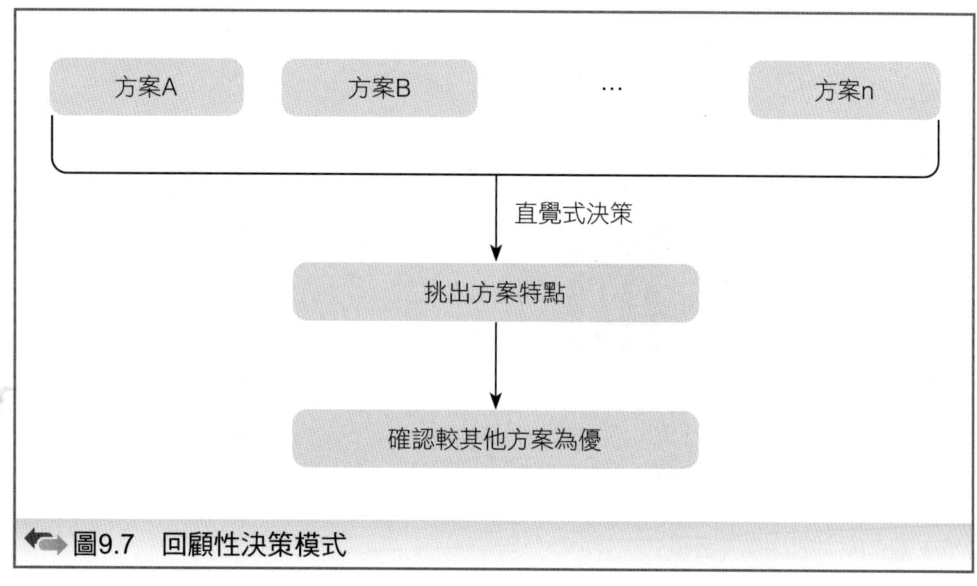

圖9.7　回顧性決策模式

(七) 垃圾桶模式（Garbage Can Model）

「垃圾桶模式」又稱為垃圾桶理論，其為完全不同的思考邏輯，是一種非理性的決策模式。有些時候組織是非理性的，其解決問題時，不一定用合理的決策流程，大多應用在對於目標較不明確的組織。決策制度大部分是偶然的，隨機湊在一起的問題與情況，同時也產生了解決的方案。這也就是為何組織有時在問題處理上採行了錯誤的解決方案，但最後得到的卻是最佳的結果（見圖9.8）。

垃圾桶決策模式的決策過程有三種特徵：

1. 目標的模糊（Problematic Preferences）。
2. 方法的模糊（Unclear Technology）。
3. 參與決策人員的模糊（Fluid Participation）。

若具備了上述特徵，其決策通常決定於下列四股力量：

1. 問題（Stream of Problems）。
2. 解決方案的速度（Rate of Flow of Solutions）。
3. 參與者（Stream from Participants）。
4. 決策機會（Choice Opportunities Stream）。

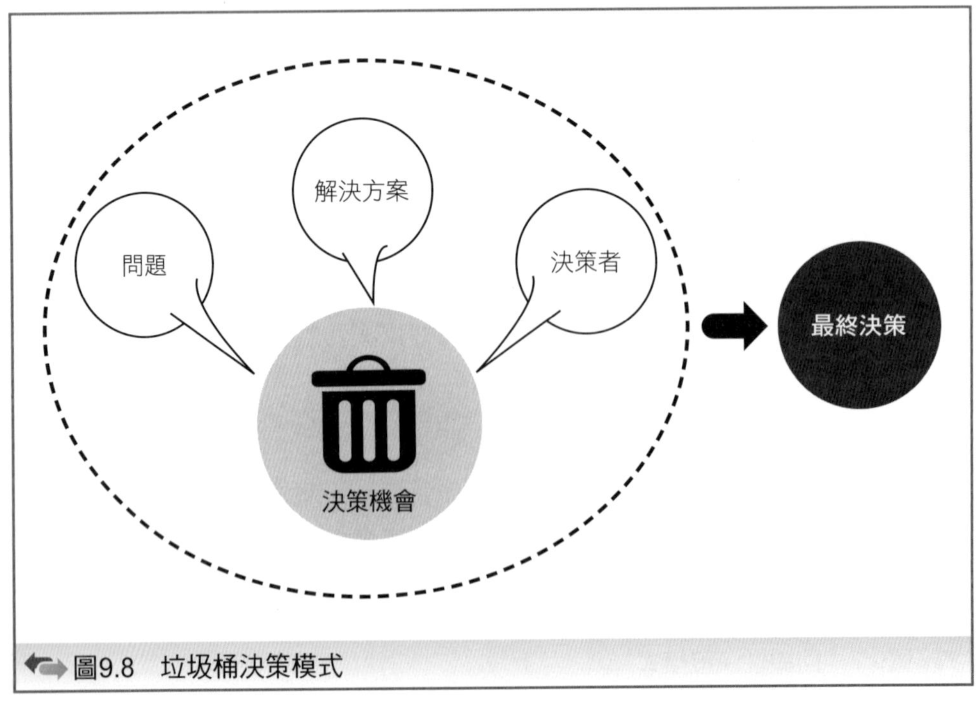

圖9.8　垃圾桶決策模式

由於是以非理性的觀點來解釋組織的決策模式，再加上上述非理性決策模式所提可能的解決方案，應該不可能能夠解決問題，但往往在評估選擇後，最終的決策反而成為最佳方案。

9.3 決策階層與各類型的資訊系統

一、決策制定階層

不論是何種決策模式分析，資訊系統的目標是協助決策者進行良好決策，常用的工具即是決策支援系統。所謂決策支援系統，即是輔助決策者藉由資料、資訊及知識，以人機互動方式，進行半結構化或非結構化決策的資訊系統。可以提供決策者分析問題、建立模型、模擬決策過程和決定策略，以提升競爭優勢。至於結構化的工作，通常由管理資訊系統來完成。

隨著決策工作的複雜化，近年來學者進一步將其分為四個階層（Laudon & Laudon, 2004），由高至低分別為：

(一) 策略規劃（Strategic Planning）

決定組織的長期目標、資源與政策。

(二) 管理控制（Management Control）

關於如何有效使用資源及作業單位如何運作順利。

(三) 知識決策（Knowledge-Level Decision Making）

評估產品服務的新構想、溝通新知識的方法、分配資訊到組織各單位的方法。

(四) 作業控制（Operation Control）

如何完成策略與中階決策者所分配的特定工作。

因此，藉由Gorry和Scott-Morton（1971）將決策區分為結構化、半結構化及非結構化三種連續程度上的差異類型，並依據決策制定階層，便可產生如圖9.9之決策的資訊特徵與決策制定階層架構圖。

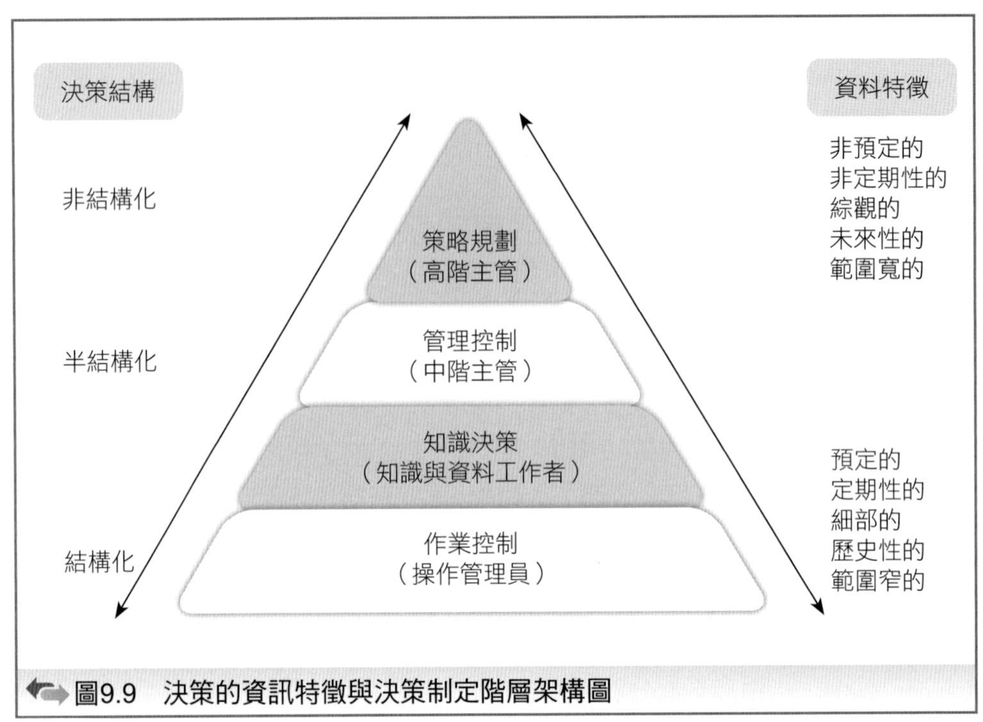

圖9.9　決策的資訊特徵與決策制定階層架構圖

二、各類型資訊系統

根據不同階層的資訊複雜度以及資訊結構化程度不同，也產生適用於各個不同階層的資訊系統來滿足組織內各階層及組織外夥伴之需求。

(一) 策略階層的系統（Strategic-Level Systems）

策略階層的系統幫助高階主管處理策略性議題及企業長遠的趨勢，這趨勢包括公司內在及外在的環境變化，它主要是考量如何讓組織能迎合未來外在環境的改變。

應用的主要系統：主管支援系統（Executive Support System, ESS）是支援組織的策略階層，協助非結構化的決策，它需要廣泛的運算及交談環境，而不是固定的使用方式或是特定的功能。ESS可整合外在事件的資料，如新稅法或競爭者的資料；同時也讀取內部MIS及DSS彙整的資料。它不像其他資訊系統是用來解決特定的問題，而是透過交談的溝通方式輸入不同的問題，再經過運算獲得解答。DSS是較有分析模式，而ESS較少用到分析模式。

(二) 管理階層的系統（Management-Level Systems）

管理階層的系統幫助中階主管監督、控制、決策以及管理。管理階層的系統，通常是提供定期性報告，而不是每個運作的及時資訊。其應用的主要系統，包括：管理資訊系統（Management Information Systems）及決策支援系統（Decision Support Systems）。

MIS提供管理者報表或線上查詢公司目前營運績效及歷史資料，通常系統資料的來源大多來自公司內部，而不是從外在環境得來。MIS主要功能是屬於管理階層的規劃、控制及決策，通常資料是來自下層的TPS。MIS報表的內容是事先定義好、結構化的，通常不是很彈性，也不具有分析能力。DSS幫助管理者做半結構化、獨特的或快速改變、事先不易確定的決策。雖然DSS是利用TPS及MIS所提供的內部資訊，但有時也需要有外部的資料來源，如目前股價與競爭者的產品價格。

(三) 知識階層的系統（Knowledge-Level Systems）

知識階層的系統幫助組織的知識及資料工作人員。知識階層系統的目的是幫助企業發現新知識加以組織整合，並且幫助組織掌握文書工作的流向。目前知識階層系統的應用，成長最為快速，尤其是辦公室自動化系統以及企業內部網站。

應用的主要系統：知識工作系統（KWS）及辦公室自動化系統（OAS）兩者都是提供組織中知識階層所需的資訊。KWS用來輔助知識工作者，而OAS主要是幫助資料處理人員（當然知識工作者也會廣泛地使用）。KWS如科學或工程上所用的工作站，就是用來幫助他們產生新的知識及技能，並將新的知識及技能整合融入企業之中。OAS可輔助協調、溝通等典型辦公室活動，來幫助資料處理人員提高生產力，一般文書處理系統就是一個典型OAS的例子。

(四) 操作階層的系統（Operation-Level Systems）

幫助管理者掌握組織每一個交易活動，如銷售、現金存款、員工薪資、信用狀況及工廠的貨物流量。這個階層的系統主要目的就是記錄組織內所有異動狀況，資訊必須正確、及時、容易取得。

在這個階層中，應用的主要系統是交易處理系統（Transaction Processing Systems），屬於操作階層，是企業內最基礎的系統，提供給操作階層使用。它是一個完全電腦化的系統，記錄及處理企業日常交易資料，例如：訂單輸入系統、旅館訂房系統、薪資系統、人事資料系統及出貨系統等。

各種系統的產出資料，除了提供其所屬階層所用外，也可提供其他階層所使用。例如祕書屬於組織中的基層，其主要使用辦公室自動化系統，但也需要從「管理資訊系統」找到所需要的資料，作為簡報、專案之用；專業經理人屬於組織的中階管理者，則需要從「交易處理系統」中，蒐集終端資訊，作為管理之用。

以國內金融業者所用之銀行經營管理資訊系統，可以說明各種資訊系統間之關聯（見表9.3），其系統架構如圖9.10所示。

「銀行經營管理資訊系統」之目的，是希望不論上至銀行決策層主管、中間作業層主管，或是每位櫃檯行員，都能適時地獲取內部或外來的金融資訊，藉此整合內部決策、管理 、營運等功能。如銀行內部每一層使用者都能妥善運用資訊系統，則可提升銀行的競爭力， 創造更高的營運利潤。

「銀行經營管理資訊系統」主系統包含了各種應用系統，如利率與匯率預測、高階主管資訊系統、營運資訊比較分析、逾期授信統計分析、人事系統、差勤系統等。

由圖9.10可以看出，銀行經營管理資訊系統之基本運作架構，其主系統的核心是資訊資料庫，另外又包含了決策支援、管理資訊、營運以及知識工作等功能面，各功能面其實都是獨立運作的子系統，每個子系統是採用分散式作業，但所有子系統均透過網路與核心資料庫相連，經由資料庫伺服器作為中介，故而不同子系統間，可以順利達到資訊交換以及資訊控管的目的。

各銀行或信用社利用原來已有「交易處理系統」，將資訊匯入資料庫系統。而各自新開發的系統，只是架構在原系統上，並將整體效能提升而已。

表9.3 各類型資訊系統間之關聯

不同系統間，資訊應該可以流通，系統間是有關聯的。
1.「交易處理系統」是資訊的主要生產者，「主管支援系統」或「決策支援系統」則為資訊的最終接收者。
2. 各階層的資訊系統都可能成為資訊的提供者，將資訊傳給其他系統。
3. 各個系統是獨立運作的。

資料來源：Laudon J. P. and K. C. Laudom Management Information Systems¯ Managing the Digital Firm, 8ed, Pearson Education' InC" 2004, pp.39

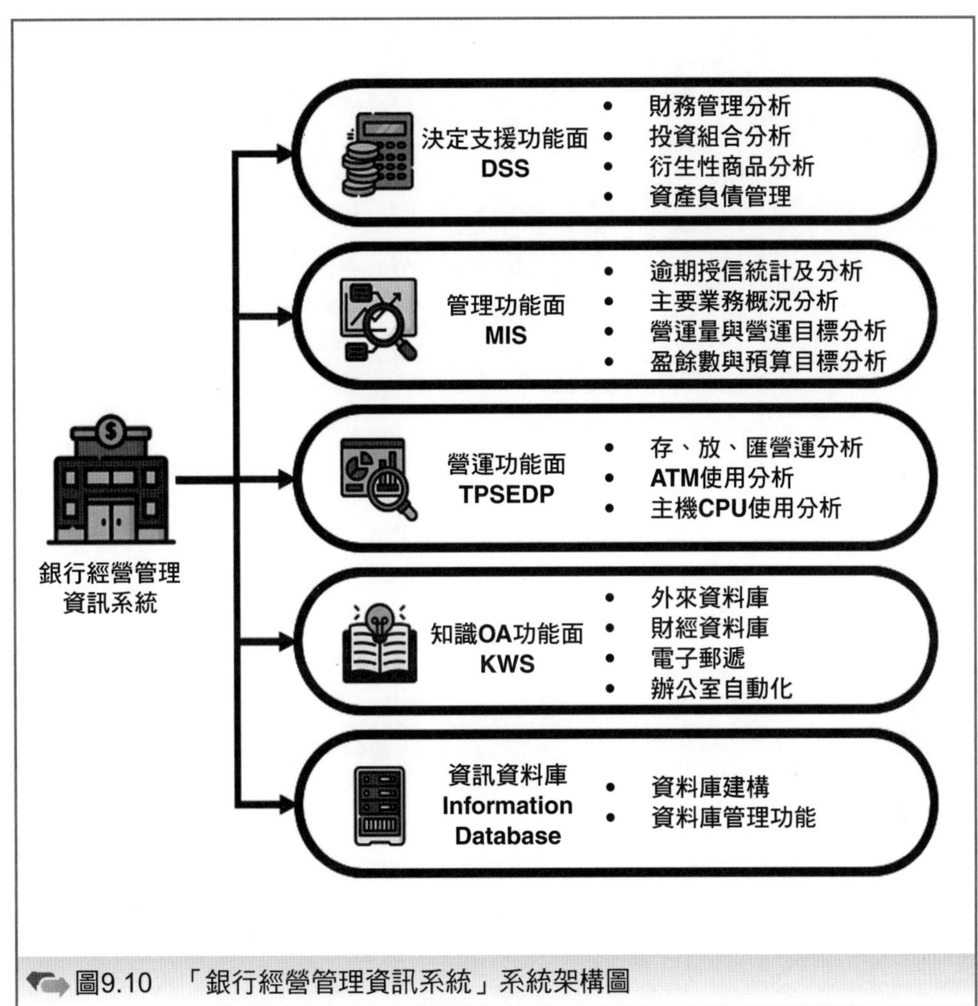

圖9.10 「銀行經營管理資訊系統」系統架構圖

Chapter 10

資訊系統與競爭優勢

本章節延續前幾章對資訊系統的介紹，進一步提出資訊系統中最重要的策略資訊系統，並説明策略資訊系統與競爭優勢間的關係，且透過資訊系統説明企業與客戶之間的議價能力。身為資訊人員的一分子，如何為企業建置策略資訊系統以帶來競爭優勢是我們的使命，隨著世界的快速發展，企業資訊能力的侷限性也浮現出來。但在一個現今多變化的環境中，企業原有的能力有可能成為阻礙企業發展的一個包袱，遇到前所未有的自身發展障礙，不能解釋市場上企業如何獲取競爭優勢，以及為什麼某些企業具有持續競爭優勢。而這個困難的問題，將會在本章中找到方向。

智慧旅遊訂房平台——創炎科技

過去遊客出遊時，常常因為住宿的選擇而煩惱不已，因為都只能透過旅行雜誌上的電話預訂或是當街隨機入住，除了選項較少外也不能確保住宿的品質，往往只能透過朋友推薦或是坊間的口耳相傳來避免住到有問題的飯店。

隨著數位時代的到來，增加了旅宿業者的多樣性，旅宿業者的定義從原本的傳統飯店，擴大成如今規模大至國際星級酒店、觀光飯店，小至地區型的商務旅館、民宿等。為了在眾多旅宿業中脫穎而出，許多業者紛紛架設起各自的網站，除了增加曝光度外也能透過網站傳遞各自的經營理念與文化，讓消費者能更容易取得相關資訊並選擇自己所喜愛的住宿環境。除此之外，消費者們也會在網路上分享自己在該旅宿業的住宿經驗、甚至對該旅宿進行評分的動作，讓往後的旅客能夠有參考的依據。

但也正因如此，消費者們在搜尋各個旅遊景點的住宿地方時，往往會有眼花撩亂的感覺，過多的住宿選擇及各式各樣複雜的網頁設計，造成消費者在比較時的極大不便，有些業者更是只著重於網站的架設而忽略了住宿品質，造成住宿品質的參差不齊，讓消費者在選擇民宿時心中難免多一層擔憂及顧慮。除此之外，許多老屋翻新、融合新舊文化氛圍的特色民宿可能因為經營者年紀較大，不懂得架設網站或管理後台而喪失曝光的機會與管道。創炎資訊科技股份有限公司（以下稱創炎資訊）正是發現市場上有這樣問題後，決定改善現況，除了讓消費者能夠輕鬆且順利地選擇富有特色的民宿外，也希望能讓業者輕鬆的進行管理，經過不斷的努力、整合，最終他們成功創建了TRAIWAN訂房平台。

創炎資訊整合了全臺灣各個地區的民宿業者，推出了TRAIWAN訂房平台及手機App讓消費者及業者在各個平台都能夠享受簡單明瞭的操作介面，讓消費者在使用TRAIWAN訂房平台時，能夠快速找出預計前往地區的民宿價格及當天的入住情形，並且也能透過評分評價進行相互比較，讓消費者能更安心的選擇出適合自己的住宿地點。

業者使用一般網路訂房平台缺點

為解決傳統訂房方式所產生的不便及減少人為疏失，民宿業者漸漸嘗試使用

「TRAIWAN」

電子化設備來協助管理訂房資訊，開始將自家民宿架設在網路上各式各樣的訂房平台，例如：Booking.com、Trivago等。為了提高曝光率，民宿業者會在多個訂房平台上架，讓不同平台的使用者皆能搜尋到自己的民宿，但各式各樣的平台，也造成了各民宿業者的困擾，因為各個平台不同的操作介面及收付款方式，常常導致業者出現管理上的混亂及不便。舉例來說，當民宿業者的其中一個房型在A平台上被成功預定，業者便須即時手動關閉或減少其他平台上相同房型的數量，以免重複訂房的情況產生。

智慧化管理系統平台

創炎資訊的共同創辦人在受訪時提到：「臺灣各地有不少老屋翻新、融合新舊文化氛圍的特色民宿，但卻因為市面上缺乏簡單又好用的管理平台提供年長的經營者們使用，因而喪失了許多接待國際旅客的商機。」為了讓更多臺灣民宿被看到，創炎資訊開發了以服務旅宿業者為主的「TRAIWAN出來玩」管理系統平台，讓這些特色民宿在Agoda、Booking.com、Expedia等國際知名的旅遊住宿資訊線上平台曝光，讓更多國外旅客因為被臺灣特色民宿吸引來臺觀光的同時，也幫助業者輕鬆地利用「TRAIWAN出來玩」管理系統有效地同步管理各個不同訂房平台的房間狀態與房價。

系統特色

「TRAIWAN出來玩」的目的是幫民宿解放人力，不必再擔心繁雜的訂房作業。它們免費提供Web-based的後台管理系統，不論是手機、平板電腦、筆電、桌電，民宿主人隨時隨地都可以透過這個系統流暢的進行線上預訂、即時付款及後台管理。旅宿業者無論是想要拓展自身銷售通路還是建立自有品牌，亦或是在更上一層掌握品牌通路，這些都能在TRAIWAN官網上找到符合自身需求的服務。

旅宿管理系統

1. 簡單操作輕鬆管理
   - 直覺方便好操作，省時又輕鬆的管理所有訂單。
   - 鈴鐺即時通知訂單資訊，讓管理者不漏掉任何重要訊息。
   - 可分別管理多間房型，並依房型來設定設施與服務。
   - 客製化發送簡訊給旅客，提升服務品質。

「產品服務」

旅宿管理系統
更簡單的經營管理

通路整合系統
更寬廣的銷售機會

線上訂房系統
更快速的旅客服務

智慧官網2.0
更直接的品牌傳遞

多語系、多貨幣
更國際化的旅客訂購

優惠方案系統
更彈性的房價策略

旅客評價系統
更長遠的口碑累積

數據分析系統
更精準的營運方針

2. 一手掌握房間狀況
   - 可一目瞭然當天尚有的空房及售出的房間，讓您電話接單時也不會手忙腳亂。
   - 系統自動幫您整合各大訂房網站，不必手動開關房，也能隨時掌握每天的房間狀態。
3. 清楚明瞭的旅客訂單
   - 提供依訂單編號、姓名、電話等多種查詢旅客訂單的方式。
   - 可利用多種訂單查詢方式，有效分類旅客資訊。
4. 年、月統計報表
   - 可即時查詢住房率與收入，方便管理及分析。
5. 自訂多個管家
   - 可分別管理多間旅宿，自由切換。並能自訂多個管家或超級管家，分級授權給旅宿小幫手一起共同經營。

線上訂房系統

1. 響應式（RWD）網頁
   - 提供旅客無論是網頁或手機，都能享有良好的訂房體驗。
2. 24小時提供旅客快速訂房
   - 只要搜尋日期，就能即時獲得房間狀況及房價，讓訂房變得好easy。
   - 點選即可放大預覽高質感的房型照片。
   - 一次可點擊多間房間，省去分開多筆訂單。
3. 完整的線上金流服務
   - 支援線上刷卡、ATM匯款及銀聯卡，提供國內外旅客付訂金。
4. 貼心的通知服務
   - 系統即時傳送付款及入住憑證告知旅客訂房成功，透過親切的互動，提升品牌好感度！

通路整合系統

1. 通路整合好簡單

- 串連各大通路訂單，不用再手動開關房，也不怕房間超賣。
- 節省操作多套系統的時間，也可同步自有官網或智慧官網及FB粉絲專頁。

2. 嵌入各網站提高成交率
   - 可嵌入您的FB粉絲專頁，不僅方便旅客訂房，更能增加成交率、自行接單，免去訂房平台抽成。
   - 直接嵌入智慧官網，旅客可以在瀏覽官網的同時直接訂房。
3. 更寬廣的銷售通路
   - TRAIWAN持續拓展更多通路，導入國內外旅客。
4. 清楚掌握訂單來源
   - 每筆訂單系統皆會詳細的註明訂單來源，可明確的了解訂房脈動。

智慧官網2.0

1. 響應式（RWD）網頁
   - 無論是電腦、手機或平板，都能以最佳狀態瀏覽您的官網。

「通路整合」

2. 自由調整版面色調
   - 提供多樣的主題風格，可依自己的喜好或旅宿風格，搭配出專屬的官網色調。
3. 清楚且明確的資訊
   - 版面明確地依資訊分出不同的頁面，不僅讓您方便操作，也能讓旅客清楚明瞭。
   - 可依房型分類，並可放入房間照片及列出各房型的設施與服務。
   - 嵌入Google map，除了可以觀看詳細地圖，也提供了交通建議。
   - 直接嵌入線上訂房，旅客瀏覽完官網後，可直接訂房，直覺又方便。
4. 提升品牌形象
   - 第一印象很重要，成功的網站主視覺讓旅客輕鬆記住。
   - 網站就像是一個不會下架的廣告，在網站上述說民宿的歷史及文化，更能提升知名度並逐漸向外界擴展！

多語系、多貨幣

1. 多國語系
   - 提供繁中、簡中、英、日、韓、泰等多種語言，方便各國旅客訂房。
2. 多國貨幣
   - 提供不同的貨幣，讓旅客可直接依當地貨幣付訂金。
   - 國外的旅宿也能直接將貨幣改成當地的幣值。

優惠方案系統

1. 彈性調整價格
   - 可自由的調整價格及折扣給旅客或提供回頭客不同優惠。
   - 亦可自訂折扣方式、折扣房型，也可訂定折扣條件及張數。
2. 嵌入官網提高成交率
   - 旅客於智慧官網中可直接索取優惠卷，並由簡訊傳送優惠序號。
   - 也可嵌入至您自有的官網中，彈性調整房間價格，提供旅客額外的優惠。

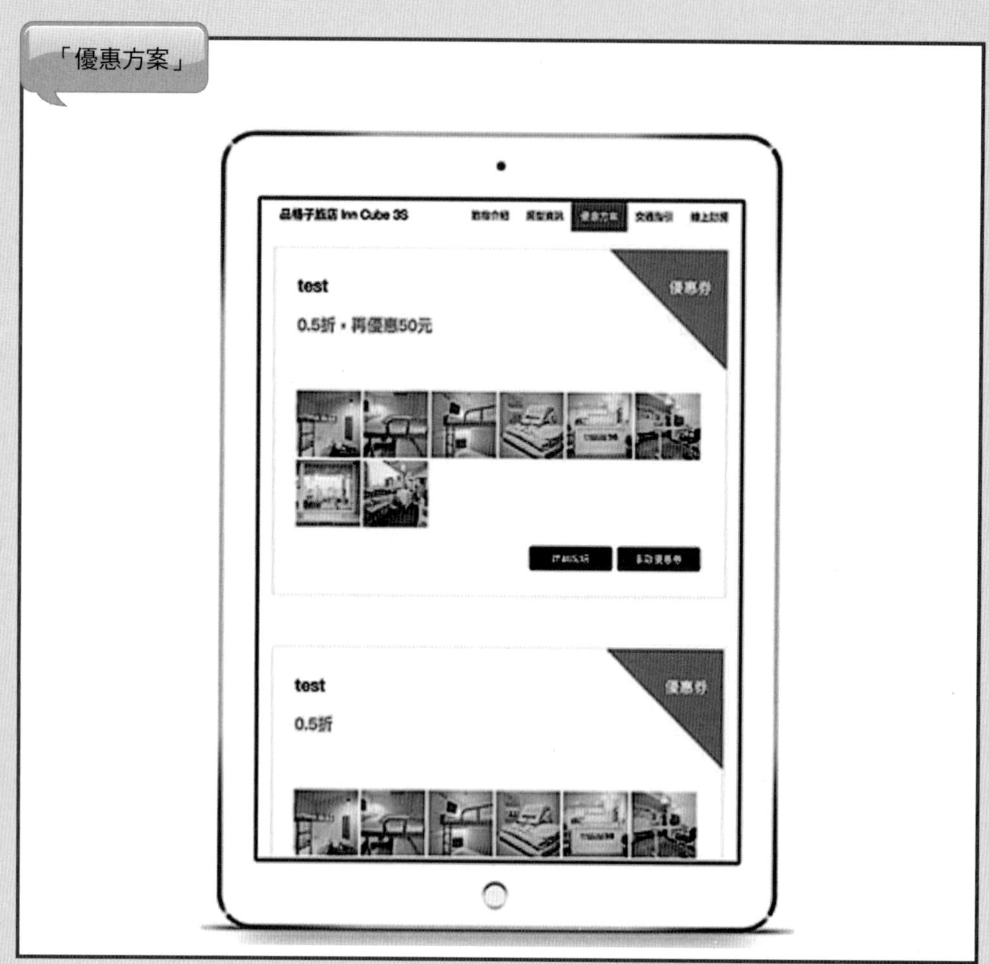

3. 擁有定價主導權
   - 擁有維持最低價格的權利，可避免被大型訂房網站以低價搶攻市場。
4. 提供旅客優惠價格
   - 可提供旅客優惠價格，拉回賣房主導權，省去抽成。

旅客評價系統

1. 旅客評價
   - 入住後三天，系統自動發送評鑑通知給旅客，旅客可依實際入住體驗做出評價。

2. 口碑好評
   - 入住後旅客留下的評價（智慧官網的口碑好評中）是最好的行銷廣告，這將是下個旅客選擇的依據。
3. 接納建議適時調整
   - 旅客提供的評價及意見可適時的接納與改進，這也能讓您的旅宿更上層樓。

習題演練

1. 哪一種理論可以說明智慧旅遊訂房平台的競爭優勢？
2. 智慧旅遊訂房平台是否具備持久性競爭優勢的四個構面？
3. 智慧旅遊訂房平台如何利用顧客評價或是口碑好評進行行銷，以提高其競爭優勢？

10.1 策略資訊系統

資訊系統與通訊技術的結合及發展，使得企業面臨工業革命後另一個巨大的變革。社會結構、企業經營與生活方式，也因資訊科技的衝擊而產生變化，企業經營者更是隨時需要運用各種不同的資訊工具及資訊，以協助管理工作的執行。對於企業經營者而言，資訊時代所產生的經營壓力與帶來的商機，可說是前所未見的。網際網路的加入，使得產業的競爭來自全世界，而非僅存於當地。故資訊系統的建構，已發展成企業與企業間、企業與顧客間、企業與上下游之間的各種範圍，管理者需要了解如何將策略規劃、資訊科技、組織架構與管理技術統整，重新審視資訊系統在企業中所扮演的策略性角色。而將企業策略整合組織中的最佳方案之一，則是採用策略資訊系統。

所謂的策略資訊系統，簡單的說，就是能支援企業流程與競爭策略的資訊系統。策略資訊系統可以是任何形式的資訊系統，只要它能夠幫助企業獲取競爭優勢及降低競爭對手的優勢，也就是說，策略資訊系統可以是最簡單的交易處理系統，當然更可能是複雜的決策支援系統，端視何種系統能帶給組織競爭優勢。而這樣的系統通常範圍涵蓋組織本身及與其相關者，如顧客、供應商，甚至其競爭對手。

策略資訊系統的出現，使得企業內的資訊管理人員和策略管理人員必須密切合作，並重新定位角色與目標，再一次擴大資訊管理活動的範圍。

企業應用資訊科技以獲得競爭優勢，可以透過對內及對外兩方面來探討。

一、對外

利用資訊科技提供新產品或新服務，使顧客或供應商直接獲利。組織利用資訊科技增加競爭優勢，主要是運用成本領導策略或差異化策略。成本領導策略即是以低成本、低價格來擴大市場占有率及維持成長，如利用自動櫃員機提供服務便是個很好的案例。

二、對內

利用資訊科技使組織直接獲利，如透過生產自動化提高員工生產力、利用辦公室自動化協助組織間的溝通等。

10.2 價值鏈模式與SWOT分析

策略資訊系統經常會為組織帶來競爭優勢，而該競爭優勢可能與某一特殊產品或某一特殊市場有關。組織利用資訊科技建立策略資訊系統，可以依照其應用層次的不同而有不同的分析方法。

一、價值鏈模式

波特（Porter）的價值鏈（Value Chain）理論認為，企業必須在流通的過程中，不斷地為產品增加附加價值。一個企業若不能增加自己在供應鏈上的相對價值，可能無法生存。

舉例來說，網際網路的發展使消費者得以透過網路直接向廠商訂貨，使零售商產生了生存的壓力，因此零售商必須想出新的經營模式，以延續其價值。價值鏈的理論將企業內部活動分為二種：一為主要活動，包括進貨與倉儲、製造或服務、出貨與配銷、行銷及售後服務等；一為支援性的活動，有產品與技術研發、人力資源管理、採購與組織基本架構等相關的活動。以上二種活動對整個產品與服務的附加價值提升均有助益，在企業的價值鏈中，企業整體所創造的價值，減去所有活動的成本，就是企業的盈餘。圖10.1顯示了價值鏈的基本架構。

每一項企業活動都有可能成為產品或服務的差異性來源，企業各部門可在價值鏈中，找到自己所負責作業之流程所占的定位，故策略問題便是如何將低成本的輸入轉成高收益的輸出，而資訊系統在此便扮演了一個重要的角色。資訊科技可以滲透到價值鏈的每一個部分，改變價值活動的執行成效與價值活動中的連結關係，影響競爭範圍、擴大企業版圖、重新塑造產品及服務，同時迎合顧客需要；在價值鏈上有效運用資訊系統，不僅能減少成本，更有可能取得市場先機。表10.1顯示了價值鏈與資訊科技。

(一) 主要活動（Primary Activities）

1. 進貨與倉儲（Inbound Logistics）

與原物料等輸入物（Input）相關之接收、儲存及分配的活動，例如：倉儲、原料採購等。

利用資訊科技來提升內部運輸價值的例子很多，如自動倉儲系統。

自動倉儲系統為電腦按時編印報表，節省人工統計、縮短庫存的時間；且利用電腦設定，先進先出，逾期滯留品可列表統計，避免呆料發生。物件出入倉庫的資料電腦化後，可以隨時掌握庫存資料，自然可以降低存貨、降低缺貨、降低成本。

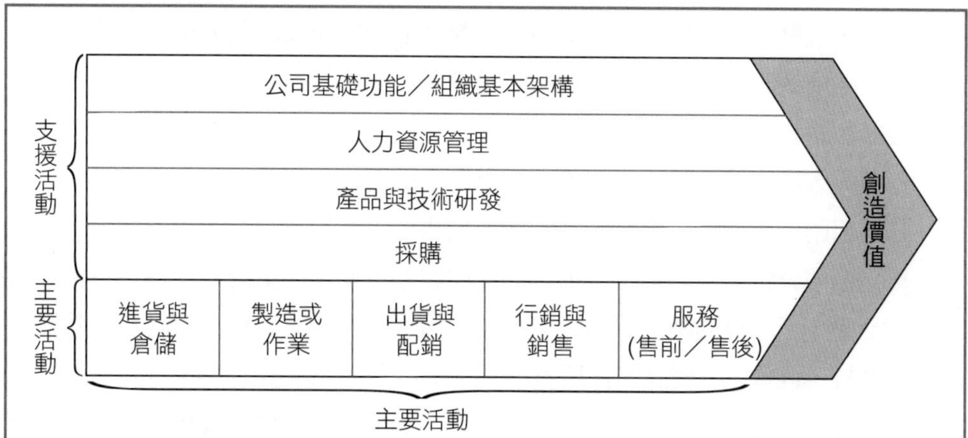

資料來源：Porter, M. E. and Millar, V. E., “How Information Gives You Competitive Advantage”, Harvard Business Review, Boston: Jul/Aug 1985, Vol. 63, Iss. 4, pp. 149~160.

圖10.1 價值鏈之基本架構

表10.1 價值鏈活動與資訊科技

<table>
<tr><td rowspan="4">支援活動</td><td colspan="5">公司基礎功能／組織基本架構：辦公室自動化、電子排程、知識管理</td></tr>
<tr><td colspan="5">人力資源管理：自動人事排程、人力需求規劃系統</td></tr>
<tr><td colspan="5">產品與技術研發：電腦輔助設計系統（CAD）</td></tr>
<tr><td colspan="5">採購：電子訂貨系統（EOS）</td></tr>
<tr><td>主要活動</td><td>進貨與倉儲：自動倉儲系統</td><td>製造或作業：彈性製造系統</td><td>出貨與配銷：自動裝運／運送排程系統</td><td>行銷與銷售：電子訂貨系統</td><td>服務（售前與售後）遠端服務設備</td></tr>
</table>

2. 製造或作業（Operations）

指各種投入轉化為最終產出的各種相關活動，例如：包裝、組裝等活動。

在此階段可採用的資訊科技有條碼資訊系統，配合生產流程，以條碼識別來管控；同時生產各項產品，降低產品裝箱錯誤的發生。

資訊系統的導入可以減少不必要的人力資源，以及緊密地協調生產與配銷。如此一來，即可達到節省人工作業、增加生產效率等目標。

3. 出貨與配銷（Outbound Logistics）

最終產品的集中、倉儲與輸出至買方等各種活動，包括最終產品的倉儲、配銷等。因為是最終產品，故在配銷方面可用車輛調度管理系統，藉由良好的排班、調度，使車輛能夠以最短的距離、最快的速度，配送給最多的客戶，藉此達成效率提高、成本降低的競爭優勢。

4. 行銷與銷售（Marketing and Sales）

指讓顧客產生想要購買企業產品或服務，進而達到銷售成果的所有活動，例如：促銷、廣告、定價等。在行銷與銷售上，使用資訊系統可以讓公司得以更仔細地分析客戶的購買型態、品味與偏好，使其能更有效地進行宣傳與行銷活動，而分析的數據來源，可能是信用卡交易、人口統計資料、銷售點情報系統（POS）所統計的各種資料。

同樣地，也可以利用這些資料，分析顧客對公司的價值，找出不具利潤的顧客與最有價值的顧客。另外，透過資訊系統的輔助，可使公司提供客製化服務，同時降低公司的交易成本。

5. 服務（Service）

與增加或維持公司產品價值有關的活動，如縮短等待時間、靈活調度、減少缺貨率等。使用資訊科技提高服務的例子，最出名的就是花旗銀行在1977年時所建置的自動提款機（ATM）機制或服務，這項做法使得花旗銀行有一段時間成為美國最大的銀行；又如戴爾電腦（DELL）利用資訊系統為個別客戶量身訂做產品及服務；在我們的日常生活中，學校的選課系統也是利用資訊系統來提升服務品質的一項做法，讓學生在可上網的地方就能進行選課，減少排隊等待的時間，提升學生的滿意度。

一旦提升顧客的滿意度後，自然能增加來客數、減少顧客抱怨、加強顧客忠誠度，進而增加企業本身的競爭優勢。

(二) 支援活動（Support Activities）

1. 公司基礎功能（Firm Infrastructure）

指支援整個價值鏈而非支援某一功能別的活動，包括組織基本架構、策略規劃、一般管理、財務會計等。例如：線上系統對公司的資產與投資報酬提供了更及時的追蹤與確認。會計功能模組可以監督交易流量，更及時準確地追蹤成本與營收，以往需要花數週時間才能正確地追蹤資產與資本流量的改變，現在只需要幾個小時就能完成。在管理方面，可利用視訊會議，讓分散各地的員工可以同時開會，並藉由E-mail代替傳統以書面傳遞的方式。在資訊科技愈來愈盛行的今日，藉由上述列舉的功能，可節省企業一般行政人力。

2. 人力資源管理（Human Resource Management）

泛指各種人才招募、訓練、發展及薪資、福利等項目。在招募方面，利用網際網路進行招募，使選才更有效率；在培育人才方面，可利用E-Learning來達到教導員工的目的。利用電腦模擬（Computer Simulations），可讓各地員工透過資訊系統在一個虛擬團隊中工作，以達到降低人事成本、教育訓練成本的效果。

3. 產品與技術研發（Technology）

泛指各種為了改進產品與研發流程而進行的活動，例如：經濟部所推動的E計畫——協同設計計畫。

組織利用協同開發平臺技術，讓不同地點的開發人員，能及時分享不同階段的資訊，這樣的方式可以有效降低產品上市時程，節省成本支出以及提高產品開發利潤，進而達到降低成本的競爭優勢。

4. 採購（Procurement）

指購買公司價值鏈中所使用的非直接原料項目，包括辦公用品、各類消費品及機器、電腦周邊設備等。

二、SWOT分析

為知曉企業在產業供應鏈中所處的地位，並發展企業策略，企業必須對本身優、劣勢及其所處環境的機會與威脅，有完整的了解，再從其所在的市場區隔，分析市場結構以及是否具備足夠資源和條件？應採取何種競爭策略？判斷其是否可獲得豐厚的利潤？當一個市場具有高度吸引力，或是當某個產業競爭不是很激烈，且與供應商間有較大的議價空間時，該企業必可獲利豐厚。

有關優、劣勢及機會與威脅的分析，常使用所謂的SWOT分析法，即分析企業本身所具有的資源與能力，在產業中是否具有相對的優勢（Strength）和劣勢（Weakness）？而整個產業環境是否具有某種機會（Opportunity）與威脅（Threat）？SWOT分析提供公司對其環境關係深入探討，它可以協助公司制定策略，以利用機會與優勢，降低劣勢及威脅；為使策略成功，企業必須設法建立其優勢，並將劣勢減到最少。

藉由這項分析能夠使企業內各階層定義出其策略目標，使企業在其相關業務部門間的合作得以發揮綜效，也能在主要業務上獲得獨特的競爭優勢。在企業訂定其策略目標後，就必須評估目前及未來環境對企業目標達成的影響，穩定的環境會導致較穩定的策略，策略計畫可制定得較詳細周延，且能持續較長的時間；而變動激烈的環境則需要較彈性的策略，以適應瞬息萬變的環境，不確定的環境需要權變的策略，事先規劃出可供執行的各種選擇方案，以備不時之需。

今日企業所處的是一個變動劇烈的環境，管理者必須留意當外部環境改變時，對策略執行造成的影響。因此，如何運用資訊科技正確監控環境的變遷及解讀變化的訊息，制定成功的策略與行動計畫，從而獲得持續的競爭力，便成為關鍵。

10.3 資源基礎論與資源依賴論

一、資源基礎論（Resources-Based Theory, RBT）

所謂的資源基礎是為了找出企業內部所能利用之資源，並有效的將資源集中在策略目標上，配合外在環境的變動，使企業資源透過不斷的運作及累積，形成企業本身特有的核心能力（Core Competence）。當企業取得核心能力時，將配合策略模式在產業或市場中形成競爭優勢，來使其更有效的規避競爭者的攻擊，並加以回應，如圖10.2所示。

企業所擁有的核心資源，最終可以提升組織的競爭力。實務中的觀察可以發現，具有策略價值的核心資源，其實相當多元，諸如品牌、通路、特殊技術、專業能力等，都可以成為核心資源。

(一) 資產與能力

資產（Resources）是指企業所擁有或可控制的要素存量，並可區分成有形資產和無形資產兩類。有形資產包括具體看得到的實體資產，以及可流通的金融資產；無形資產則包括各類型的智慧財產，如專利、商標、著作權、已登記註冊的設計，以及契約、商業機密、資料庫、商譽等。這些資產在傳統的財務報表雖較難呈現，但所有權仍屬企業，是企業擁有的重要資產。

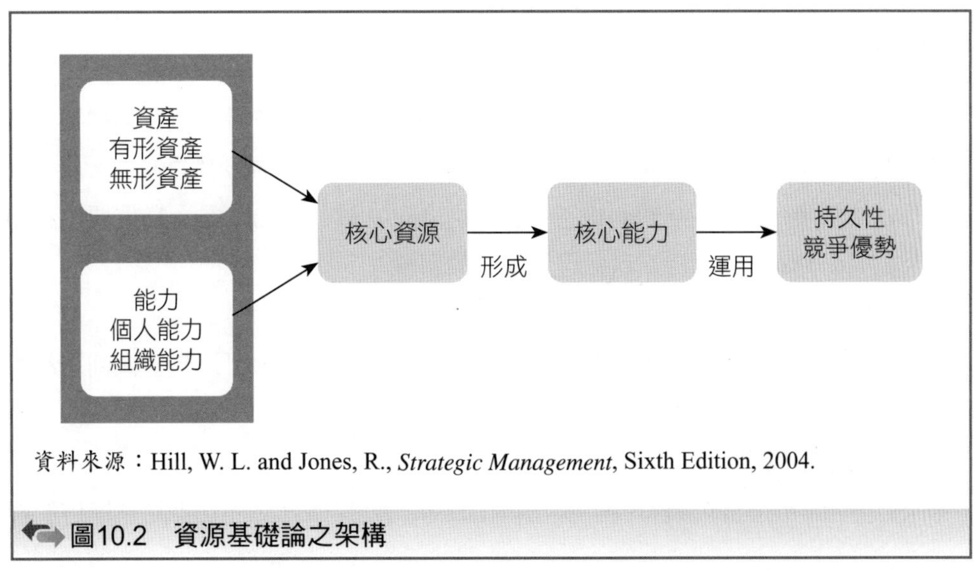

資料來源：Hill, W. L. and Jones, R., *Strategic Management*, Sixth Edition, 2004.

圖10.2 資源基礎論之架構

能力（Capabilities）則是指企業建構與配置資源的能力，通常分成組織能力與個人能力。所謂的個人能力，指的是當企業擁有某些關鍵人物時，往往能取得較佳的競爭優勢；如台塑公司的王永慶、台積電的張忠謀、聯電的曹興誠，甚至唱片公司擁有的知名歌手等，都屬於企業的重要資源；組織能力是持續改善企業績效的能力，由於這樣的能力是組織整體發揮的功效，不會因個人的更動而有所改變，所以也屬於核心資源。組織能力運用資訊科技，可以表現在以下層面：

1. 業務運作的能力

   利用資訊科技來改善組織業務能力，最標準的例子就是導入企業資源規劃，此舉可將業務流程重新改善，並將企業產品或服務以最短的時間接觸顧客、滿足顧客需求。

2. 技術創新的能力

   在技術創新方面，可以利用協同設計系統，將分隔兩地的單位串聯起來，以此因應多元的消費環境，並推出各式各樣的新產品，維持良好的競爭地位。

3. 組織學習的能力

   優良的組織必須具備良好的記憶與學習能力，讓組織能累積過去的經驗，成為具有學習能力的有機體。例如：導入線上學習（E-Learning）以加強組織學習能力，或導入知識管理系統，以加強組織的記憶能力，兩者都是可以進行的方向。

   透過有系統的知識管理，組織不但可以保有過去的經驗及知識，也能將個人能力轉化為組織能力，並將其用於決策中。

(二) 核心資源與核心能力

企業如果能有效率地分配、運用核心資源，則可避免資源的浪費與閒置，並能將競爭優勢轉化為市場成果，增加核心能力，提高企業的競爭力。

故如何利用資訊科技輔助核心資源，提高企業核心能力，是企業重要的課題與目標，以下列出幾項資訊科技可以達成的目標：

1. 決策支援系統

   在各功能別部門或是各事業部間合理地分配各項資源，可以為組織創造最大價值的活動。

2. 拉大企業差距

   核心能力是指當企業與競爭者互相比較時，擁有具差異性且不易被模仿的能力。有效利用資訊科技或資訊系統，可增加組織的產品或服務的附加價值；若是將資訊科技與學習模式結合，提高組織學習能力，可使競爭者難以複製這些內部知識，進而提升企業競爭優勢，拉大與競爭者的差距。

3. 提升顧客價值

利用顧客關係管理將核心能力與顧客需求相連結，讓顧客感受到價值的存在，並提升企業對顧客價值。

(三) 持久性競爭優勢

企業擁有了核心資源與核心能力，便容易擁有持久性競爭優勢。競爭優勢的持久是因為公司所擁有的核心資源具有某些特質，使得競爭者難以模仿與建構。

「資源基礎理論」認為競爭優勢之所以能夠持久，是因為公司所擁有核心資源具有價值性（Value）、稀少性（Rareness）、不可模仿性（Imperfect Imitability）以及不可替代性（Insubstitutability）。

資訊系統在這四項特性上，所扮演的重要角色說明如下：

1. 價值性（Value）

利用資訊系統提高企業價值，例如：近年流行的網路買賣，屬於新的商業模式，就是利用環境中的機會提高公司的無形資產。

2. 稀少性（Rareness）

像是盡量少用套裝軟體，就可以使公司的資訊資源成為現存或潛在競爭者之中的稀少性資源。

3. 不可模仿性（Imperfect Imitability）

對智慧財產權的重視，使得資訊系統被模仿的可能性降低。

4. 不可替代性（Insubstitutability）

所謂替代性是指當競爭者可以利用相似的資源執行相同的策略，或以完全不同的資源達成策略替代的效果時，公司的競爭優勢將無法持續。通常所謂的客製化系統，就能達到所謂的不可替代性。

二、資源依賴理論（Resource Dependence Theory）

現代的企業組織都是在所謂的開放性系統下運作，必須依賴外部環境資源來維持組織運作，所以組織的行動一定會受到外在環境的限制與控制。當組織為了維持生存，更多資源必須來自外部環境時，對外部環境的依賴程度就愈高，外在力量對組織的影響力就愈強。

所以組織在面對複雜與受限的環境下，會主動發展出因應策略與組織架構，企圖降低環境對組織所造成的不確定性。其次，組織發展因應策略的過程中，組織會主動選擇適應環境的策略，但相關策略會受到組織內部的資訊系統、政治環境、權力配置等影響。

總而言之，資源依賴理論強調組織的目標，在於減少組織對稀少資源提供者的依賴，並尋找更多的資源。故組織必須盡力影響其他組織，使其能夠獲得所需資源，而如何利用資訊科技，以獲得更多資源，或是利用資訊科技減少組織對稀少資源提供者的依賴，是這部分探討的重點。

一般來說，組織對外部環境的依賴程度，決定於：

1. 資源的重要性。
2. 資源被控制的程度。

舉例來說，當該資源非常稀少、為組織中賴以為生的生產要素，且為壟斷性資源時，組織將會非常依賴外部環境，像是臺灣的個人電腦產業，所有的PC組裝廠商，均依賴Intel及AMD的CPU微處理器，因為微處理器是生產個人電腦的生產要素之一。

為了降低環境不確定性，很多組織發展組織間的關係，並加以管理。而利用資訊系統的連結，尤其是供應鏈系統，則是最好的策略之一。

而組織間的依賴關係，不論是組織與其上、下游之間的相互依賴關係，或是組織與同業間的水平依賴關係，都可以利用資訊系統，提升企業競爭優勢。

在垂直關係上，例如：統一企業與統一超商之間資訊系統的共享，使得資料的透明度增加，統一企業得以掌握通路，而統一超商得以獲得穩定的供貨來源。DELL與台積電、仁寶等發展的供應鏈網路關係，也是共生性資源互賴策略的一種。

在水平的關係上，可能的形式包括成立公會、策略聯盟、併購等。中國聯想集團併購IBM個人電腦事業群，使得聯想順利躋身全球前三大電腦製造大廠，同時也是將外部資源變成組織內部資源的例子。

10.4 五力分析與動態競爭理論

一、五力分析模式

Michael Porter（1979）所提出的五力分析模式，可以提供管理者運用資訊科技建立策略資訊系統之思考架構，以找出企業之策略性機會。一個企業所在的產業環境中有五種競爭力，若企業能辨明產業中的五力方向，並發展出因應對策，則企業在未來將可以永續經營；這五種競爭力分別是：(1)購買者的議價能力；(2)供應商的議價能力；(3)現有競爭者之對抗；(4)潛在進入者的威脅；(5)替代性產品或服務的威脅（見圖10.3）。此一分析架構闡示企業想運用資訊科技以獲得競爭優勢時，必須考慮產業環境是否能夠配合，在尋找策略資訊系統機會時，企業可先就此五種競爭力找出必須克服的重點，接著再思考這些必須克服的重點，能否引用資訊科技加以解決，或是達到事半功倍的效果。

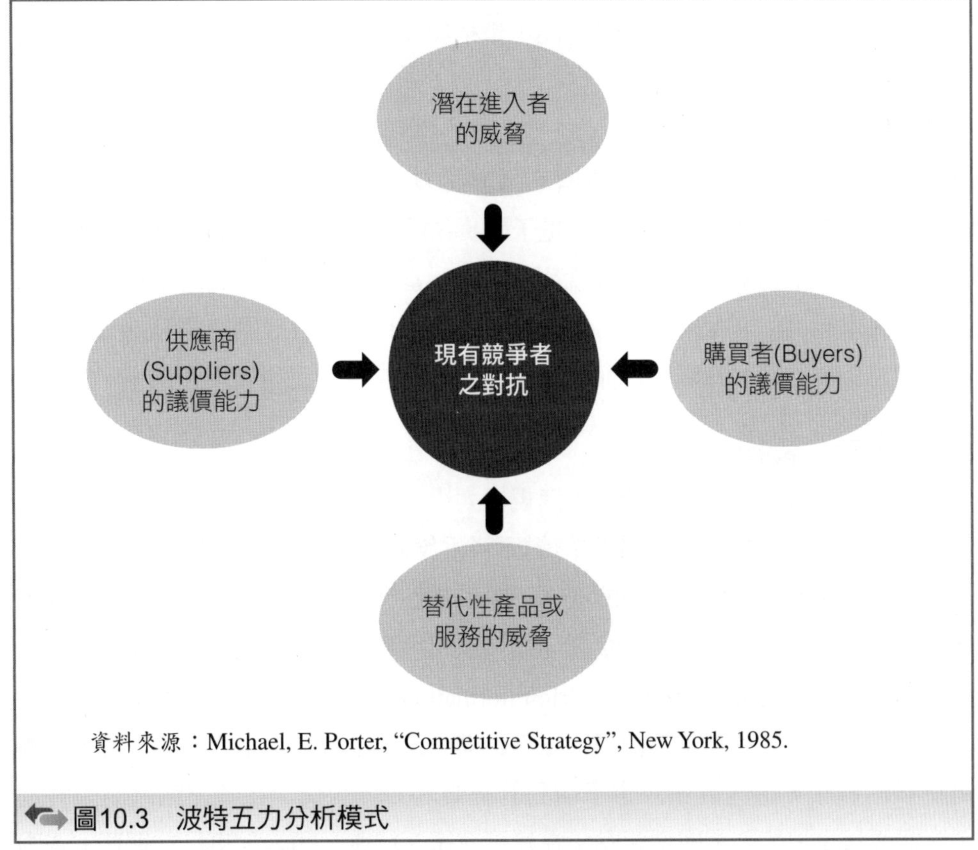

資料來源：Michael, E. Porter, “Competitive Strategy”, New York, 1985.

圖10.3 波特五力分析模式

(一) 購買者的議價能力

決定購買者之議價能力的主要因素有二：

1. 採購者的價格敏感度

   採購品的價格占總成本相對比例較大的項目，對採購者最為敏感。

2. 相對的議價能力

   議價能力最後的憑藉，要視威脅的程度，以及一方拒絕與另一方做生意的意願而定。若雙方勢力均等，則取決於各自承受的相對成本壓力，以及各自取巧的技術優劣與否。而決定買賣雙方相對議價能力的因素，主要有下列三項：

   (1) 規模和集中

   規模愈大，採購者就愈能承受談判失敗所帶來的財務損失。

   (2) 垂直整合

   能夠進行垂直整合的公司，就能增加採購地位的議價能力。

   (3) 採購者的資訊

   採購者對供應商以及其產品、價格與成本方面的資訊愈充足，就愈能有效議價與訂定條件。

當採購者的議價能力相當大時，企業的獲利能力就相對降低，這時企業可從兩方面運用資訊科技降低購買者的議價能力，一為提高轉置成本（Switching Cost），例如：提供客戶整合性的電子訂貨系統，當客戶本身的系統與供應商整合後，顧客想要轉向競爭者購買就比較困難，當供應商與顧客間的系統愈複雜，則轉置成本愈大，則採購者的議價能力就愈小。另一為發展顧客資訊系統，以找出最適合企業的顧客區隔，進而降低服務顧客的成本，使利潤極大化。

(二) 供應商的議價能力

供應商的議價能力取決於供應商規模大小、貨品的替代性、使用者的轉置成本及企業本身的購買力。當產業內的原料供應商非常集中、或購買者在獲得資訊、購買、協商必須付出很高的成本下，表示供應商的力量相當大，在此情況下企業的獲利能力並不高。此時企業同樣可以利用資訊科技來減低供應商的力量，此處和資訊不對稱理論（Asymmetric Information Theory）有相當密切的關係。

建構資訊系統能夠有效縮短資訊不對稱，資訊不對稱是指交易的一方有比對方更多的資訊，這些資訊決定了商品的議價能力，例如：在資訊系統尚未普及前，想要買車只能到車商零售點。在建置資訊系統後，顧客就可以在網路上查詢車價，便可消除資訊不對稱，給予消費者足夠的議價能力。

(三) 現有競爭者之對抗

大部分產業內的整體競爭狀況以及整體獲利水準，由產業內企業之間的競爭所決定，而現有企業間競爭的強度來自於以下五項因素：

1. 賣方集中

   由於產業中競爭者的數量以及相對規模的影響，若競爭愈激烈，則價格愈低。

2. 競爭者的多樣化

   企業是否有參與激烈價格競爭的傾向，視其企業特性而定。若各企業的目標、策略及成本結構愈相近，則它們的興趣就愈可能聚合，而愈容易和平共存。

3. 產品差異化

   若產品不具差異性，則顧客容易依價格基礎來購買，此時價格是唯一的競爭武器，而價格競爭將嚴重損害企業獲利。若產品具有高度的差異性，價格只不過是一項影響顧客選擇的變因而已，因此，競爭可能發生在品質、產品設計、廣告及促銷上。

4. 過剩產能

   在價格競爭激烈的產業中，大多數企業未來的規劃須視產能和產出之間的平衡而定，市場需求降低或過度的產能投資，將會導致生產過剩。

5. 成本條件

   在固定成本高的產業中，任何的產能過剩，都會造成低價格與高折扣，使整個產業蒙受損失。

資訊科技這裡呈現的機會是，企業可運用資訊科技提供正確所需的資料、採用資訊科技有效分配通路，以及產業中潛在資訊科技的連結，來改善自身的競爭態勢。

(四) 潛在進入者的威脅

潛在進入者進入某產業，此一新進入者為攫取市場占有率可能採取削價競爭的滲透策略，使該產業中現有企業的邊際利潤降低，獲利能力也隨之下降。尤其當新進入者的目標與產業中現存企業不一致時，或是沒有現存企業的一些限制時，其破壞力更強。進入障礙與進入延遲是讓企業能夠成功地將潛在進入者排拒門外的兩個要點。進入障礙主要為：

1. 資金要求

   為建立事業，許多產業需要龐大的資金投資。

2. 經濟規模

   有些資本密集或技術密集的產業，需要非常大的規模來生產，才可能有效益。

3. 價格優勢

   早期進入者往往擁有原物料的低成本來源與學習效果帶來的效益，而具低成本優勢。

4. 產品差異

   在一個已達產品差異化的產業中，品牌意識和顧客忠誠度是早期進入者相較於新進入者的優勢。

5. 銷售管道的進入

   由於行銷管道的空間有限，加上風險規避的特性與採購新品的固定成本等因素影響，導致經銷商不願引進新製造商的產品。

6. 法律上的障礙

   從執照、專利、版權到商標，到處都有許多潛在的規則障礙。在一般法規和環保安全標準方面受到政府高度參與的產業，有許多嚴格且昂貴的進入障礙。

有效運用資訊科技可形成進入障礙或進入延遲，因為策略資訊系統的硬體容易模仿，但前瞻的遠見、大量的投資及管理的技術卻是難以模仿的。

(五) 替代性產品或服務的威脅

替代品的存在，會影響顧客是否願意為某項產品付出較高的購買價格。對產品需求的價格彈性，反映出部分顧客的價格敏感度。如果有相近的替代品可用，顧客願意付出的價格便受到影響。相對於價格，需求是有彈性的，面對過高的價格，會使顧客轉向尋求其他替代品。若有成本較低的替代品出現，將會降低產業的獲利水準，甚至使產業消失。

企業可以利用資訊科技降低產品的成本、或增加產品的功能與品質，使顧客轉而購買其產品。

資訊科技的使用，讓企業主管得以從全新的角度來看待資訊系統本身，資訊部門如今所扮演的角色已不僅僅是支援作業上的需要，更有支援管理階層決策的重要使命。今日成功的資訊部門可以幫助管理階層利用資訊科技來發展競爭策略，以迎合組織所可能面臨的挑戰。

二、動態競爭理論

動態競爭理論（Competitive Dynamics Theory）是 1988 年由近代管理學者陳明哲所提出的策略理論，主要是因應九〇年代市場環境變化快速的特點而產生。相較於麥可．波特五力分析所隱含的靜態，動態競爭理論認為企業競爭優勢是短暫且動態的，由於市場環境動態競爭，技術創新速度加快，經濟的國際化和市場的全球化，顧客需求的多樣化，造成了競爭內容加速，競爭優勢的可保持性愈來愈低，只有不斷創新，才能持續成功。

動態競爭的理論架構（見圖10.4），略述如下：

1. 分析競爭對手：以市場共通性與資源相似性找出競爭對手。
2. 競爭行為的三項驅動因子
   - 競爭察覺（Awareness）
   - 競爭動機（Motivation）
   - 競爭能力（Capability）
3. 企業競爭所採取的活動，或對手的回應。
4. 由組織績效分析競爭對抗的結果。

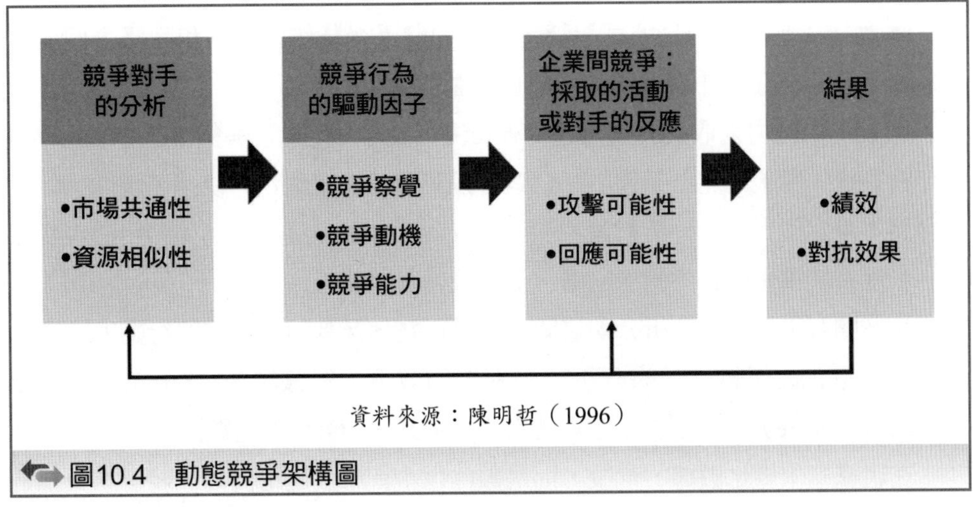

圖10.4　動態競爭架構圖

1. 分析競爭對手

動態競爭首先要分析市場共同性及資源相似性（Market Commonality-Resource Similarity, MC-RS）架構，藉由此兩種構面找出競爭對手，如果企業本身與競爭對手在這兩個構面重疊高，競爭會更加劇烈。

- 市場共同性是指企業與競爭對手重疊、對抗的程度，例如統一超商、全家、萊爾富及OK等，在便利超商這一塊，就屬於市場共通性高的競爭對手，再例如聯想與HP、宏碁、華碩及戴爾也是高度重疊。
- 資源相似性是指企業與競爭對手在資源或能力方面的異同程度，擁有相似資源組合的廠商，在市場上可能採取類似的策略，也容易擁有類似的競爭優勢與弱點，故企業應將其所擁有的資源納入競爭者分析。

企業可以導入資訊系統或資訊科技分析競爭對手市場重疊的部分，例如利用POS系統分析成本、價格，利用網路廣告提高品牌知名度，利用大數據分析顧客差異，可以區分出市場共同性與資源相似性。

2. 競爭行為的驅動因子

動態分析的第二步，則是預測對手可能的反應，以察覺—動機—能力（Awareness-Motivation-Capability, AMC），以了解競爭對手之內部運作活動。

- 察覺：指企業意識到公司的策略需求和成長機會。而公司的成長機會應聚焦於市場的潛在競爭對手。處於防守方的公司需察覺對手所採取的競爭活動，如對手所發動的競爭活動愈強烈，則其回應動作也會愈大。在價格敏感市場進行降價活動，馬上引起對手跟進。
- 動機：動機指的是公司對特定對手的競爭行為作出反應和回應，例如攻擊對手的主要市場，防守方的反擊動機會較強。
- 能力：能力則取決於公司的資源和決策靈活度，以便與對手競爭。

在察覺—動機—能力架構中，企業可以將資訊系統優化，快速了解競爭對手與本身之優劣勢，分析對策，利用自身資源，提出反應。例如利用顧客關係管理系統察覺顧客不滿意之處，及時改善服務流程。

3. 企業間競爭指的是分析公司之間的競爭行為，及其對手採取的行動與回應。
4. 採用量化的組織績效來分析競爭對抗的效果。組織績效（Organizational Performance）指的不外乎市場佔有率、ROE、ROI等量化數據。

在組織績效量化數據的背後，則是數位化才有辦法運用自如，競爭本身就是一個動態循環的過程，從過去數十年來資訊系統的發展，我們學習到最重要的不是資訊科技本身，而是採用資訊科技背後的管理程序來創造競爭優勢。這種優勢雖然可以達到別人所無法做到的成就，但其過程卻是艱辛的、冗長且昂貴的，同時也伴隨了許多組織上的、技術上的和市場上的風險。其困難處主要在於要利用資訊科技將問題轉換成機會是個極大的障礙，此外尚有管理程序上的限制、資訊部門與其他部門間的文化差異、資訊科技的快速轉變、以及不同科技整合等難題。所以，要完成一個成功資訊系統，並達到其策略目標並不容易，需要配合企業的運作做重大的改變。對一個管理者而言，致力於如何有效地運用資訊科技將是其重大的使命之一。

學習資訊系統的過程，最重要的不是資訊科技本身，重點是採用資訊科技背後的管理過程所創造之競爭優勢。企業競爭優勢可以達到其他組織無法達成之成就，但過程通常艱辛、冗長且昂貴，同時也伴隨許多組織、技術及市場之風險。這些艱辛、冗長且昂貴的困難，主要在於將策略轉換成資訊系統或資訊科技是極大的障礙，即使轉換成功，尚有組織文化、管理技術、與舊系統整合等難題。故成功的建置策略資訊系統並不容易，需要配合企業運作做重大改變，這對企業經營者而言，更是重大的挑戰。

Chapter 11

資訊系統與使用環境

隨著科技的日益進步，企業或組織引進新的資訊系統或科技設備，提高作業效率，增加企業競爭力，是常見的組織或競爭策略，但從資訊系統之觀點，要讓資訊系統完全發揮其預期效益，有幾項先決條件是必須考慮的。首先，在硬體設備上，讓所有組織的使用者於使用系統時，有一個使用的最佳化環境，是第一點需要考慮的因素。其次，資訊系統是否容易使用、是否使用後在工作上會提升效率，接受並樂意使用該資訊系統，是第二項課題。隨著組織的成長，系統的需求也隨之增加，企業組織採用資訊系統時，失敗的可能性也隨之提高，如何能有效提高資訊系統使用的成功率，是很值得探討的課題，但是如果使用者抗拒使用該資訊系統，產生使用者抗拒時，管理者如何因應呢？個人任務與資訊系統是否配適（Task-Technology Fit），是另一項待討論的課題。兩者是否配適會對個人工作績效及組織績效產生正面影響，也就是說，使用者執行的工作任務必須與其資訊科技能力相匹配，個人與企業績效才能發揮。最後，資訊系統與科技環境之間的關係，也會影響任務之成敗，企業採用和實施技術創新的過程中，同時受技術環境、組織環境和環境背景等三方面的影響。

學界有很多的策略或是模式被提出，以解釋或預測資訊系統、使用者與周遭使用環境的關係。本章將相關理論分成以下幾種層次：資訊系統與硬體環境、使用者個人、任務配適，以及與科技環境的關係來探討。

臺灣車聯網達人——三維人的行動挑戰

大眾運輸工具一直以來都是最常被運用的交通工具，隨著數位時代發展的浪潮中，新型態的移動服務也應運而生，如使用 App 應用程式來叫車、自由搭車（Freefloating）、短時間租用車輛（Peer-to-peer Car Sharing）、與陌生人共享汽車（Car-pooling）或是共乘服務（Ride-sharing），提供了大眾除了搭乘傳統大眾運輸、計程車或自己開車以外的新選擇。使用共享移動交通工具將會變得與線上聽音樂一樣容易及普及。

近年來疫情改變消費習慣，電商網路購物需求大增，貨運司機從轉運站運載數十件大小包裹，要如何避開塞車路段或下班人潮，穿梭大街小巷送到便利商店；外送員在機車上不斷滑著手機，試圖找出將機車置物箱內的美食，最短時間送到訂餐者手中的最佳途徑。現代社會中由於需求大增但運輸能量增長幅度卻追不上需求量的腳步，為了滿足需求，我們不得不追尋更加有效率的輸送方式，舉例來說，外送員在接單並運送餐點的路途中，必定會途經路旁有運送需求的商家；駕車通勤者於通勤路上，多少會碰到有相同目的地的通勤者，那麼如果在當時運輸工具的負載能量尚未到達滿載，那是否會造成無形中的浪費呢？為了避免上述問題，勢必需要一個整合的平台。

因應負載能量的整合，此時世人的重點將聚焦在物聯網（Internet of Things

簡稱IoT）以及衍生出來的車聯網（Internet of Vehicle簡稱IoV）。所謂的物聯網是指經由網際網路將各個可自行演算的機器、裝置做連結的網路，經由物聯網將可達到數據收集、即時控管與分析數據達到提供預測資料等效果，將其衍生出來套用在運輸工具上變成了車聯網。有了車聯網就能使網路架構者與使用者進一步得到更新更及時的資料，例如傳統機車行可與車聯網業者合作，原用於單點營運的機車租賃，可以經過車聯網得知已出租的機車會經過何處、其滯留時間長短、分析其作為何種用途租賃使用，更進一步可提供車行商家經營策略評估的基準，更能間接使得商家的營收成長，以統計紀錄來説，建置車聯網系統前與建置後的營收成長率可達25%。

資訊系統蓬勃發展的現代，車聯網及物聯網融入在日常生活中的例子隨處可見，2009年開始示範營運的臺北市公共自行車租賃系統，也就是我們常聽到的YouBike微笑單車、近年來和泰集團在2014年投入發展共享汽機車服務，也就是現在非常普及的iRent服務、還有近年來購入的品牌yoxi，主打計程車乘車派遣服務。在這樣車聯網或是物聯網的發展趨勢中，企業將會碰到哪些問題？又該如何解決呢？以下將以車聯網業者3drens／三維人的商業模式進行探討。

公司簡介

3drens／三維人是一間B2B（企業與企業）軟體解決方案提供商，「車聯網行動定位數據平台」是一個以數據驅動的車聯網平台，專為商用車隊營運者，如：車輛租賃公司、物流公司、運輸公司和汽車製造商所設計。此平台除了提供車隊管理之外，平台上更有多種模組，如：基於位置的服務（Location-Based Service 簡稱LBS）、路徑最佳化（Optimization Path）、包裹派件追蹤，任務指派、需求預測等。藉由物聯網裝置，將從客戶的車輛蒐集資料，並利用這些數據創建商業智慧，協助客戶優化營運、降低營運成本及拓展新型商業服務。

以三維人實際服務的客戶為例，和泰集團於2020年推出為計程車與乘客媒合的服務，用以節省計程車業者盲目地在街頭來回尋找乘客的時間成本與營運成本，對乘客而言則可以事先安排好接駁的計程車，事先安排好移動前的零碎時間；除了臺灣在地的貢獻外，三維人更在馬來西亞協助廠商es2move建置物流平台，將車聯網的概念發揚到世界上其他的國家。

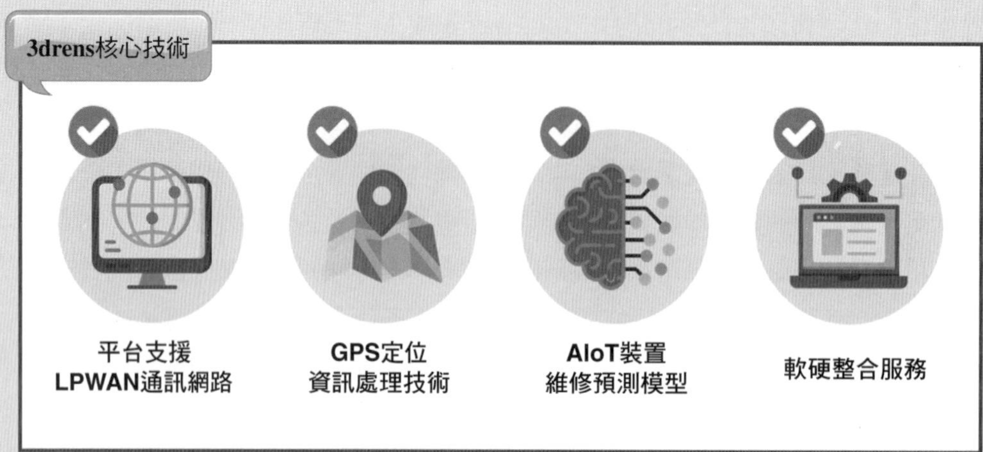

車聯網常碰到的問題

三維人觀察到傳統物流業者若想數位轉型，常面臨各種問題與挑戰，資訊人才難覓、建置成本昂貴、軟體缺乏相容性等難題。企業對車聯網、雲端運算、資料庫、數據分析等技術陌生，都讓不少廠商面對數位轉型時態度畏懼、裹足不前。傳統業者習慣以買硬體另外附送軟體的方式建立自己的資訊系統平台，若建置整合軟硬體平台加上分析數據，起碼要請 8 位資訊技術人員，總計年薪就超過新臺幣 1,000 萬元，且耗時最少3年以上才能夠初步建立屬於自己的資訊系統平台。

如何解決碰到的問題

上述諸多問題的癥結點都指向一個肇因 — 使用者抗拒，人是種習慣依照過往經驗來行事的動物，一旦形成了習慣要將其改變是十分不容易的，而三維人解決了前段章節所述使用者抗拒中的轉換成本，『模組化是軟體設計的趨勢』，3drens／三維人認為，在派遣供需媒合引擎的核心模組上，3drens／三維人規劃出 20 幾套客製模組，可以提供業者從清單中選擇，例如駕駛行為分析、路徑最佳化設計、維修預測模型、包裹派件追蹤、車隊管理、任務指派、出入庫管理、績效考核等，業者可以根據實際的需求，選擇模組，3drens／三維人幫業者整合軟硬體平台，傳統方式原本耗時3年的作業時間，3drens／三維人3 個月就足以完成，大大縮減了系統建置的時間成本。

為了讓使用者的使用體驗更進一步的提升，三維人提供了車聯網行動定位數據平台，提供了雲端後台管理、ERP維運管理服務、統計報表、GPS定位追蹤與電子圍籬功能，有了雲端後台管理辦公地點便不再侷限於辦公室，只要能夠聯繫網路服務，咖啡廳也能成為辦公場所；企業營運最重要的便是如何管理，ERP的管理服務提供了管理上所需的所有功能；統計報表則提供了預測分析的基礎資料，便於使用者作決策的參考依據；為了使派件過程無誤，平台也提供了GPS定位與電子圍籬，確保在派件的過程中萬無一失。

三維人不只單獨提供車聯網的平台建置服務，更提供了智慧物流媒合平台All-In-One，此平台可達成即時掌握貨況使得即時的轉派訂單等彈性調整變為可能、串接Open data、達成訂單零逾時更能預測到未來運能的消長，更為合理性的安排派件工作。

隨著社會的進步，愈來愈多新的概念將會產生，新的概念會產生出新的生活模式，新的生活模式會帶來新的問題，為了解決這些問題，人們不斷開發出新的科技與資訊系統。但資訊爆炸的現代，個人接觸到的資訊內容有限，再加上各種各樣的考量，使得人們有時並不是能夠輕易地接受新的轉變，即便這些轉變能帶來更加便利性的結果。為了消彌這些改變上的阻力，則須仰賴人們的巧思，各式各樣的巧思最終將匯集成改變社會的一股巨大力量，社會則得以進步。

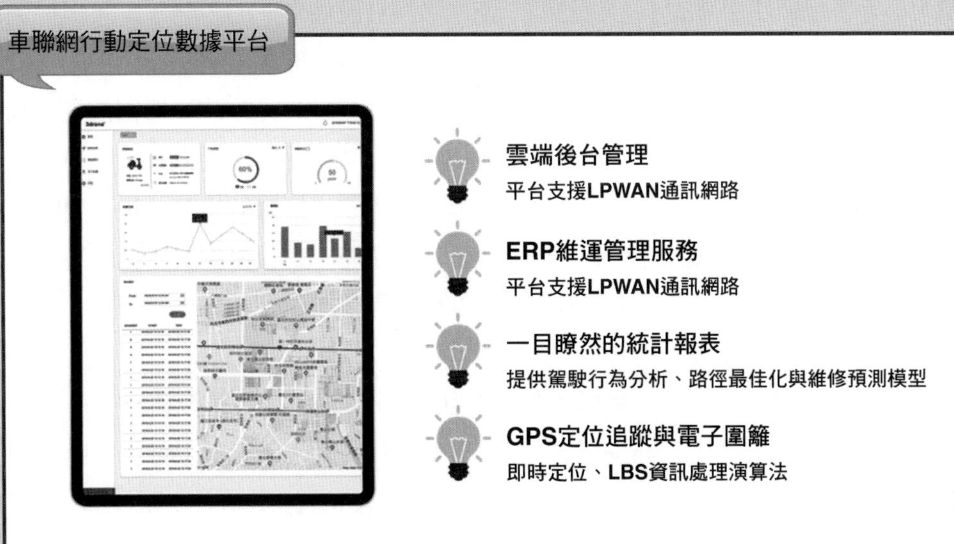

習題演練

1. 這個個案中管理者碰到了哪些使用者的抗拒？
2. 除了使用者抗拒之外，科技接受模式能否拿來解釋這樣的現象？
3. 你建議管理者如何因應使用者的抗拒？

11.1 人因工學

人因工學（Ergonomics）主要是探討人類及不同系統元素之間相互作用的一個科學領域，研究如何將理論、原理、資料及方法應用於設計，並優化人類福祉和整體系統性能。

人因工學關心用戶、設備和環境之間的配適度（fit），但在尋求任務、功能、資訊及環境的適合度時，也同時需要考慮使用者的能力及限制。

在資訊領域中，人因工學是指改進IT設備或是電腦周邊設備的設計，使人類的使用能夠最佳化，或使得使用者所受到的副作用降至最低。整體來說，人因工學可能與IT產品的特性或是周邊設備的特性相關，例如：產品高度、重量、體積大小等，也與使用者的視力和聽覺、使用者與IT設備之間的距離，以及環境溫度等相關。以目前大家對資訊設備的依賴而言，相當多的使用者屬於所謂的重度使用者，不論是在工作中，甚至在家中、床上，使用IT設備的時間都相當長，因此，一旦IT或周邊設備的設計在使用時，妨礙使用者的正常生活方式，會導致相當大的困擾。想像一下，過小或過暗的螢幕，一天要看好幾個小時，是否對眼睛的傷害很大？過高或過低的椅子，一天要坐八個小時，是否對腰及脊椎的傷害很大？人因工學就是在研究這些因素，以確保IT產品都按照公認的標準製造，以確保使用者的正常生活。

以一般使用者坐於電腦桌前的設計來說，頭部、耳朵、屁股須為同一直線上，眼睛距離螢幕1/3處約45~60公分，鍵盤與手肘同高，手肘與上臂、大腿、小腿大致呈直角，腰部貼緊椅背，最重要的是，每隔30分鐘應休息。圖11.1呈現使用者在使用電腦時的理想狀態。

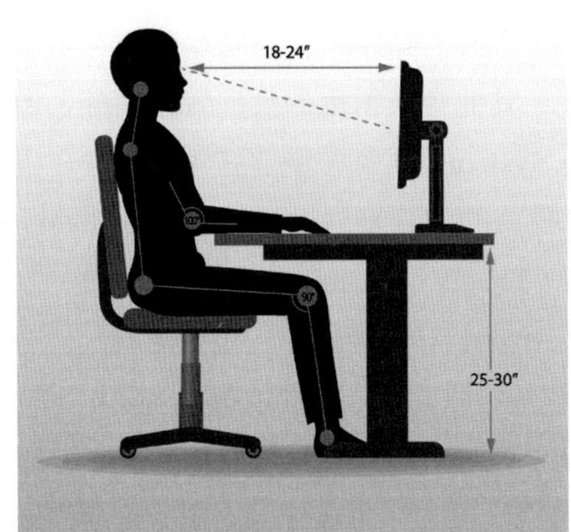

1. 頭保持正中姿勢，眼睛水平或略低可直視螢幕最上排字
2. 視角不大於35度
3. 鍵盤與桌面放置高度需使手臂能垂直
4. 顯示器平直面向臉，不要傾斜
5. 座椅有腰靠使身體保持直立
6. 腳平放，勿蹺腳

1. 頭部和頸部平衡且與軀幹成一直線
2. 手肘靠近身體並彎曲90~120度，升降桌高度應可調整
3. 螢幕放置位置應使操作者不必彎曲頸部就能觀看
4. 肩膀不用力
5. 手腕與手成一直線，需平行地面
6. 空間足夠放置鍵盤與滑鼠

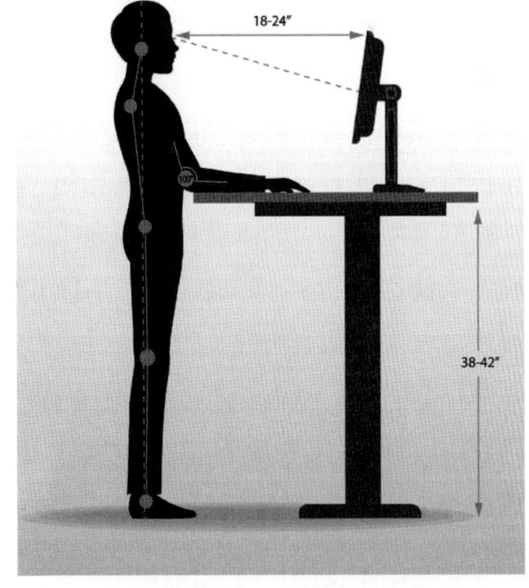

圖11.1 人因工學

11.2 科技接受模式

資訊系統與使用者之間的關係，最出名的就是科技接受模式（Technology Acceptance Model, TAM）。但除了傳統的電子郵件、文書處理軟體、電子商務系統等小型資訊科技適用這個理論外，其他企業常用的大型資訊系統，像是ERP、SCM、CRM、KM、E-commerce System等，都被涵蓋在這個理論之中，也都可以用這個理論來解釋。科技接受模式的前身是理性行為理論（Theory of Reasoned Action, TRA）及計畫行為理論（Theory of Planned Behavior, TPB）。

理性行為理論由美國學者Fishbein及Ajzen於1975年提出，主要用於分析與探討使用者的態度如何影響個體行為，其基本假設認為人是理性動物，在做出特定行為前，會綜合各種資訊來源，考慮自身行為的意義和後果，然後才會採取行動。Ajzen 隨後於1985年又提出「計畫行為理論」，這個理論則用於預測個人在特定時間和地點參與行為的意圖，模型中的主要變數，包括態度、主觀規範、行為控制、行為意向與行為等，這個模型被應用在相當多的領域，像是管理、行銷、公共關係、休閒管理等領域。

Davis（1996）以時間為縱斷面，以TRA及TPB為理論基礎，確認不同的外生變數與認知有用、認知易用、使用意圖及使用行為之間的關係，經過修正，提出科技接受模式。這個模式主要是認為，不同的外部變數會影響「認知有用性」及「認知易用性」，而兩者均會導向「使用態度」與「使用意圖」，最終使用者會產生「使用行為」。除此之外，本模式中更有趣的是，「認知易用」對於「認知有用」、「認知有用性」對於「行為意圖」都有直接影響。科技接受模式的架構如圖11.2所示（Venkatesh and Davis, 1996）。

TAM的幾個主要變數是「認知有用」、「認知易用」、「行為意圖」和「實際使用行為」，以下分別說明之：

1. 認知有用：指使用者相信採用特定的資訊系統，將會提高其工作績效，即當使用者知覺系統的有用程度愈高，則採用系統的態度愈正向。這個信念與Rogers（1995）擴散創新理論中「相對好處」概念類似，Chau（1996）把這個信念劃分為二種：短期認知有用性和長期認知有用性，從短期觀點來看，使用某一個系統將會增進工作績效；從長遠來看，它的用途也許改進個人事

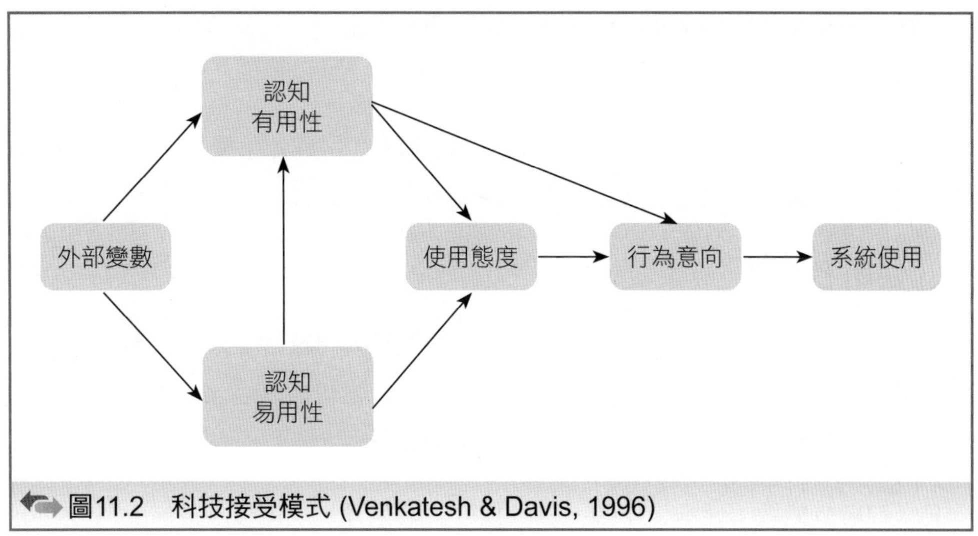

圖11.2 科技接受模式 (Venkatesh & Davis, 1996)

業前途或社會地位。

2. 認知易用：使用者個人對採用特定資訊系統，並不需要花費額外精神，只要感覺容易使用，則採用的意願愈高。在認知易用方面，認知行為控制是指使用系統的技能、機會和資源，Ajzen（1985）將其區分為內在和外在控制因素，內在控制因素包括技巧、意志及自我效能信念；外在控制因素則包括時間、機會與他人之間的合作。過去研究也證明了認知易用性對使用態度有正向關係，另外，認知易用性對認知有用性有顯著影響，在兩個功能一樣的資訊系統中，使用者認定較容易使用的資訊系統，通常也被認為是較有用的，易用性可以增加工作績效，所以會對認知有用性有影響，反之認知有用性對認知易用性並無顯著影響（Davis et al., 1992; Venkatesh, 2000; Venkatesh et al., 2002）。也因為這兩個變數之間的關係，意味著資訊系統設計者要設計容易使用的系統，而非有用的系統。
3. 行為意圖：這個變數就像是字面上的意義，並不需要太多解釋，就是衡量使用者想要使用某資訊系統的意向及強度，用白話說就是：「假設我可以使用這個系統，我就有意願使用」及「假設我可以使用這個系統，我預測我會去使用」（Davis, 1989）。
4. 實際使用行為：系統的實際使用行為有各種不同的解釋方式，可能是最初的導入，或是第一次使用，也有可能是系統實施階段前的使用，或是系統採用後、或執行後的持續使用行為。至於TAM則比較偏向於最初的採納行為，所以系統使用的頻率和次數、任務完成率和應用率，較常被用來衡量資訊系統實際使用行為。

除了原來的主要變數之外，TAM另一個探討重點是外生變數，學者也提出不同的外生變數來說明這個理論（李春麟、方文昌，2013）。

一、使用者差異

使用者差異是指使用者個人因素，包括個性和人口統計變數的特徵、經驗所導致情況差異的特徵，使用者個人差異，透過對資訊科技的信念，直接影響個人對資訊科技接受的行為。使用者差異分項說明如下：

1. 人口統計變數：性別、年齡、教育程度、職業等。
2. 個人特質變數：電腦自我效能、電腦焦慮、使用電腦能力、個人資訊科技領域創新性、認知風險等。

除此之外，工作角色、工作職務和任期、系統發展的涉入程度等，也容易對有用性及認知易用性產生不同的影響，例如：工作職務的調整，或是心情不佳所產生的負面情緒，對系統的使用易產生影響。

二、組織因素

企業組織為了增進使用者對資訊系統的使用，必須創造良好環境，鼓勵成員在工作盡量使用系統，組織會採用特定的方法或是策略，以影響公司成員使用資訊系統程度，這些方法包括政策的鼓勵，例如：保證標準的技術環境、創造正確的操作系統環境等。其次，使用管理方式來輔助公司成員的使用，例如：高層經理鼓勵、高階主管承諾、資訊中心支持和資源分配等方式。另外，公司也常利用培訓，以去除個別成員對特定系統使用時的障礙。

三、系統特徵

將系統設備功能的表現和使用者介面品質、輸出品質、系統品質設法加以提高，當然會加強使用者對系統的正面信念。簡單來說，像是加快網站反應時間、系統操作的流暢度等，都是可行的方式。在電子商務的系統中，美觀之網頁設計、資訊呈現方式及系統結果可展示性，也對使用者信念具有影響。

四、環境因素

使用者在特定時間、特定地點、社會影響、社會壓力、情境狀態等，會影響資訊系統的使用（Venkatesh, 2000; Venkatesh & Davis, 2000）。其次，Lou等人（2000）也提出關鍵多數的使用者對認知有用性具有正面影響，這也是出名的網路外部性效果。所謂網路外部性效果，指的是使用者的利益隨著使用人數的增加而增加。

科技接受模式大致解釋了使用者如何開始接受資訊系統，進而開始使用資訊系統的整個過程。這個模式的重點在於解釋使用系統並非完全由「認知有用」開始，反而系統容易使用更是考慮重點。系統設計者不要一直想著如何設計一個有用的系統，而是設計一個易用的系統，使用者自然會從易用性走向有用性，最終導致使用者開始使用資訊系統。資訊系統的管理者更應該利用不同的外生變數，讓使用者想要用、容易用，這些都是個人或組織接受資訊系統的方法。

11.3 媒體豐富性理論

Daft & Lengel （1986）提出了「媒體豐富性理論」，主要是討論組織在不同的環境之下，要如何處理資訊。因應不同的資訊環境，組織應選擇不同的溝通管道，提供管理者資訊，以助管理者迅速做出決策，完成組織任務。現今科技發達、溝通管道豐富，除了面對面、傳統書信往來之外，更可以充分利用資訊科技所帶來的各種新興溝通模式。組織在處理資訊時，很重要的目的之一是減少不確定性和模糊性（見表11.1）。當組織面對各種不同資訊時，挑選適合的溝通媒體

表11.1　模糊性與不確定性

❶高模糊性、低不確定性	❷高模糊性、高不確定性
高度模糊、偶而不明確的事件；管理者需定義問題、發展共識和共通觀點。	高度模糊、高度不明確事件；管理者需定義問題，尋找答案、蒐集客觀資料並交換意見。
❸低模糊性、低不確定性	**❹低模糊性、高不確定性**
情境清楚明確；管理者需要少量的回答，蒐集例行性客觀的資料。	問題定義清楚，高度不明確事件；管理者需尋找詳盡的答案，蒐集新的、量化的資料。

以降低不確定性和模糊性就十分重要。

豐富的資訊交換方式，可以快速回饋，也可提供多樣化的線索，讓管理者可以儘快得到共識。當資訊是明確時，則低豐富度的媒體，如書面備忘錄、正式報告，便可滿足資訊需求 。其次，組織普遍使用各種資訊科技作為溝通工具，如果需要訊息清楚正確時，書面媒體是首選。但對於不確定性較高的訊息，面對面的媒體工具，如視訊電話才是首選。不同的資訊科技媒體，具有不同程度的資訊豐富性，也就是在特定時間內，所能提供的資訊豐富程度，視其所提供的「回饋」及「多重線索」的能力而定。

根據回饋、多重線索、語言的多樣性及個人關注等構面，比較以下幾種媒體的資訊豐富性：面對面溝通、電話、個人文書、正式公文書與正式數字文件等，由此可知，面對面溝通是豐富性最高的媒體，因為回饋速度快，可使用的線索多樣，能理解接收者訊息的真正意思。而正式數字文件，其資訊豐富性則是最低的，較適合傳遞精確的、數值化的資訊（圖 11.3）。

媒體豐富性理論主要以資訊豐富度為基礎，強調溝通管道的資訊豐富度，與其是否易於分享的能力相關，也就是在不同的使用情境下，應採用不同的資訊溝通工具。

而「資訊確定性」特質同樣會決定使用者溝通管道的選擇，當組織處理訊息時，會受到「不確定性」與「模糊性」兩項因素影響，組織成員會透過不同溝通管道的選擇，降低訊息模糊性。

訊息的不確定性來自於資訊線索供給量的不足，主要原因為「所需資訊量」

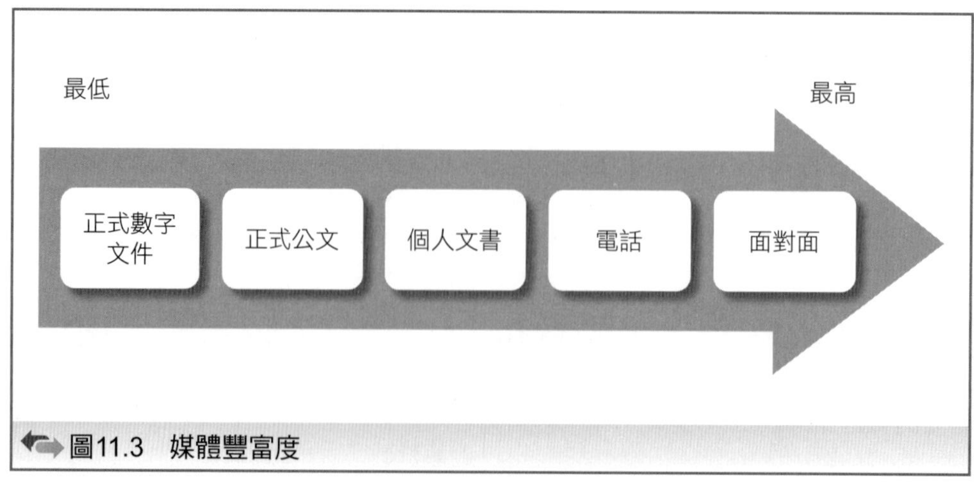

圖11.3　媒體豐富度

與「實際接收資訊量」兩者之間的落差。因此，當資訊量增加，可降低訊息不確定性；訊息的模糊性則表示訊息的多重解釋可能性，也可能包含相互衝突、矛盾詮釋的可能性，訊息的高度模糊性表示接收者對於資訊了解不足。組織成員處於不同的使用情境，傾向於選擇高豐富性媒體來處理較模糊、不確定性的訊息內容；採用低豐富度媒體處理明確、不確定性低的訊息，如紙本公告。

這個理論出現於上個世紀的八〇年代，科技一日千里，溝通媒體愈趨豐富多樣，早已超越當初的電腦報表與面對面，像是視訊電話、視訊會議、直播、youtube影片等都是現今眾多的溝通媒體。組織成員也會因所面對的對象、所處情境的複雜程度，與傳播媒介的豐富性，選擇適當的溝通媒介，並透過資訊科技的運用，可以有效降低組織內傳遞訊息的成本，提高組織績效，增加競爭優勢。

11.4 使用者抗拒

前面討論了很多使用者採用的理由，但其實使用者一樣會抗拒資訊系統的導入及採用，這也是資訊系統失敗的一個重要原因，管理者需要理解及採取因應策略。使用者抗拒（User Resistance to Information System）是指使用者對新導入之資訊系統有負面厭惡反應，更有甚者，使用者拒絕與新導入的資訊系統產生任何關聯。管理者、使用者抗拒的理由不外乎以下幾點（圖11.4）：

1. 使用者慣性：有些使用者是天生的保守主義者，或者不易變通，有時就是使用者慣性，導致對新系統的抗拒。
2. 轉換成本：使用者在從現有系統轉換到新資訊系統時會產生負效用，這個負效用即是轉換成本。轉換成本高，使用者自然不想轉換至新系統。
3. 過渡成本：轉換系統時常需要花額外的時間處理變更系統、變更資料等暫時性費用或時間，稱之為過渡成本，這樣的成本將來是無法回收的，故容易導致使用者的抗拒。
4. 沉沒成本：或稱之為沉澱成本、既定成本，使用者已經使用舊系統一段很長時間，那麼以往所學到的技巧、所花的學習時間、資料蒐集等成本，都是沉沒成本，過去在這個系統已經付出，且不可收回，會讓使用者覺得可惜，而導致使用者的抗拒。

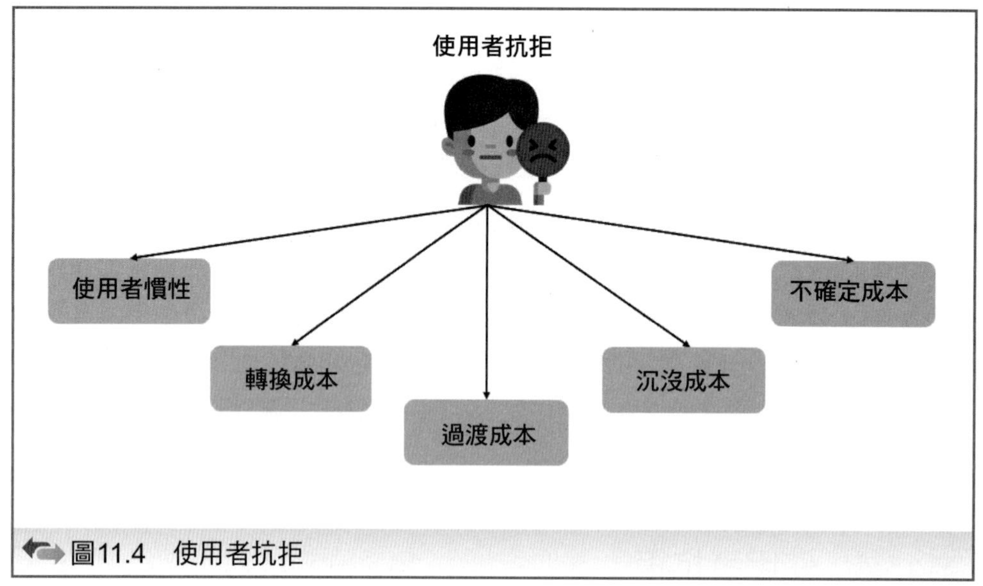

圖11.4 使用者抗拒

5. 不確定成本：轉換系統會讓人感到手足無措，一般人在不確定性的情況下容易有無力感，所以維持現有系統是降低不確定性的方式。

除了上述理由之外，有時社會規範也是使用者抗拒的理由之一，這裡的社會規範，指的是工作環境中，辦公室的風向言論，可能增強或削弱個人的偏見，但這一部分可能正向，也可能是負向。例如：辦公室的同仁都覺得新的作業系統不好用，個人也可能跟著認為新系統有缺陷，即使你並沒有真正用過。

要降低使用者抗拒，管理者所能採取的策略，有下列幾種方式（圖11.5）：

1. 提高新系統的認知價值：新系統導入獲得的好處或淨利益是否值得？增加的成本是否能回收？是所有使用者的疑問。理性決策者會強烈傾向最大化價值，所以設法提高新系統的認知價值，會讓使用者的抗拒降低。
2. 提升使用者的自我效能：自我效能又稱為個人效能，是拿來衡量個人本身對完成任務和達成目標信念的程度，改變自我效能被認為是一種可以增強控制感的內在因素。設法提升使用者的自我效能，提高使用者信心，使用者對於新系統導入的恐懼感會降低，因此抗拒自然就降低。
3. 加強組織資訊支援：正如管理層對新科技的支持會增加易用性，組織對新系統的支持會降低適應的難度，因而降低了使用者的抗拒。
4. 增加同儕正向意見：新系統的導入會產生不確定性，同儕正向意見會降低此種不確定性，進而降低使用者抗拒心理。

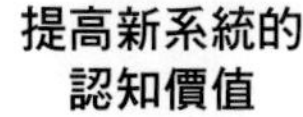

圖11.5　降低使用者抗拒

Chapter 12

企業電子化

本章將介紹企業為了電子化所需導入的資訊系統，包含：

一、企業資源規劃（ERP）：運用電腦軟、硬體輔助企業的運作；將整個企業的各種功能，透過整合的資訊系統來進行，包括產、銷、人、發、財整合在一起。

二、供應鏈管理（SCM）：管理企業上、中、下游間的原料供應、產品製造、物件配送、成品銷售等，進行精緻化整合。

三、顧客關係管理（CRM）：持續性的關係行銷，尋找對企業最有價值的顧客。

四、知識管理（KM）：協助組織將非格式化資料，轉換成格式化資料，以獲取企業本身或他人知識之活動，藉由審慎判斷之過程，以達成組織的任務。知識管理將知識模組化與系統化，以進行知識之創造、吸收、傳播與應用，使企業獲得知識創造之最大效益。

8more白木耳飲品

隨著網路與資訊科技的發展，數位轉型這個名詞逐漸地出現在社會大眾的視野裡，但何謂數位轉型呢?過去的數位轉型主要是從公司以降低營運成本為目標出發，導入數位工具與資訊系統，大數據的應用儼然成為現今不可或缺的核心技術，許多企業為求在飽和市場的洪流中探詢生機並脫穎而出，紛紛開始透過整合交易夥伴（上游供應商及下游顧客）資訊及流程，將企業內部作業優化，再依據企業的資源做最佳化，以此面對客戶及市場變化能更加從容。

如今企業已嚮往透過網路與資訊科技解決經營問題，為促使產業鏈上資訊更加透明，企業藉由數位化的方式進行整合、儲存、擴散，與合作業者分享，進而使顧客、供應商的合作關係更為緊密，提升企業與產業的競爭力，創造出雙贏的局面。然而在市場中也有許多導入ERP系統，但卻以失敗告終；在企業電子化的同時，如何在保持原有建立的基礎上，透過適合的系統以及推廣，達成效益最佳化，讓我們以成功的案例——8more，為大家介紹企業電子化。

8more是臺灣第一家白木耳專賣店，以臺灣新鮮白木耳與臺灣新鮮好物組成的健康飲品食品事業。創業八年來，秉持著一心一物的堅持，不只是販售新鮮無添加的健康飲品食品，更解決客人對於健康與幸福的願望，給予消費者最安心純淨的飲食選擇。

8more即是一家踏入電子化的企業，在導入ERP系統將供應鏈系統進行整

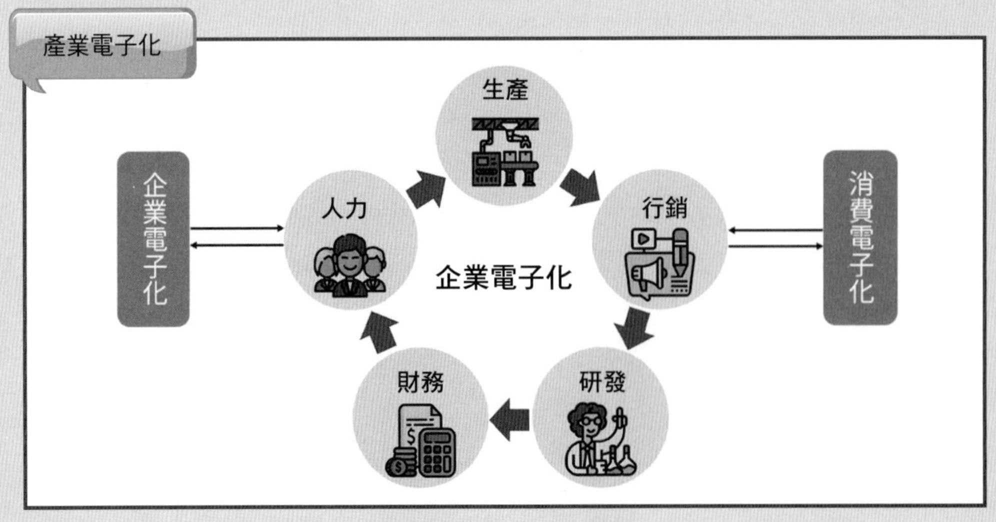

合，減少生產上的浪費；以及透過ERP系統對客戶族群進行差異分析，找出專屬客群，此外更藉由媒體平台（Facebook、Instagram、LINE），和大眾分享、傳遞新鮮白木耳的天然健康，並利用線上訂購服務回應客戶需求，減少時間及成本的花費。

研究發展管理（Research & Development Management）

8more為有別於市場上追求美觀、保存而添加的非天然產品，堅持販售健康、無添加讓顧客安心使用。打破銀耳蓮子湯的傳統思想，將新鮮白木耳結合多種健康食材，並與在地小農合作等，研發出多種創新兼顧營養的口味，甚至針對孕婦打造專屬商品。不僅榮獲許多食品檢驗認可，更獲得營養師強力推薦。

生產與作業管理（Production and Operation Management）

手工熬煮是對客人承諾與堅持，從原物料的處理、手工熬煮及封罐保存，共有十八道繁複的工序。（以下簡單介紹與電子化有關的程序）

- 挑——為確保品質一律低溫18℃採收並24小時內冷藏配送
- 秤——精準秤重以確保每份產品所含白木耳量皆足夠
- 熬——依不同口味，小火慢煮4~8小時不等
- 測——經檢測儀確認甜度、稠度及含水等品質符合公司規範標準
- 存——三道封瓶防護，嚴謹控溫保存

行銷管理（Marketing Management）

起初從臺北八德門市的實體店面，歷經創意市集擺攤，到政府品牌建立補助方案進入百貨設櫃合作，透過在不同地點銷售，創造品牌知名度。至今營運數年，雖僅擁有兩間實體店面，但卻依靠在社交平台上的宣傳以及「線上訂購」的銷售服務，甚至提供8more團購主招募的活動，多元化的銷售方式，使其在行業中大放異彩。

人力資源管理（Human Resource Management）

8more是由兩位中年跨界的創辦人加上銀髮媽媽產銷班以及年輕的創意新血

所組成。其部門有：財務管理、實體行銷、網路行銷、設計部、研發部、採購部及物流出貨部門等。8more非常重視員工的培養，在人力資源配置上，先從教育訓練開始，給予新人公司的核心價值觀念，再依專業、人格等不同特質進行分配，秉持著「把對的人，放在對的位置上，並做對的事情！」在員工管理上有彈性的排班制度，在努力工作之餘，更會體恤員工為其著想；對於優秀上進的員工以準確的出勤紀錄及完善的績效考核，建立公平的獎懲制度。

財務管理（Finance Management）

為了精準掌握營運資源，8more使用POS機系統，即時性的收支呈現以及庫存的掌控，不僅節省人力成本，在公司資金的調度上財務部門也能更有效率的運用，並透過POS機系統整合的數據，進行市場洞察，為營運策略做出更符合消費者需求的選擇。

近二十年來，臺灣市售白木耳95%皆是來自大陸的乾貨，為了生產效率，使用農藥；為了賣相好，使用漂白；為了保存更久，添加防腐劑；加上整個現代社會飲食習慣已被口感、香氣蒙蔽了對食物的認知，因此讓香精、甘味劑等添加物犧牲了原本的天然健康。

白木耳是一種嬌貴的菇菌，必須符合特定的生長條件，種植成本高。然而中國產的乾燥白木耳，因使用各種藥劑，產量大、價格低，三十幾年前引入臺灣後，臺灣本土的白木耳便因無法競爭而逐漸消聲匿跡。

8more秉持著「老實、如實、真實」，堅持提供新鮮的白木耳，為此導入ERP系統，藉由線上系統整合顧客的訂單並直接與上游供應商下訂，一系列的自動化和簡化採購流程，提升組織的可見度、效率和有效控制採購流程，解決了傳統市場上為避免過期而添加防腐劑的問題。在庫存管理方面，自動化倉庫管理提供庫存可見度，同時有效控制內部採購和銷售流程，減少購買過多白木耳導致浪費的疑慮，在這層基礎上提供顧客健康、天然，能安心食用的白木耳。

近年健康意識逐漸抬頭，愈來愈多人崇尚天然、無添加的健康食品，因此8more以天然、健康、無負擔的白木耳飲品為主打，從一開始就鎖定不一樣的目標客群；此外也提供孕婦族群一系列的相關知識及活動，並針對這些目標客群設計各式各樣口味，在達成健康的目的之餘，同時也讓消費者有更多的選擇。

在鎖定顧客群後，為了讓消費管道更為暢通及便利，8more選擇以B2C（Business To Customer）的方式導入各式支付平台（街口、Apple pay等），使購買在流程上簡便許多，此外更是和購物平台合作（Foodpanda、Ocard等），增加產品能見度，更能藉由訂單資料庫，以大數據來分析顧客的偏好，對產品進行改良，配合市場需求。

近來國、內外市場已愈來愈多店家推動企業電子化，除了相較以往傳統店面購物方便外，透過不同平台的合作、結合，提高便利性；對於公司而言，在管理員工、控管存貨以及公司財務上有著與以往截然不同的效率以及正確性，在與上、下游的對接也更為系統化，不再單單只能透過電話或面談聯絡，提供了更多樣的選擇。對於顧客的偏好，更能透過訂單整合系統，由大數據資料推算，不須像以往填寫問卷調查或電話隨機抽訪，一系列的電子化不僅提供了消費者便利，更使企業整體優化，在市場中增加競爭力。

習題演練

1. 8more的企業電子化，與一般企業一樣，從導入ERP系統開始，但ERP也有不同的模組，你覺得應該從哪一個模組開始？
2. 8more的下一個資訊系統，應該是與上游整合的供應鏈管理系統，或是下游的顧客關係管理系統？
3. 個案中提到能藉由訂單資料庫，以大數據來分析顧客的偏好，你覺得是那些資料可以進行這樣的分析？

企業電子化是一種可以提供廠商在網際網路上完成採購交易的系統，不論是企業對企業，或是企業對消費者，企業電子化可以提供整合性的管理。

企業電子化功能包括下列幾項主要的資訊系統：企業資源規劃（ERP）、供應鏈管理（SCM）、顧客關係管理（CRM）及知識管理（KM）。

12.1 企業資源規劃（ERP）

企業資源規劃（Enterprise Resource Planning, ERP）是由Gartner Group在1990年代初期所提出的概念，簡單來說就是運用電腦軟、硬體輔助企業的每一個運作環節；也就是說，整個企業從上游到下游的供應鏈管理，到與顧客關係的管理工作，都透過整合的資訊系統來進行。

早期企業的資訊應用只注重單一業務的問題解決，從財會系統、進銷存系統、物料需求規劃（MRP）系統等，到最後發現企業面臨的問題大多牽涉廣泛，需要各部門互相協調、共同解決，因而演變出整合性的ERP系統，至今凡能促成企業資源分配、運用最佳化的軟體，都可稱為ERP。

ERP的前身是從1970年代開始發展的物料需求規劃（Material Requirement Planning, MRP），及1980年代的製造資源規劃（MRP II）等系統逐步演進而來的。物料需求規劃（MRP）為一種利用電腦來處理原料、零組件訂購及存貨管理、排程問題的系統；MRP II是指製造資源規劃（Manufacturing Resource Planning），為一種依照品質管理循環，結合整個企業的製造資源，以達成企業目標的資訊系統。

現在ERP是指運用資訊技術，以系統化的管理概念，為決策階層及員工提供完整企業資訊的整合型管理系統。ERP系統結合資訊科技與管理技術，成為現代企業運作的基本系統，以協助企業有效、合理分配資源，協調各部門活動，使企業能創造出最大效益。

一、ERP系統的功能及架構

一般常見的ERP系統包含財務會計、物流、人力資源等核心模組，分述如下：

(一) 財務會計

在MRP及MRP II時期，都只要求單純的會計、帳務處理，頂多要求針對應收／應付帳款進行管理與分析。在ERP系統中，它可將由生產活動、採購活動輸入的資訊自動計入會計財務模組產生總帳、會計報表，取消了輸入憑證的繁瑣過程，幾乎完全替代以往傳統的人工輸入與操作。一般ERP軟體的財務部分為會計記帳與財務管理兩大範疇，因此可以做到除了精準的會計記帳之外，還包含企業的財務管理與分析，可將流動現金、資產管理進行分析與預警。

1. 財務管理

   財務管理的功能主要是將會計記帳的數據，再加以分析，從而進行相應的預測、管理和控制活動。它側重於財務規劃、控制、分析和預測。

2. 會計記帳

   會計核算主要是記錄、核算、反映和分析資金，在企業經濟活動中的變動過程及其結果。它由總帳、應收帳款、應付帳款、現金、固定資產、多國幣制、薪資計算及成本庫等部分構成，甚至也有系統已具備績效評估的能力，擺脫單純記帳、過帳的能力，逐漸強調管理的功能，以協助企業進行財務決策。

(二) 生產管理

這部分是ERP系統的核心所在，它將企業的整個生產過程有效的整合在一起，使得企業能夠有效的降低庫存，提高效率。同時各個原本分散的生產流程都能彼此自動聯繫，也使得生產流程能夠前後連貫進行，而不會出現生產脫節，耽誤生產交貨時間。生產控制管理是一個以計畫為導向的生產、管理方法。首先，企業確定它的一個總生產計畫，再經過系統層層細分後，分配到各部門去執行。即生產部門以此生產，採購部門依此採購等。

(三) 物流管理

延續了製造業的MRP管理概念，並加入產品的銷售及配送；包含預算管理、業務評估、管理會計、作業基礎成本制（ABC）成本歸戶及績效評估等現代基本財務管理方法，從原料的採購到產品的配送，都由此模組進行。

(四) 人力資源管理

以往的ERP系統基本上都是以生產製造及銷售過程（供應鏈）為中心的。近年來，企業內部的人力資源，開始愈來愈受到企業的重視，和ERP中的會計財務、生產管理及物流管理組成一個高效率的企業資訊系統，它與傳統方式下的人事管理有著根本的不同。舉凡組織架構的設計、差勤管理、薪酬系統以及人力資源管理與開發等，皆全部納入。

ERP系統是一個在公司範圍內應用的整合系統。資料在各業務系統之間高度共用，所有資料只需在某一個系統中輸入一次後，就不斷被整個系統中不同子系統所共用，保證了資料的一致性，使得公司內部業務流程和管理過程進行了優化，主要的業務流程實現了自動化。最新的ERP II系統甚至納入供應鏈管理、電子商務及顧客管理的功能，不只提升企業本身的效率，也同時提升了供應商的效率與顧客的服務品質。

12.2 供應鏈管理（SCM）

供應鏈（Supply Chain）對於以代工業務為主的臺灣電子業而言是非常重要的，尤其現在面對全球化的競爭壓力，企業本身的管理及對市場的反應速度都要非常快速，才不會被對手所淘汰，同時由於產品週期逐漸縮短，導致企業對於供應鏈的管理日趨重要，成為企業日常運作中非常重要的一環。

供應鏈（Supply Chain, SC）源自於物流、流通（Logistics），原本指的是軍事上的後勤補給活動，隨著商業活動日趨複雜，批發業、零售業紛紛將軍事上的後勤作業運用到商業活動上，以確保零件、產品能確實依照計畫運送。

根據美國供應鏈協會（Supply Chain Council, SCC）在2001年所下的定義：供應鏈是指從上游供應商到最終顧客之間，所有與產品生產、配銷有關的活動流程，並提出供應鏈操作模型（Supply Chain Operations Reference Model, SCOR Model），將組織分為：規劃（Plan）、資源（Resource）、製造（Make）、運送（Deliver）、回收（Return）等五個流程。

供應鏈管理（Supply Chain Management, SCM）為管理一產業上、中、下游間的原料供應、產品製造、物件配送、成品銷售等連鎖行為進行精緻化整合。其目的在於求取經營成本的最小化或企業利潤的最大化。SCM可視為在MRP II與ERP的基礎下，將廠內或企業內的管理，延伸到廠際或連鎖企業的管理。

SCM系統的興起，始於1997年左右，由於個人電腦的需求量遽減，因此IBM、康柏（Compaq）、惠普（HP）等電腦大廠，普遍受到庫存過多、收益直線下滑之困擾，但是戴爾電腦（DELL Computer）因實施接單後生產（Built to Order, BTO）、運用電腦商務及完善的供應鏈管理，卻能奇蹟式地使利潤持續成長，使得各公司有樣學樣、急起直追，立即採用所謂「戴爾模式」的SCM系統；此舉當然也使得全球廠商紛紛群起仿效。

一般來說，構成供應鏈的基本成員包括：

1. 供應商：指為生產廠家提供原物料或零件、部件的企業。
2. 廠商：指產品製造商，產品生產的最重要環節，負責產品生產、開發和售後服務等。
3. 經銷商：生產商將商品送到不同地理範圍所設立的產品流通代理企業。
4. 零售業：將產品直接銷售給消費者的店家。
5. 物流業：上述企業之外，專門提供物流服務的企業，其中批發、零售、物流業也可以統稱為流通業。

一、SCM系統的功能及架構

供應鏈管理系統主要包括管理功能、流通功能與企業流程，分述如下。

(一) 管理功能

凡企業與企業間所有運作流程所需具備的元素，均可歸類為管理組成，包含規劃與控制、作業分工、工作內容、組織架構、生產流程、資訊流程、研究發展、協同合作等。除了上述之功能外，透過供應鏈的運作，降低供應鏈上所有成員的風險，並提高獲利，整合供應鏈上各成員的企業文化，藉此建立溝通模式，也是影響供應鏈效益的重要因素。

(二) 流通功能

供應鏈中最重要的四流，一般包括物流、商流、金流及資訊流等四個流程，各有其不同之功能。

1. 物流：指物品的流通，在供應鏈系統中，指的就是物品由批發送至消費者手中的所有流程。該流程的方向是由供貨商經由生產商、批發與物流、零售商等，一直到消費者。這部分值得重視的是，讓物品在流通過程中，以短時間、低成本送達消費者手中。
2. 商流：指所有權的流通，也就是訂單、合同，及所有商業單據的流程。這個流程的方向是在生產商、批發商與消費者三者之間。很多商品其物流與商流是分開的，例如：汽車，擁有汽車除了汽車本身之外，行車執照才代表擁有汽車。其他如金融商品，就沒有所謂的物流，而是以商流為主。
3. 資訊流：指資訊的流通，亦指在供應商與消費者間，所有資訊的流動過程。以往消費者把重點放在看得到的物品上，因而忽略資訊流的重要，但在現今的商業環境，尤其是電子商務發達的今天，資訊流更為重要。

4. 金流：指貨幣的流通，該流程的方向是由消費者經由零售商、批發與物流，最後流動至生產商等。以往的金流以現金支付為主，在現在的電子環境中，信用卡支付、電子支付、第三方支付等，都屬於金流討論的範圍。

(三) 企業流程

所謂的「流程」，指的是為達到特定的目標，所進行的一系列活動或步驟，這些步驟之間有嚴格的先後順序，而步驟的內容、方式等，也都有明確的界定。供應鏈的企業流程，包含以下幾項重點：原物料供應、倉儲、生產與作業管理、批發零售、消費者需求等（見圖12.1）。

(四) SCM功能模組

供應鏈管理的架構由許多應用程式組成，其模組名稱與功能不盡相同，且進入市場的時間不長，使得國內的建置範例不多，大部分分為供應鏈規劃（Supply Chain Planning, SCP）及供應鏈執行（Supply Chain Execution, SCE）兩大類模組。

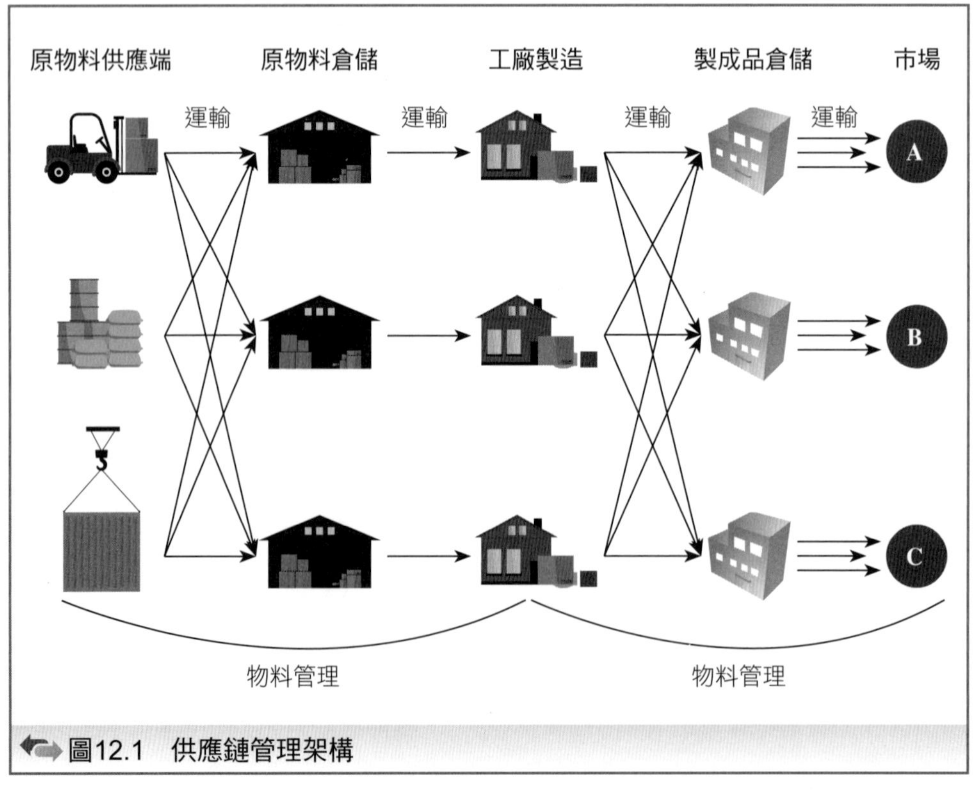

圖12.1 供應鏈管理架構

1. 需求規劃（Demand Planning）：依據顧客的訂單及生產的歷史資料，預測客戶未來的需求。對供應商的異常供應狀況提出預警，並能對銷售、行銷、物料的狀況同步追蹤。
2. 訂單管理（Ordering Management）：由接到客戶訂單、訂單輸入及處理、訂單履行的整體流程中，管理及分配資源，履行客戶訂單的需求。
3. 供應商管理（Supplier Management）：納入供應商採購流程、組織架構、聯繫資訊、交易記錄及績效等資訊，達到優化管理，降低成本的目的。
4. 庫存管理（Inventory Management）：從倉庫運送至生產地點、配銷地點，或從生產地點、配銷地點運送至倉庫的收料、儲存及運送活動。即管理和監控物品的入庫、存貨、出庫及運送等相關活動。使供應鏈庫存量降至最低，達成高效率的庫存管理。
5. 生產排程（Production Scheduling）：依據訂單或企業所設定的銷售計畫目標，並考慮整體供需狀況，進行生產計畫及供應的規劃，達成供給與需求的平衡。排程規劃是以生產計畫為依據，擬定在特定時間內，完成特定數量的產品。
6. 運輸管理（Transportation Management）：負責規劃物料或成品的運送，建立出貨排程與路線、追蹤出貨，並管理運費成本。

二、長鞭效應

長鞭效應（Bullwhip Effect），也被翻譯為牛鞭效應。所謂「長鞭效應」是指在供應鏈中，當下游的訂單產生改變時，愈往中、上游，受其訂單改變的變動會愈大。影響長鞭效應的主要原因有下列幾項：

(一) 預期心理

當預期產品的供給會有短缺時，會誇大訂貨來囤積；當預期存貨過剩時，會減少訂貨量，造成訂單變動量愈往上游愈大的情況。

(二) 價格變動

當價格下降，會大量訂購及囤積產品；等價格上漲時，則訂單大量減少。

(三) 前置時間

前置時間愈長，所需的安全存量、訂購數量、囤積數量就愈大，變動幅度也會因此加大。

(四) 錯誤預測

傳統的存貨政策非即時生產系統（Just in Time），會因一個時點的預測錯誤，對未來訂購量產生嚴重影響，擴大長鞭效應的作用（見圖12.2）。

長鞭效應會提高廠商的製造成本、存貨成本、運輸成本，並降低產品的收益。長鞭效應對於供應鏈的影響，包含製造商的生產量穩定性差，導致生產成本的增加；因為不能有效及時滿足顧客需求，導致供應鏈成本高、效益低，競爭力不高；如此造成長鞭效應一方面會導致大量庫存，另一方面則面臨庫存陳舊的風險。

利用良好的供應鏈管理系統，可以減少長鞭效應的影響，主要利用供應鏈系統的下列優勢：

1. 提高資訊技術的應用，修改作業程序。
2. 採用電子商務的供物流程。
3. 透過電子方式，直接取得資訊。
4. 提高零售商與供應商的互動程度。
5. 前置備料時間的縮短。

如此可以產生資訊集中的效果，降低需求的不確定性，並減少需求的變動量，更可以縮短訂單處理時間，減少訂購前置時間，避免誇大的訂單資訊。

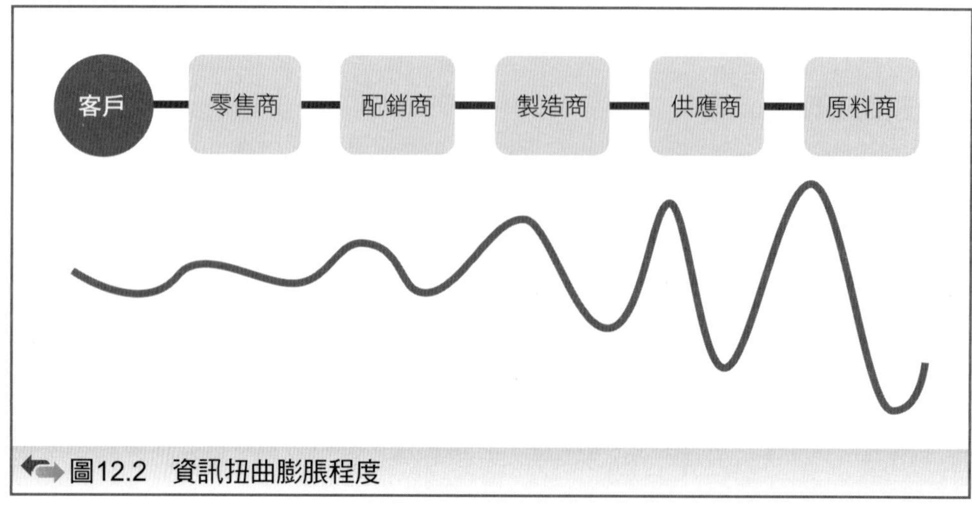

圖12.2　資訊扭曲膨脹程度

透過策略聯盟關係，可改變供應鏈中的資訊分享方式與存貨管理方式（Vendor Management Inventory, VMI），以減少長鞭效應的影響。

12.3 顧客關係管理（CRM）

顧客關係管理（Customer Relationship Management, CRM）概念發源於美國，指協助企業在有限的資源下，利用適當的分析工具，找出最有價值的顧客，進而提出行銷活動，以促進其產生購買的行為。一般企業經常把營運焦點放在「獲取新顧客」上，卻往往忽略了原有的顧客，如此一來，便造成了所謂的「旋轉門效應（Revolving-door Effect）」，也就是費盡心思地將新顧客吸引進來時，舊顧客卻經常流失。

在1980年代初期便有所謂的「接觸管理」（Contact Management），專門收集顧客與公司聯繫的所有資訊，是現在顧客服務的雛形；至1990年初期，更演變為包括電話服務中心以及支援資料分析的顧客服務功能（Customer Care），並開始運用資料倉儲（Data Warehouse）、資料探勘（Data Mining）等技術；一路發展至今，都是為了要更進一步的開拓市場與發掘出顧客的價值所在。

本章主要討論的是企業與現有客戶，及潛在客戶之間關係互動的資訊系統，藉由對客戶資料的累積及分析，CRM可以增進企業與客戶之間的關係，從而最大化增加企業銷售收入和提高客戶留存。CRM會蒐集資料主要是透過多重管道，全方位收集客戶的相關資訊，包括公司官網、電話、郵件、線上聊天、行銷活動、社群網路等，以了解目標潛在客戶以及滿足客戶需求。

客戶關係管理的範圍與步驟如下：

(一) 認識客戶

利用資訊系統，隨時將碰到的客戶名單輸入資料庫中，以收集客戶相關情報，驗證並更新客戶資訊，刪除過時資訊。

(二) 進行差異分析

找出主要客戶（Key Account），不同之顧客群，必然存在不同特質，將顧客群有系統地分類，針對不同的顧客群設計商品與服務，擬定不同的行銷策略與廣告模式。

針對過去的客訴提出分析，確保未來減少客訴的發生。

(三) 掌握顧客（Customer Retention）

取得新客戶所花費的成本，較維持一個既有客戶高出五倍以上。現今商業環境競爭，顧客選擇多元化；如何掌握既有顧客群，避免流失，是企業努力的目標之一。企業可以藉由資料探勘（Data Mining）技術，找出有價值的顧客，繼續吸引顧客與維持良好的關係，防止顧客轉移。

所謂資料探勘指的是利用人工智慧、機器學習、統計學和資料庫等技術，設法於龐大的資料庫中發現特定模式或有用資訊之過程。

一、CRM系統的功能及架構

CRM的功能架構大致有下列模組：

(一) 行銷自動化

對市場行銷活動規劃、執行、監督和分析，可幫助管理行銷資訊，掌控預算、產生報表。

(二) 零售自動化

協助銷售員直接面對消費者的系統，為現場銷售人員所設計，主要功能包括聯繫客戶、行程安排、佣金預測、報價和分析等，客戶服務中心（Customer Service Center or Call Center）利用電話來促進銷售、行銷及服務，可以進行訂單、報價、客戶聯繫、接受客訴等工作。

顧客服務自動化指的是提高與顧客服務相關業務流程的自動化，其內涵包括現場服務分配、客戶管理、客戶產品生命週期管理、服務人員管理、區域管理等。也可藉由與企業資源規劃（ERP）的整合，進行訂單管理、後勤、零件管理、採購、品質控制、成本追蹤等。

二、顧客關係管理的成功條件

顧客關係管理是一種商業行銷，具體的實現，除了高層領導的支持外，不外乎下列幾項。

(一) 完善的客服流程

顧客關係管理如果沒有好的資訊系統作為輔助，不容易成功，而資訊流通的要項之一則是順暢的流程。成功顧客關係管理的重點，應該先把精神放在流程上，而不是過分關注技術。

(二) 靈活的資訊技術

在成功的CRM系統中，技術的選擇需要與欲改善的問題緊密結合。如果銷售管理部門想的是減少新銷售人員熟悉業務的時間，那麼就該選擇銷售自動化系統，而非客戶服務中心這種顧客關係管理系統。根據業務流程的問題來選擇合適的技術，才能具體解決問題。

(三) 良好的組織團隊

顧客關係管理的團隊成員應該具備各種不同能力，例如：業務流程重組的能力、系統整合的能力、面對客戶溝通的能力等。

12.4 知識管理（KM）

在討論知識管理之前，首先要定義何謂知識。知識的說法很多。本書將知識定義為流動與非流動、結構化與非結構化資料的總稱。知識的內容包括結構化處理的文字、數字資訊，非結構化經驗、價值，更包括了專家的見解、經驗的評估等，都屬於知識的範圍。

Davenport（1999）提出知識六大要素：

1. 經驗要素：指曾做過或經歷過之事，知識是由經驗累積而成的。
2. 事實要素：有事實根據、可提供人類判斷之準則。
3. 複雜性要素：知識會以複雜之形式，處理複雜之事務。
4. 判斷要素：依據過往之經驗做判斷，亦得自我調整以因應不同形式之狀況發生。
5. 經驗法則與直覺要素：藉由經驗之累積，發生相似情狀之事件時，經驗法則會提供解決之方式。
6. 價值觀與信念要素：不同個體之價值觀及信念皆不相同，對知識的認知也不相同。

具體來說，知識（Knowledge）指的是將資料或資訊進一步處理，並經過專家歸納或推理出來的，稱之為知識。知識通常分為外顯性知識（Explicit

Knowledge）與內隱性知識（Tacit Knowledge）。

1. 外顯性知識

   外顯性知識指的是可以用文字與數字表達之客觀且形而上之知識，得藉由具體之資料、專利、圖形、電腦程式、科學公式、標準化之程序來溝通與分享。

2. 內隱性知識

   所謂的內隱性知識，為無法用文字或句子表達之主觀且實質之知識，通常為個人化、難以形式化，不易溝通或與他人分享，如主觀之洞察力、預感及直覺均屬此類。內隱與外顯知識之差異比較，請見表12.1所列。

學例來說，傳統的會議資料都是以檔案的形式儲存，如果沒有訂定關鍵字、索引等，將來搜尋、運用就會很困難，較難以管理。要將會議資料知識化的辦法，就是將會議資料訂出許多資訊，以便索引。例如：會議名稱、時間、地點、參加人員、主席報告、提案、說明、決議等，相較於單一檔案，這樣的會議資料一定更容易搜尋、運用與分享，也較容易達到知識管理的目的。

學校是知識創造的來源之一，而學位論文更是累積知識的重要管道，例如：碩士論文及博士論文。除此之外，不論是教授、學者或是其他知識工作者，也常利用各種機會發表包含研討會論文或期刊論文等學術論文，這些研究論文的差異性在哪裡呢？所謂的碩士論文，指的是如何將理論應用在實務上，博士論文指的是一份獨立而完整的研究，研討會論文是初步研究成果的展現，而期刊論文則是對理論或實務有貢獻的論文（表12.2）。

這些學術論文是否依內涵不同，而有不同的知識管理方式呢？

表12.1　內隱與外顯知識的分別

內隱知識	外顯知識
經驗知識；實質	理性知識：心智
同步知識；此時此地	連續知識；非此時此地
類比知識；實務	數位知識；理論

資料來源：Nonaka & Takeuchi（1995）.

表12.2 學術論文種類

論文種類	內涵
碩士論文	將理論應用於實務
博士論文	獨立完整的研究
研討會論文	初步研究成果的展現
期刊論文	對理論或實務具貢獻

一、KM系統功能及其架構

知識管理為一連串協助組織獲取自身及他人知識之活動，藉由透過審慎判斷之過程，以達成組織的任務。廣義而言，知識管理只是一個觀念性的架構，指藉由組織的知識資產來獲得、處理和創造利益的過程，而此過程除相互學習、解決問題及決策外，尚須結合組織、人、電腦系統等，以獲得、儲存及使用知識；狹義而言，知識管理是一項定義清楚之策略或程序，而此程序可以將知識模組化與系統化，以進行知識之創造、吸收、傳播與應用，使企業獲得知識創造之最大效益。知識管理之目的係為知識創造及知識累積與應用，其特色如下：

1. 知識管理的主要目標為提出更快、更好之決策，成本控制並非唯一考量。
2. 知識管理的利益難以量化，但知識管理是一件值得投資之事。
3. 知識管理可以給予員工清楚且一致之觀念，員工可將此觀念轉達給內部或外部之顧客。
4. 知識管理最困難之部分並非技術，而是組織文化，難以進行知識分享，通常是知識管理的最大障礙。

Zack（1999）提出知識管理系統可分為知識獲得、知識萃取、知識累積及知識擴散等四大過程（圖12.3）。

(一) 知識獲得

所謂知識獲得，指的是組織知識之取得與引入，而知識管理大師Nonaka認為，有二種角色適合知識獲得之工作，第一為工作小組，係由專家、客戶和製造部門組成，負責引進外來知識；第二為中階經理人，因為中階經理人才能了解部門之需要，最適合負責知識之引入。而知識獲得之行為更可以細分為知識來源類型、知識取得管道及知識創造等三階段。

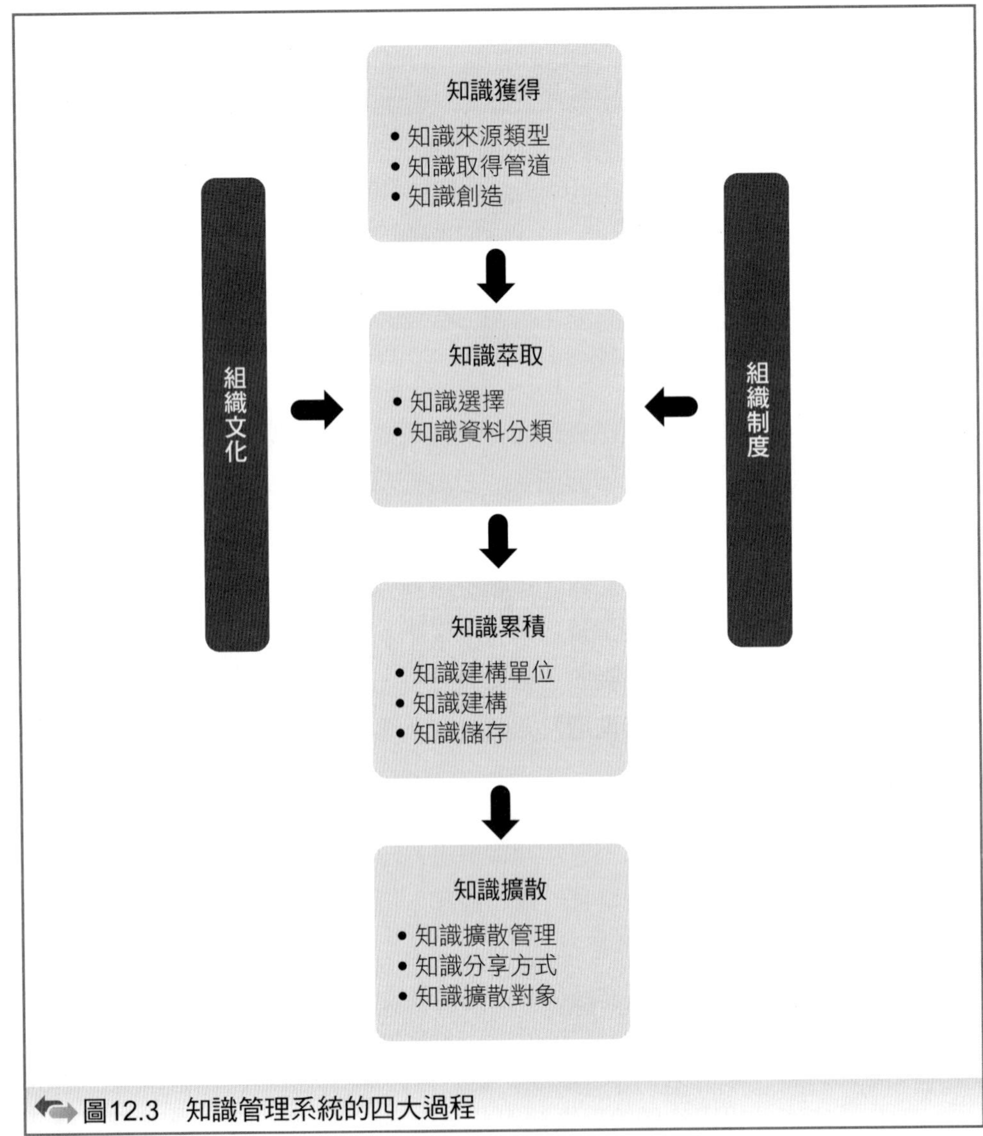

圖12.3　知識管理系統的四大過程

知識創造係由內隱知識與外顯知識互動而得，這個模式稱之為知識螺旋（Knowledge Spiral），有社會化（由內隱到內隱）、外化（由內隱到外顯）、結合（由外顯到外顯）及內化（由外顯到內隱）等四種模式，如圖12.4。

(二) 知識萃取

知識萃取係將獲得之知識分析、編輯，而後再加以公開之程序，將所獲得之知識去蕪存菁。

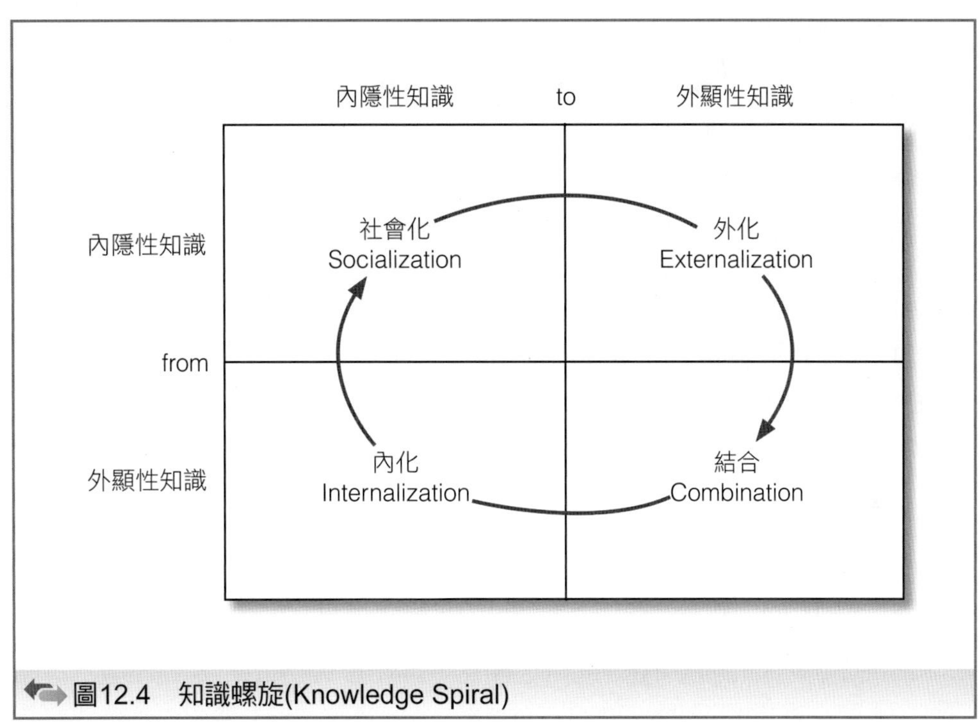

圖12.4　知識螺旋(Knowledge Spiral)

1. 知識選擇

   知識選擇係以產業本身所需知識之特性，來決定何類知識可以被應用。具體做法則是當組織在選擇知識時，應考量組織本身對其產業既有知識之了解與專精，及該產業本身知識之多元性與複雜性。

2. 知識資料分類

   知識之資料分類係將對組織具有價值之知識做初步之歸類，以便將分類知識予以整合之用。所有組織均有過時資料存取之問題，如何將組織之知識資料分門別類存放，為實務上一大課題。

(三) 知識累積

知識累積係將組織已萃取完成之內部知識予以整理建構，再加以儲存，以便組織知識之再利用。也就是將組織內知識整理建構，使其成為易懂而可應用之形式，亦即將知識以結構化方式儲存，以使知識清晰而易於了解。具體做法則是將知識累積之行為，解構為知識建構單位、知識建構及知識儲存等三階段。

1. 知識建構單位

知識建構單位係指組織內負責將已分類之資料、資訊，轉化為易於儲存之狀態，成為組織知識之單位。

2. 知識建構

知識建構指的是知識整合，通常可以四個原則來進行：

(1) 決定知識建構之目的何在。
(2) 於不同形式知識中，如何掌握適合之知識，以達成目標。
(3) 如何評估判斷知識之適用性。
(4) 如何以適當之媒介進行整合與傳播。

再以知識建構劃分方式來說，可以劃分為實證之知識、高級之技能、系統之認知及自我創造之激勵等四種類型。

3. 知識儲存

知識儲存與資訊系統有密不可分之關係，傳統上，認知以「超連結型」組織結構之方式來儲存知識，其分為知識資料庫、企業系統及專案系統等三層次來儲存知識。具體方式則可以將組織知識藉由專家、經驗性員工或技能工作者為媒介，將組織內之活動、產品、結構、制度、法條、規則等，儲存於資料庫或資訊系統內，使其成為組織知識。

(四) 知識擴散

知識擴散之主要目的，在於有效率地將組織所儲存之知識傳遞至所欲傳達之組織成員，主要可分為知識擴散管道、知識分享方式及知識擴散對象等三階段。

1. 知識擴散管道

因知識具備獨享性，故知識管理者須有公開之意願與能力，才得以使知識擴散管道有效運作。

2. 知識分享方式

外顯性知識最好的分享方式就是藉由資訊系統，而內隱性知識分享的方式則可以是內部研討會、成果展示、教育訓練等。

3. 知識擴散對象

知識管理之終極目的，即是將欲傳達之知識給予組織內應被傳達之員工。有時內部會將獲取資訊之權限分級，然其對象應為組織內之全體成員。

12.5 企業電子化實施方式

企業電子化系統不同於一般電腦系統，不但金額龐大，導入的成敗更攸關企業的存亡，每家企業的規模、策略定位與核心產品不盡相同，因此在發展企業電子化系統與導入方式時，就有許多種不同的看法。通常企業在導入電子化系統時，有三種不同的方式：

一、全面性導入

對於一般企業選擇的導入方式來說，為最普遍做法。它是將企業現有的系統淘汰掉，而直接改用整套新的系統，並同時調整組織架構、營運方式與人員編制，同時也達成企業流程再造的目標。但是相對的，這樣貿然地大規模改變組織體質，風險也最大。

二、漸進式導入

漸進式導入雖然導入速度較慢，但是可以讓組織各子系統逐次導入，大幅降低風險，另一項優點就是，導入的經驗與相關資源可以逐漸累積，節省重複的花費，特別是採分權式的大型企業，大多會選擇漸進式的導入。

三、快速導入

企業為了爭取時效，大多會參考相同產業中其他廠商的導入模式，或是由輔導廠商直接提供「最佳管理實務」（Best Practices），迅速建構企業自己的系統。通常快速導入，採用部分的功能模組逐項導入，而不是整個系統導入。因為產業特性不同，有時資訊廠商提供的解決方案並不完全適用，企業可能僅就自己未來的需求規劃，導入會計財務、人力資源、物流管理，或是配銷流程等部分模組，也有可能僅導入供應鏈管理或是顧客關係管理等系統，待將來有其他資訊功能需求時，再導入所需的功能模組。

四、企業電子化的成功條件

導入的成功條件，可分為適合的系統及有效的方法兩方面，以下分別討論：

(一) 適合的系統

目前國內、外相關廠商眾多，知名的ERP廠商不外乎國內的鼎新、SAP、Oracle等，各家均有不同之特點。

鼎新宣稱可以滿足企業成長各個階段，也可以視企業成長需求而擴充至人力資源管理（Human Resource Management）、銷售點情報系統（Point of Sales）、企業流程管理（Business Process Management, BPM）及商業智慧（Business Intelligence）等。

Oracle的中文是甲骨文公司，是一間全球性的大型企業軟體公司，總部位於美國加州紅木城。甲骨文公司的主力產品分為兩大類，一類是伺服器及資料庫，另一類才是應用軟體。而應用軟體中包括企業資源規劃（ERP）、客戶關係管理（CRM）軟體、人力資源管理（HRM）等，其主要競爭對手就是德國SAP公司。也因為甲骨文公司以資料庫系統起家，其ERP較適用於大型企業，主要理由是大企業資料量大，甲骨文的強大資料庫管理系統較易解決，當然其ERP價格也較高，後續維護與顧問費用也高，並不適用於中小型企業。

SAP是一間總部位於德國的軟體公司，也是全球領先的企業應用軟體解決方案供應商，其分公司遍布全球130個國家。其ERP系統可以協助各種規模、及各種領域的企業，以實現卓越的營運。SAP系統應用範圍很廣，從企業後台到公司管理層、從工廠倉庫到店面、從桌上型電腦到行動裝置，該系統都能協助客戶和企業更有效率地運作，同時更加有效地獲取商業洞察力，在競爭中保持領先地位。

(二) 有效的方法

除了採購軟硬體之外，還需配合下列做法才有成功的機會：

1. 決策高層支持

   導入ERP是個浩大的工程，牽涉企業軟硬體的再造，一定會招致許多磨擦及反彈，需有決策高層的權力支持才會成功。

2. 訂定企業目標

   在雙方簽訂合作前，一定要在技術協議條款中明確制定ERP的實施目標、具體實施內容、使用的技術、實施的計畫、步驟以及分階段項目成果、驗收辦法等，以作為導入成效的衡量。

3. 重組業務流程

在導入ERP後企業的效率必定得以提升，但原本的作業方式及業務流程勢必跟著進行調整，業務流程重組是對企業現有業務運行方式的再思考和再設計，最好是由管理諮詢公司在ERP實施前，對企業進行長時間的狀況分析，提出適合的企業流程，配合ERP的系統流程，才能達成導入ERP的最終目的。

4. 完善人員培訓

有好的系統還需要有合格的人員操作，避免錯誤發生，透過培訓制度，更可以提高員工素質，保證系統的正常運作。

5. 有效監督考核

內部需要組成ERP專案小組，進行協助ERP的導入，除了與所有部門進行溝通與宣導、導入工作的監督與追蹤，還需了解導入之後的進度與成效。

Chapter 13

資訊安全

13.1 資訊安全內涵
13.2 資訊安全範圍
13.3 資訊安全威脅
13.4 資訊安全技術

資訊科技與電子商務的進步愈來愈快速，資訊系統安全問題也愈來愈嚴重，本章先説明資訊安全的內涵，包括隱密性、驗證性、完整性及不可否認性。其次，討論資訊安全範圍，包括刺探、掃描、盜用帳號等。接著説明企業目前主要面臨的資訊安全威脅，像是網路釣魚、電腦病毒、勒索軟體等，可藉由安裝防毒軟體與防火牆來阻絕，但如果個人自發性的上當，也無法完全阻絕網路安全威脅。最後説明目前資訊安全的基本技術。

WannaCry？勒索軟體無所不在

2017年5月，一個名為「WannaCryptor」，也被稱為「WannaCry」的惡意軟體突襲英國國民健保署。勒索軟體導致英格蘭和蘇格蘭的醫院營運異常，影響救護車派遣與例行操演，而患者資料被鎖定，除非受感染的電腦交付贖金，才能得以解鎖。

這個惡意軟體程式大規模攻擊相當多的知名目標，至少有99個國家的不同目標在同一時間遭到WannaCryptor的攻擊，包括聯邦快遞、德國國家鐵路、西班牙電信及許多大型企業，更不必說世界各地的個人電腦。PC受到感染後，勒索軟體會鎖定資料和設備，並等待收害者交付贖金。

臺灣的全球晶圓代工龍頭台積電也遭到「想哭」電腦病毒突襲，雖然經過工程師緊急搶修救貨，但仍有少數晶圓報廢。這樣的資安漏洞當然導致了營收減少、客戶轉單等問題。

其實，台積電資訊管理嚴密，很少發生資安漏洞，工作人員通常無法攜帶任何個人電子產品進入產線，即使是手機，也要使用台積電內部專用機，這次遭到2017年5月全球爆發的勒索病毒「想哭」（WannaCry）攻擊，各界相當震驚。

據報導，台積電這次病毒感染的原因，是新機臺在安裝軟體的過程中操作失誤，導致病毒在新機臺連接到公司內部電腦網路時，發生勒索病毒擴散的情況。所幸台積電其他機密資料並未受到影響。

WannaCry被翻譯成「想哭」，也有人稱之為「魔窟」，利用美國國家安全局的「永恆之藍」（EternalBlue）漏洞利用程式，透過網際網路對全球Microsoft Windows作業系統進行攻擊的加密型勒索軟體兼蠕蟲病毒（Encrypting Ransomware Worm），該病毒要求的贖金是比特幣。

所謂永恆之藍（EternalBlue）是美國國家安全局開發的漏洞利用程式，在2017年4月被駭客組織洩漏。

儘管微軟於2017年3月已經發布Microsoft Windows修補程式，修補了這個漏洞，然而在5月12日WannaCry勒索軟體利用這個漏洞傳播時，很多用戶仍然因為沒有安裝修補程式而受害。

這個漏洞針對Windows使用者進行感染，將資料加密、鎖定設備，並要求

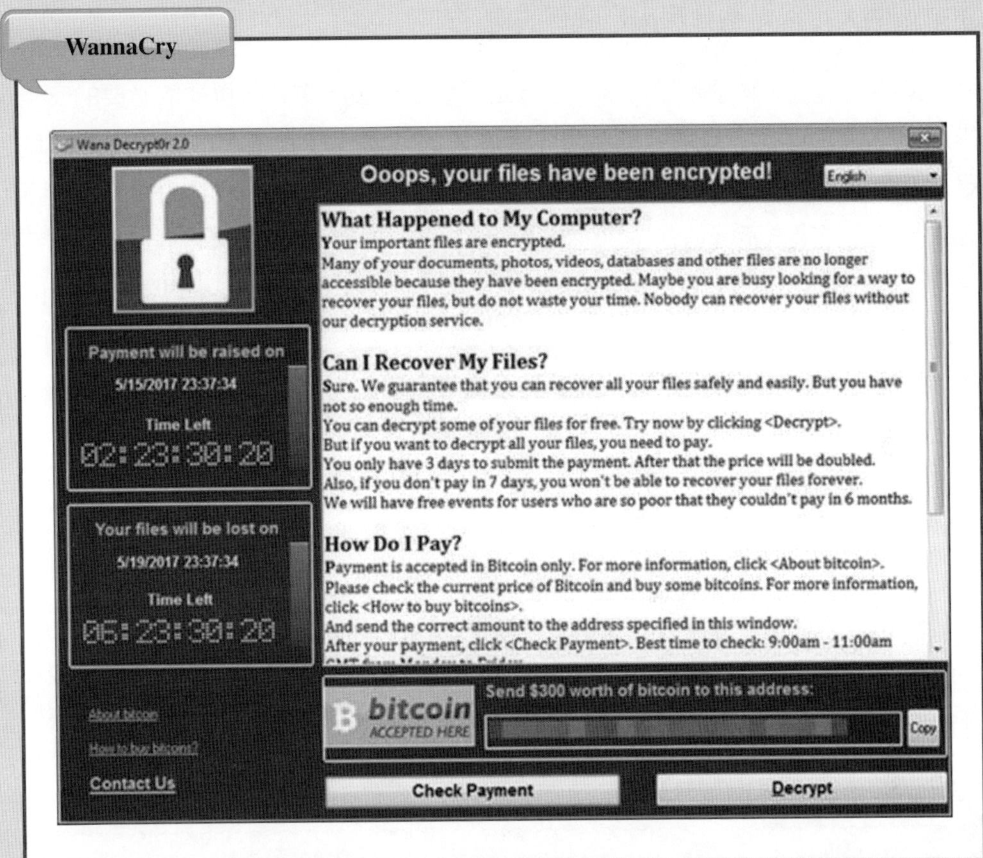

付款以提供解密金鑰。WannaCry具有強大的加密功能，它使用RSA 2048位元加密文件，這是一種難以破解的演算法，若不幸在PC上被WannaCry鎖定設備、加密資料，其要求支付比特幣。據報導，付款金額為300美元起跳，如果未收到付款，勒索軟體會在數小時內破壞文件。

微軟針對這個事件，在2017年3月發布了一個更新來解決此漏洞，但尚未更新系統的用戶和網路管理者，將面臨巨大的威脅。但使用者須留意的是，即使是執行更新軟體，都有可能是惡意軟體偽裝的，所以需要小心的執行或抓取任何軟體的更新作業，因為它可能是惡意軟體，導致原來未中毒者，反而因為更新軟體而中毒。

企業或個人可以做些什麼來自我保護呢？

這不是第一次勒索軟體攻擊，也肯定不會是最後一次。可以採取必要的安全措施來降低被勒索軟體感染的風險，最基本的防範步驟就是將軟體和作業系統更新至最新。但現在的重點是，確保所有系統都針對微軟的MS17-010漏洞進行修補，並阻擋來自不受信任系統的TCP/445 port，或者全面阻擋445 port的所有連線。此外，可以關閉Windows SMB服務，阻止惡意軟體執行分享資源和通信的功能。

另外，進行系統備份是確保防範勒索病毒攻擊的另一種有效的方法。但請留意在雲端平臺進行備份可能不是正確的選擇，因為是對外開放的平臺，資料可能很容易被竊取或被刪除。

至於個人，只要隨時備份，一旦遭受勒索病毒感染，也許將系統整體格式化，重新灌入新系統，則是另一種解決方案。

對於希望落實安全政策免受勒索軟體來襲的企業而言，最有效的方法是將安全議題整合到軟體開發生命週期中。透過這樣做，發布的應用程式將會依循安全性而進行開發，確保應用程式發布時是足夠安全的。

習題演練

1. 請以資訊安全的模型來說明這個個案。
2. 如何防範你的個人電腦被勒索？
3. 一旦被勒索，直接將硬碟格式化是否就能解決問題？

資料來源：叡揚資訊資訊安全事業處
https://www.gss.com.tw/focus/security/item/1691-142-wannacry

13.1 資訊安全內涵

資訊科技與電子商務變化愈來愈快速，網路的連結愈來愈方便，各種資訊系統安全問題也愈來愈嚴重，像是電腦病毒、電腦駭客，甚至電腦犯罪等。因此，如何持續地落實資訊安全管理及加強人員教育訓練，是確保資訊安全的不二法門。根據ISO 17799的定義，資訊安全是保護資訊免於廣泛的安全威脅，以確保商業運作的連續性，降低商業風險，提高投資報酬率和商業機會。簡單來說，就是防止資料未經授權的存取或揭露。一般來說，資訊安全包括隱密性（Privacy）、驗證性（Authentication）、完整性（Integrity）、不可否認性（Non-repudiation）。

1. 隱密性（Privacy）
   係指確保資料訊息於傳輸時不會被他人偷窺或竊取，以保護資料傳輸的隱密性，一般可透過資料加密（Data Encryption）來達到此項需求。目前在網路上常見的加密法有RSA與DES兩種，其中RSA為非對稱式加密法，而DES為對稱式加密法。
2. 驗證性（Authentication）
   可分為兩種，一種是確認資料傳輸訊息之來源者正確——「個體驗證（Entity Authentication）」；另一種則是「訊息驗證（Message Authentication）」，以避免資料傳輸訊息被偽造或發送來源者身分遭冒用。一般透過數位簽章（Digital Signature）或資料加密（Data Encryption）等方式達到訊息驗證；而個體驗證一般均使用帳號、密碼或憑證（Certification）。
3. 完整性（Integrity）
   係指資料未經非授權的修改或資料未毀損；ISO/IEC 10181-6指出，資料保持完整性必須不會有非經授權的資料修改、刪除、創造、增加及重複利用，故完整性應同時具有資料正確與資料為真的概念。一般使用數位指紋（Digital Fingerprint）、數位簽章（Digital Signature）、數位封條（Digital Seal）、時戳（Time Stamp）、序號、亂數技術等，以維持完整性。
4. 不可否認性（Non-repudiation）
   分為兩部分，包含傳送端的不可否認性及接收端的不可否認性，亦即交易的雙方不可否認交易的存在。一般運用所謂的公鑰（Public Key）憑證證明身分，並以私鑰（Private Key）附加電子簽章達成不可否認性。

一、使用者驗證（User Authentication）

隨著人力成本不斷的提高，愈來愈多的資訊或金融服務經由「非臨櫃」的方式提供顧客服務，如自動櫃員機。隨著生活型態多樣化及為了提升顧客更高的服務品質，金融機構亦開始提供電話銀行（TalkBank）及網路銀行（e-Banking）

的服務，由於這些相關服務的交易具有「匿名」特性，所以交易身分識別（Identification）的重要性也日漸提升。

在「電子簽章法」公布施行後，政府建構「公鑰基礎建設（Public Key Infrastructure, PKI）」所提供的網路憑證分成二類：內政部核發的「自然人憑證」主要應用在電子化政府的各項服務，例如：上網繳稅、申辦戶籍謄本、勞農保網路申辦服務等。另一類的金融憑證，則應用在網路下單、網路銀行等。

除了政府的自然人憑證外，企業也開始使用生物辨識技術（BioDentity），所謂「生物辨識技術」，即是運用人體特徵作為識別密碼，這些特徵包括生理上的（如臉型、指紋）或是獨特的行為模式（如聲音、簽名），作為辨識使用者身分。目前運用的生物辨識技術有（圖13.1）：

1. 指紋辨識技術。
2. 掌紋辨識技術。
3. 聲紋辨識技術。
4. 靜脈辨識技術。
5. 虹膜辨識技術。
6. 臉部辨識技術。

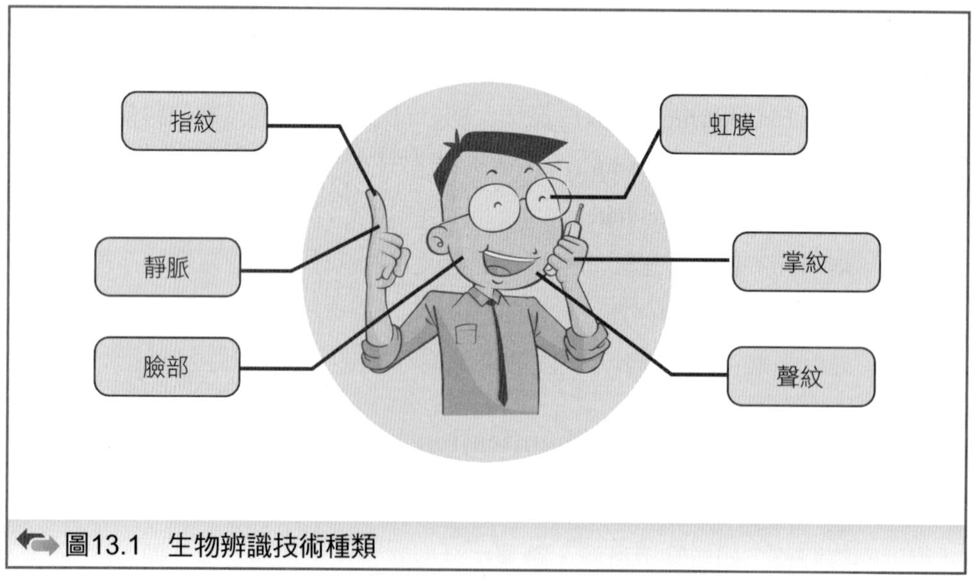

圖13.1　生物辨識技術種類

13.2 資訊安全範圍

由一般常見的網路事件，可大致了解資訊安全的範圍。以下為行政院主計總處（2008）所提出的資訊安全手冊。常見事件有：

(一) 刺探（Probe）

入侵者未經允許登入系統或尋找系統資料，這種行為就像闖空門。

(二) 掃描（Scan）

利用自動化的工具，向大量的網站進行刺探。

(三) 盜用帳號（Account Compromise）

最常見之入侵途徑之一，未經授權便使用他人帳號，可能造成資料被盜用或篡改等。

(四) 盜用控管帳號（Root Compromise）

盜用Root控管者帳號，一旦入侵幾乎可以為所欲為。

(五) 封包截取（Packet Sniffer）

透過截取裝置（Sniffer）在網路上攔截資訊封包。一旦截取了密碼或通行碼，入侵者可以對目標網站發動攻擊。

(六) 阻絕服務（Denial of Service）

不是入侵式的攻擊，不需要透過授權進入系統，而是阻礙合法使用者使用系統。DoS攻擊的形式有許多種，可能是製造大量的資料以消耗有限之資源，如大量讀取網站資料，以致減緩網站反應速度，甚至造成網站服務暫停，其現象有如網路中斷（Disconnect）。攻擊來源分散在多處者，稱之為分散式DoS（Distributed DoS, DDoS），其來源更難以偵測。

(七) 利用信任關係（Exploitation of Trust）

在網路上，電腦間經常需要有一種互信的關係存在，例如：在執行某些指令前，會先檢查特定檔案，以確認在網路上哪些電腦可以使用這些指令。入侵者可能偽造了身分，以取得特定電腦的信任，而可以未經授權就進入其他電腦系統。

(八) 惡意程式（Malicious Code）

是一種含有敵意程式的通稱，這類程式碼包括病毒（Viruses）、木馬程式（Trojan Horse Programs）、駭客為盜取密碼而撰寫的Scripts等。

(九) 網路基礎設施之攻擊（Internet Infrastructure Attacks）

它不是為特定系統而來，而是針對網路基礎設施之攻擊，發生機率低，但十分嚴重。例如：網路名稱管理網站、大型ISP、ICP或ASP，有眾多用戶之大型入口網站。會造成網路之混亂，嚴重影響日常作業。過去以一般網站為主的DDoS攻擊，已有轉向企業或網路基礎建設攻擊之跡象。

以上屬於網路的資訊安全事件，在實體端亦可能由於天然災害或人為疏失導致資訊安全事件，前者包括火災、地震、水災、風災等，後者則包括系統參數誤植、硬體維修失當、操作意外、企業員工內神通外鬼等。

13.3 資訊安全威脅

企業目前主要的資訊安全威脅為：網路釣魚、電腦病毒、勒索軟體等，雖然安裝防毒軟體與防火牆已是企業基本安全配備，但如果個人自發的上當，也無法完全阻絕網路安全威脅。防火牆或許可攔截企圖闖進企業的不安全封包，可是無法招架跳出式廣告（Pop-up）的威脅。防毒軟體或許對木馬程式有法可管，但恐怕還無法移除間諜軟體。

一、網路釣魚（Phishing）

所謂的網路釣魚（Phishing），根據反網路釣魚工作小組（APWG）定義，指的是利用偽造電子郵件與網站作為誘餌，愚弄使用者洩漏如銀行帳戶密碼、信用卡號碼等個人機密資料。利用知名品牌所建立的信賴感，幾可亂真的偽造網站與郵件，也讓此類詐騙行為成功機率達5%。網路釣魚被視為百分之百的犯罪行為，因其多已鎖定特定對象作案，最終目標是竊取金錢或有價資訊。「網路釣魚」常見的手段，包括下列幾項：

網站：最典型的網路釣魚網站，就是使用與正牌網站幾乎一模一樣的網頁內容，極為類似的網域名稱、表格、彈出視窗等，一般使用者對於網站上多一個S

或少一個S，可能都不容易注意，一旦進了網站，下載了某些程式，就有可能被植入木馬程式，進而竊取使用者所有系統中之機密。社群網站則是另一個容易被釣魚的地方，藉由社群網站分享熱門話題是目前的流行趨勢，釣魚者在社群網站上尋找獵物也相對地容易，利用流行資訊，引誘使用者到熱門社群網站註冊、下載程式，或者登入自己的社群網站帳號，更是常見的手法。

電子郵件：釣魚者偽造標誌、簽名，或是撰寫吸引人之標題及內容，詐騙者更提供一些獎品、報酬等，吸引使用者註冊或提供帳號登入，使用者很容易因為誘人的主旨而點入，一旦登入，詐騙者就容易取得使用者的個人資料或帳號密碼。

不一定經過電子郵件，只要使用者警戒心不足，點選某一新聞討論區中的網頁連結，或是輕易開啟不明來源郵件中的附加檔案，都可能被植入惡意程式。甚至是玩玩朋友寄來的網路小遊戲，可能都會有外來程式悄悄潛伏電腦內部。這些程式每隔一段時間會啟動一次，向母公司發送資料。電子商務或廣告業，多少也會利用間諜軟體了解消費者使用行為。基本上，Cookie也算是其中一種，差別在於會不會在電腦系統中搞鬼，回傳不應外洩的資料。目前尚未有數據描繪間諜或廣告軟體的流竄數量，打擊此一現象也並不容易。

二、電腦病毒

電腦病毒是一種會自我複製的電腦程式，將自己附著在其他檔案或程式上，並且在檔案啟動時祕密地執行，自主的執行刪除檔案，或顯示騷擾資訊。而撰寫電腦病毒的目的，常常並沒有真正的獲利，只是為了表現撰寫人的能力，確認病毒帶來的後果，或者看看是否有人能夠將電腦病毒清除而已。

電腦病毒歷史悠久，種類繁多，隨便舉例就有所謂開機型病毒、檔案型病毒、複合型病毒、巨集病毒等，族繁不及備載。如何知道被病毒感染了呢？通常使用者只要出現異常狀況，被電腦病毒入侵的可能性相當高，不外乎電腦執行速度比平常緩慢、載入程式時間比平常久、出現不尋常錯誤訊息、記憶體容量大量減少、自行寄出電子郵件給他人等。

電腦病毒的防治聽起來像是老生常談，不外乎預防與治療，而通常預防勝於治療。很標準的需要有防毒、掃毒、解毒軟體之外，定期掃毒也是重要的課題。其他的標準步驟包括：

使用合法軟體：不用盜版軟體，降低電腦中毒危險。

隨時備份資料：預防萬一中毒時，資料不會喪失。

三、勒索軟體

勒索病毒不同於一般病毒，它是使用系統允許的方式進行檔案加密，造成使用者若沒有該密碼便無法開啟檔案，接著，綁架者對使用者進行勒索。目前的贖金多以比特幣（bitcoin）為主。受害者付完贖金之後，給予解密程式，使受害者得以將檔案復原。當然，檔案也可能慘遭撕票，因此，付完贖金之後，只是「有機會」救回檔案資料。

「勒索病毒」也是一種病毒，所以資訊系統中有防毒軟體可以擋下嗎？雖然有些防毒軟體確實可以預防「勒索病毒」，但多數僅能降低風險，而無法完全預防。

前一節提到，只要不去奇怪的網站，不隨便下載軟體，應該不容易出問題才是，但勒索病毒並非如此運作，其會透過flash的漏洞，讓使用者中毒，或是像釣魚網站般，冒充成常見軟體，誘使使用者上當。

預防「勒索病毒」不外乎下列方式：

1. 不要亂點連結，注意釣魚程式，不要在官網以外的地方「更新」。
2. 隨時更新系統，尤其是一般消費者常用的Windows系統、Chrome系統。
3. 安裝阻擋廣告的插件，像是Adblock等。
4. 安裝具有防堵勒索病毒的防毒軟體。
5. 常常備份資料，並且至少須有一種方式為異地備份，如放置於雲端。

13.4 資訊安全技術

目前在網路上的安全技術有很多種，在軟體方面主要有SSL與SET兩種，在硬體方面有防火牆與私人網路等技術，這些技術的目的都是在於建立一個資料加密的機制，讓網路上的資料傳送可具有資訊安全的五大特性：隱密性、完整性、不可否認性、驗證性與存取控制。

一、SSL

SSL（Secure Sockets Layer）最早是由網景（Netscape）公司所提出的網路

安全標準，指的是網頁伺服器和瀏覽器之間以加／解密方式溝通的安全技術，這樣的安全技術，確保了所有在伺服器與瀏覽器之間通過資料的私密性與完整性，而SSL也採用了公鑰的技術來辨識對方身分，受驗證方必須持有憑證管理中心的憑證，才可以解密資料的內容。SSL是一個企業級的資安標準，它被數百萬個網站用來保護其與客戶的線上交易資訊，而為了使用SSL安全連結，一個網頁伺服器就需要一張憑證。而網頁伺服器要如何使用SSL服務呢？首先網頁伺服器上的SSL服務啟動時，網頁伺服器會被提示幾個關於身分確認的問題，然後網頁伺服器自己會建立兩把密鑰（Key），即一把公鑰和一把私鑰，私鑰是用來維持私密性與安全性的，必要時，私鑰可以證明網頁伺服器的身分。而公鑰是一個包含網頁伺服器及擁有者相關資料的檔案，企業必須將此公鑰傳送給認證中心，透過SSL憑證申請程序，憑證管理中心將驗證這個網頁伺服器的詳細資料，然後核發一個包含詳細資料的憑證，如此這個網頁伺服器才被允許使用SSL。最後伺服器將使用私鑰配合核發的SSL憑證來建立SSL服務，如此一來，這部網頁伺服器就能在伺服器與使用者的瀏覽器之間建立一個加密連結。其中SSL憑證原則上都是發給公司或是法人，一個標準的SSL憑證，包括了網域名稱（Domain Name）、企業名稱（Company Name）、住址（Address）、所在城市（City）、省分（State）及國家（Country）等，同時SSL憑證也包含了憑證的到期日和負責核發此憑證的發證中心詳細資料。

圖13.2說明SSL加密及解密的流程。從甲方傳出的密文，包含甲方的原文，再附加甲私鑰，以確定不可否認性，並同時使用乙公鑰加密。當乙方收到密文時，須用乙私鑰來解密，因只能用乙私鑰解密，故具完整性。

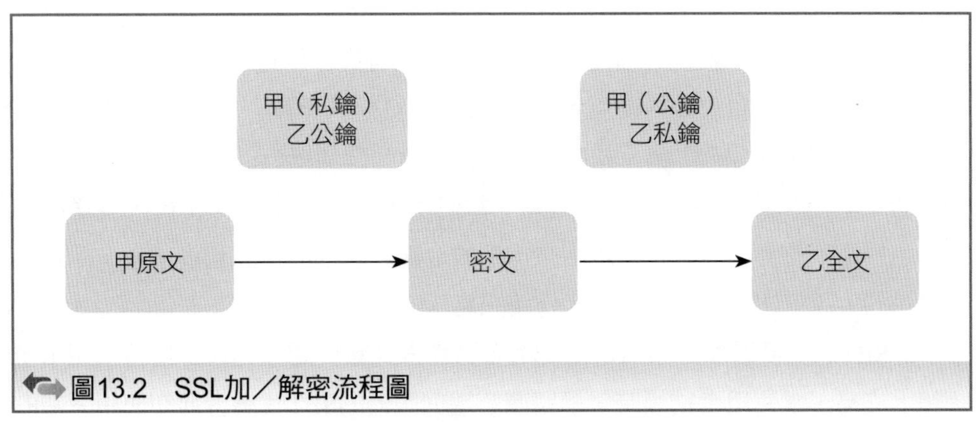

圖13.2　SSL加／解密流程圖

當使用者的瀏覽器連結到某企業的安全網站時，它將收到這個網站發給的SSL憑證，瀏覽器首先會檢查SSL憑證是否過期，以及這個網站所登記的憑證管理中心是否為可信任的，之後瀏覽器會檢查這個網站的內容，是否如核發時所登記的一樣，假如以上三項中，有任何一項檢查不通過，瀏覽器將顯示一個警告訊息給使用者，警告這個網站的內容不安全。如果通過的話，使用者的瀏覽器會隨機產生一把私鑰傳送給企業網站，而網頁伺服器就會利用先前的公鑰來解開使用者的私鑰，並產生另外一把私鑰給使用者，最後使用者再使用這把私鑰來對其本身的資料進行加密，然後傳送至企業的網站，進行下一步的交易或處理。如此嚴密的機制，可以確保資訊的安全性，進而達到不可否認性、驗證性等目的。

二、SET

SET（Secure Electronic Transaction）主要是由Visa與Master兩大信用卡組織所提出的資訊安全協定，SET是一種應用在網路上，為了保障信用卡交易安全的一種電腦付款機制。當信用卡的持卡人向發卡銀行申請信用卡的時候，如果持卡人想要使用SET的機制，就必須在申請信用卡的同時，向相關認證機構以線上或離線方式，取得網路上用來辨別持卡人身分的數位認證，相對於SSL，SET對於使用者身分的認證更為嚴謹，更有不可否認性。

SET的架構是由幾個成員所共同組合起來的。分別是Electronic Wallet（電子錢包）、Merchant Server（商店端伺服器）、Payment Gateway（付款轉接站）和Certification Authority（認證中心）。而運用這四個元件，即可構成網路上具有SET標準的信用卡授權交易。其中電子證書（Digital Certificate）可說是SET的核心，用以建立電子交易中各使用者與金融機構間之信任機制。電子證書是由一個公正的單位來擔任「認證中心」角色，簽發電子證書給銀行、使用者及網路商店。加密碼有了電子證書的輔佐，網路上往來的消費者和商店就能彼此辨識對方確實是真正的商店和有效的使用者，在進行電子交易的時候，使用者和網路商店兩邊會使用SET規格的軟體，先在電子資料交換前確認雙方的身分，也就是檢查由認證中心所發給的電子證書。此外，當使用者把某些訊息加密後，發送出去時，由於電子證書已經確認這組用來加密的金鑰確實為發送訊息者所有，所以發送訊息的人將無法否認他曾經發送這筆訊息。

而SET的交易過程一開始是當使用者已經得到數位認證之後，便持信用卡至網路上交易，當使用者結帳時，網路商店端伺服器的SET軟體會通知使用者端的電子錢包軟體，要求使用者傳送相關資料至網路商店端，通常是要求信用卡卡號、有效年月及驗證碼。而使用者的電子錢包軟體會運用加密技術，傳送相關資料給商店端伺服器的SET軟體，當商店端的軟體收到所有資料時，會整合成付款訊息，並傳送至信用卡的發卡銀行，最後發卡銀行會在查證資料無誤後，進行對商店的付款，以及產生帳單給使用者（圖13.3）。

三、VPN

另外一種我們常聽到的資訊安全技術就是虛擬私人網路（Virtual Private Network, VPN），指的是在網際網路架構上所建立的企業私人網路，並有內部網路相同的安全性、管理及效能等條件。虛擬私人網路是原有專線式企業私有網路的延伸，VPN可以分成三大項目，分別為遠端存取、內部網路及外部網路。遠端存取（Remote Access） VPN乃是連結一些有無線上網能力的企業成員或小型分公司，透過撥接上網來存取企業的網路資源。內部網路（Intranets） VPN是利用網際網路來將固定地點的總公司及海外的分公司加以連結，成為一個總體網路。

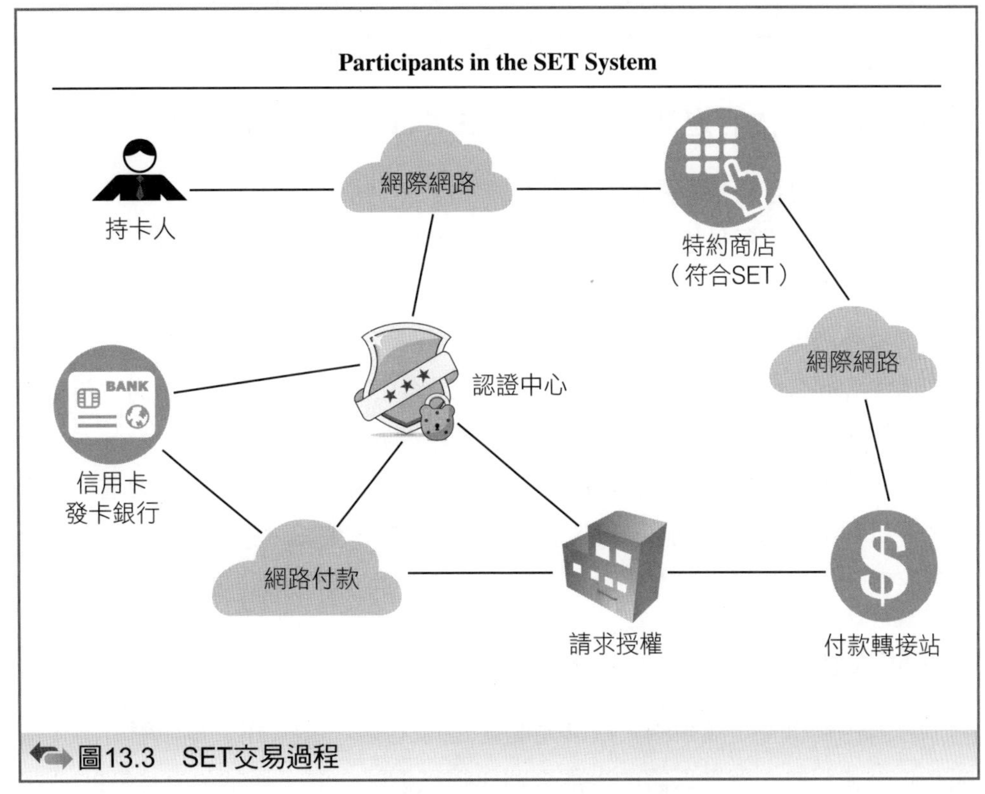

圖13.3　SET交易過程

而外部網路（Extranets）VPN則是將內部網路VPN的連結再擴展到企業的經營夥伴，如供應商及零售商等，以達到彼此資訊共享的目的。VPN並沒有改變原有網際網路的特性，如多重協定的支援、高可靠性及高擴充度等，而是利用軟硬體的技術結合來達到這個目標。

相較於傳統的專線式網路，VPN的出現，提供下列幾項優點：

(一) 固定成本下降

VPN的架設在設備使用量及網際網路的頻寬使用上，均較專線式的架設節省，故能使企業的網路成本得以降低20%~40%左右；而就遠端存取VPN而言，VPN更比直接連線至企業內部網路節省60%~80%的成本。

(二) 網路架構彈性提升

VPN較專線式的架構來得有彈性，當有必要將網路擴充或是變更網路架構時，VPN可以輕易的達成。

(三) 管理性提高

VPN只需要較少的網路設備及線路，這樣使得網路的管理較為輕鬆；不論分公司或是遠端存取用戶多麼眾多，均只需要透過網際網路進入企業網路。

四、電子郵件內容過濾系統（**E-Mail Content Filtering**）

E-Mail的內容過濾需要與電子郵件伺服器進行搭配，進出的電子郵件皆可透過內容過濾系統進行檢查。不僅過濾郵件內容文字，附檔內容，也能在檔案解壓縮後進行過濾，若附檔是加密檔案，也能將其隔離至稽核區，以避免機密文件外洩。垃圾郵件也可透過多種攔截方法達到較有效的過濾，鑑定是否屬於同時間大量的信件、同時間大量的送達人數等，再輔以黑白名單，文字權重，語意辨識等技術，解決垃圾郵件浪費不必要時間與資源的問題。

除了內容過濾外，整合郵件備份功能，可將具商業價值或重要信件備份外，更可利用迅速的搜尋功能找到需要查詢的郵件。資訊供應商也有提供電子郵件伺服器，可整合郵件防毒軟體，可建置電子郵件的第二層防護系統。

五、防火牆

目前在資訊安全技術中，最常見的就是防火牆（Firewall），什麼是防火牆呢？防火牆用於一個受保護的內部網路與網際網路之間，通常位於一般PC或是

Server上。對於企業來說，防火牆是介於企業機構的內、外網路之間。主要目的是讓合法的使用者，可正常取得網路上的資料，防止非法的使用者蓄意或有商業性目的的破壞及保護隱密性資料等。防火牆可以協助阻擋試圖透過網際網路進入企業內部網路的駭客、病毒和蠕蟲等。防火牆是企業網路最重要的第一道防線。

防火牆的基本功能有三種，包括封包過濾（Packet Filtering）、代理伺服器（Proxy Server）與狀態檢測（State Inspection）。封包過濾會檢查網路上進出的封包目的地、來源位址與埠號（Port Number），並根據網路管理者設定的規則，來決定是否接受或丟棄這個封包，封包過濾只針對OSI七層中的網路層，因此並不會影響封包內的資料。代理伺服器最基本的功能就是將使用者瀏覽過的網頁儲存起來，若有其他使用者也瀏覽到相同位址的網頁時，代理伺服器便會將預先儲存起來的資料送予使用者，如此可大大減少網路流量。企業內電腦的網路傳輸都必須通過此代理伺服器，代理伺服器可以進行資料檢查，並檢查網路連線的合法性，且有效地將企業內部的網路和網際網路隔離開來。代理伺服器的程式會檢查用戶端電腦送過來的資料，並判斷是否為合法的資料要不要轉送出去，或是為非法的資料直接丟棄。狀態檢測與上述二類之差別，在於其不僅單純檢查封包之來源、目的及埠號等資訊，還會在檢查時將每個連線狀態放置於本機記憶體，作為連線檢查之用，此一機制除可降低本身之負荷，增加處理速度外，亦可提供檢查之深度，避免一些較高階攻擊手法成功之機率。此外，在一般常見的防火牆設備中，大多具備NAT（Network Address Translation）功能，透過此功能可有效隱藏公司內部網路資訊，避免不必要的資訊暴露在外。

六、網路防毒閘道器（Anti-Virus Gateway）

傳統防毒為Client與Server的架構，透過一台集中管理的防毒伺服器，對用戶端Agent進行更新病毒碼及掃描引擎的工作，用戶端必須登入網域，防毒伺服器才能成功的派送最新的病毒碼資料，若用戶端沒有獲得最新的資料，或者行動工作者因為在外部使用時，無意中中毒，帶回內部網路使用時，都有可能造成病毒的散播。

面對這樣的既有環境，網路防毒閘道器補強了傳統防毒Client 與 Server的架構的缺失。在網際網路進出口的閘道處，建立防毒閘道器就有其必要性，再加上病毒發展的情勢，已經由電腦病毒衍生至電腦蠕蟲、攻擊型的混合病毒，傳播速度之快，若不能於第一時間點設立防堵點，很難控制病毒快速的散佈。完整的防毒解決方案，除了建置網路防毒閘道器之外，也還是需要透過集中管理的派送伺服器，以進行統一的監控，能將最新的病毒碼，分別派送到用戶端及多種網路服務防毒伺服器，用戶端包括桌上型電腦、筆記型電腦等，伺服器防毒包括檔案伺服器、郵件伺服器等。單點的防毒已經無法對抗目前發展速度與散播速度驚人的混合型病毒，建構全面性的防毒才能讓病毒獲得有效的控管。

七、入侵防禦系統（Intrusion Prevention System）

如果把網路安全設備應用在現實生活中，防火牆猶如是一般大樓的守衛，僅能判斷是否是合法可以進入的人，如果侵入者攜帶槍枝等危險物品，未必能夠偵查出或阻擋。而入侵防禦系統，就像配備有X光安全檢測機的設備，可以偵測危險物品，將其阻擋在外。入侵防禦系統屬於OSI七層中第七層的安全檢測設備，能夠偵測並防護攻擊事件的發生。

入侵防禦系統（Intrusion Prevention System）取代入侵偵測系統（Intrusion Detection System）已經是目前的趨勢。傳統的入侵偵測系統，僅能偵測入侵事件，而防禦的部分，僅能更改防火牆或路由器的存取控制清單，甚至大部分廠商都建議使用者盡量不要啟用更改存取控制清單的功能，這樣的被動式防禦當然已經不為潮流所接受，如果只能收到入侵事件的警訊，卻無法有效的防禦攻擊事件發生，效果相當有限。

八、弱點評估系統（Vulnerability Assessment）

弱點掃描為早期駭客進行攻擊時所廣泛使用的工具，利用簡單的工具去發掘各網路主機上系統的弱點，接著就可以輕易的從該弱點進行攻擊。掃描工具如果轉換成防禦，就可以清楚知道自己系統的弱點，進而修補弱點，減少被攻擊的機會。衍生至目前全球倡導的ISO 17799與 BS7799的網路安全規範，安全稽核的報告與資產風險的管理逐漸受到高度的重視，政府機關也開始著手朝ISO 17799認證的方向邁進，要求所屬單位也都是能夠符合安全規範的組織，安全弱點評估掃描系統就成為建置中的必備工具。

九、無線網路安全閘道器（Wireless Security Gateway）

無線網路安全一直是使用無線網路的一大隱憂，無線網路資料是透過電波在空氣中傳遞，更容易被有心人士竊取，控管上比有線網路來得更不容易，大部分的管理者常忽略安全的問題，因為無線網路容易架設與使用，於是設備安裝之後便覺得大功告成，事實上，安全的問題正在面臨考驗。對任何有網路建置的單位來說，只針對網際網路的進出口建置防禦措施，加強網路的安全性，卻有可能因為架設無線網路時，沒有考慮到安全的問題而開了後門，讓有心人士可輕易的在接取無線網路的區域進入您的內部網路，如果單位有所謂的戶外無線網路的建置，更是無形中將企業內部資源赤裸裸的呈現在外，竊取任何資料就不再是件難事。

在進行無線網路安全議題上，不論是會議室的建置、服務業熱點的建立，都需要完善的加密認證系統，無線網路安全閘道器也因應而生，藉由控制無線網路使用者的身分認證，確認連線網路權限，規範使用者使用網路資源的範圍、權限、時間，甚至搭配計費系統使用，例如，訪客使用GUEST帳號只能連上說明網頁，如要使用網際網路資源需要付費或者經過申請，可以有效的控管網路資源，避免惡意人士的入侵。

在資訊安全市場中，到底上述哪個系統應該優先設置呢？大致來說，電子郵件內容過濾系統、防毒系統是企業建置網路安全系統的第一步，其次則是建立網路防毒閘道器（Anti-Virus Gateway）防火牆，接下來導入網路型弱點評估和網路型入侵防禦系統，接著建置主機型弱點評估和主機型入侵偵測系統，最後由提出資訊安全計畫統一管理。

Chapter 14

電子商務

隨著互聯網的普及，不僅拉近了彼此間的距離，也已經改變人的生活型態，許多以互聯網為基礎的商業活動和經濟模式應運而生，而電子商務就是最典型的模式。如今，電子商務充斥著人們生活的每一個角落，其中創造價值的來源已經由真實世界的實體產品，轉變為網路型態的影像、文字及各式服務，這就是「電子商務」時代的來臨。本章提供讀者電子商務的相關概念、發展歷程及其分類，介紹電子商務的相關功能，分析其經營模式，並闡述未來生存及發展之道，讓讀者對於電子商務有更深入的了解。

發票獎金不必再領現金：歐付寶幫你一秒搞定

國內的電子支付工具種類琳瑯滿目，大多稱為「某某pay」或「某某支付」，名稱也很像，到底有何差異呢？第三方支付、電子支付、電子票證及行動支付有何不同？今天來介紹第三方支付。

所謂「第三方支付」，指的是由第三方業者居於買、賣家之間進行收付款作業的交易方式。國內最知名的是歐付寶電子支付，它是第一家獲得政府核准設立之第三方電子支付公司，也是第一家發票中獎獎金匯入電子支付帳戶的電子支付機構。

臺灣一年開出60多億張的發票，為了配合政府多年來節能減碳、環保減少用紙的電子發票政策，歐付寶全面落實以行動裝置手機一秒搞定所有步驟，其「行動支付」App整合了「電子發票」的所有服務功能，將手機載具整合至付款功能中，交易、支付、開發票、歸戶以及日後的兌獎跟獎金發放一秒搞定！

首波試辦的廠商為「萊爾富便利超商」、「OK便利超商」，在使用時，消費者只要事先做好設定，就可以在支付當下，拿出手機接受超商掃碼，一秒完成所有動作，以往一邊付款、一邊拿手機條碼載具，或是以悠遊卡來儲存發票紀錄，都成為了過去式。

設定電子發票手機條碼載具so easy

愛地球就要環保節能減碳，不浪費紙張，透過歐付寶「行動支付」App設定手機條碼載具，「快速申請手機條碼」、「付款同時歸戶發票」、「自動兌獎主動通知」、「獎金自動匯入帳戶」，通通可以在這個App裡一次搞定，既環保又省時省力！

- 快速申請手機條碼：只需提供「手機號碼」、「E-Mail」，即可申請專屬的「手機條碼」，輕而易舉馬上完成。
- 付款同時歸戶發票：歐付寶行動支付已將手機載具整合在付款功能中，第一波示範商店為萊爾富、OK超商。消費時，無須再另外出示悠遊卡或手機條碼進行掃描，付款當下自動儲存發票。

- 自動兌獎主動通知／獎金自動匯入帳戶：若消費者中獎了，歐付寶會發訊息及E-mail通知消費者，系統並會自動撥款中獎金額至你的歐付寶帳戶中，無須一張張的核對紙本發票，既便利又快速！

使用情境一（已使用電子發票自動歸戶廠商）：在手機條碼載具設定成功後，於店家（萊爾富、OK超商）消費時，只需出示「付款條碼」接受掃碼，便可於行動支付完成後，電子發票也一併存入你的手機條碼載具中，一秒完成。

使用情境二（尚未使用電子發票自動歸戶廠商）：在手機條碼載具設定成功後，於店家（全家、頂好、美廉社等）消費時，消費者必須先出示手機條碼載

具，供店家掃描，再出示「付款條碼」接受掃碼，用兩個分開的動作來完成。

環保節能減碳人人有責，現在只要透過「行動支付」App完成設定「手機條碼載具」並使用，就有高額機會獲得萊爾富中杯熱美式咖啡，還可以再抽LG CordZero A9無線吸塵器——除塵蟎組。

歐付寶希望利用一個「行動支付」App，搞定大家一天生活「錢來錢去、收付自如」的大小事！所以大家到便利超商消費時，請別忘記使用這項便利的功能，更希望大家每兩個月開獎時，都有天上掉下來的獎金自動發放到你的歐付寶帳戶！

習題演練

1. 歐付寶屬於電子商務型態中的哪一種？B2B或是B2C？
2. 第三方支付和悠遊卡有何不同？
3. 臺灣電子支付使用率還有很大努力空間，你覺得哪些環境可以改善以提高使用率？

資料來源：歐付寶官方網站，https://www.opay.tw/；歐付寶電子發票全民e起來活動網址，https://www.opay.tw/Activities/invoice20170921

14.1 電子商務概念

1997年7月1日，當時的美國總統柯林頓（Bill Clinton）為宣示國家資訊基礎建設（National Information Infrastructure, NII）的企圖心時，正式公布全球電子商務白皮書（The Framework for Global Electronic Commerce），針對稅務、電子付款、契約關係、智財權、隱私權、網路安全、通訊建設、資料內容、技術標準等九項議題，提出「不干涉」的政策宣示，白皮書內容強調全球電子商務發展將依據下列五項指導性原則進行：

1. 推動發展
   政府僅扮演發起者的角色，後續擴展將是在產業自律的前提下，成立私人團體（Private Sector）推動執行。
2. 減少限制
   產業交易模式將因應技術瓶頸突破而快速更新，而政府將盡量減少對電子商務的限制。
3. 調整環境
   政府將努力促成可預測、簡單化、具有一致性的法律環境。
4. 法令鬆綁
   政府應承認網際網路的獨特性，當其與既有法令（如「電信法」、「廣電法」）不符時，宜適當修法。

5. 拓展全球

應以全球觀點建構網際網路電子商務。

至此，電子商務（Electronic Commerce）成為一個全新市場的代名詞，美國政府因此不但正式具體地確立了網際網路電子商務的全球化發展方針，更帶動了全球電子商務的蓬勃發展。

一、電子商務定義

電子商務至今沒有統一的定義，這也是電子商務概念很容易引起混亂的原因之一。電子商務（Electronic Commerce也稱為E-commerce, E-business, E-trade）最常見的定義是：透過網際網路（Internet）所進行的商業、商務相關活動。國內外不同的書籍、機構對於電子商務的定義都有些許差異，也有很多學者從不同角度給出了眾多電子商務定義，但大多數學者及研究機構多以1997年Kalakota與Whinston的電子商務定義為主。

Kalakota與Whinston（1997）認為，電子商務可由以下四個方面（view）來加以定義（圖14.1）：

(一) 通訊聯繫

是利用電話、電腦網路或其他方法來傳遞資訊、產品、服務或付款。

(二) 企業流程

是商業交易與工作流程自動化的一種技術之應用。

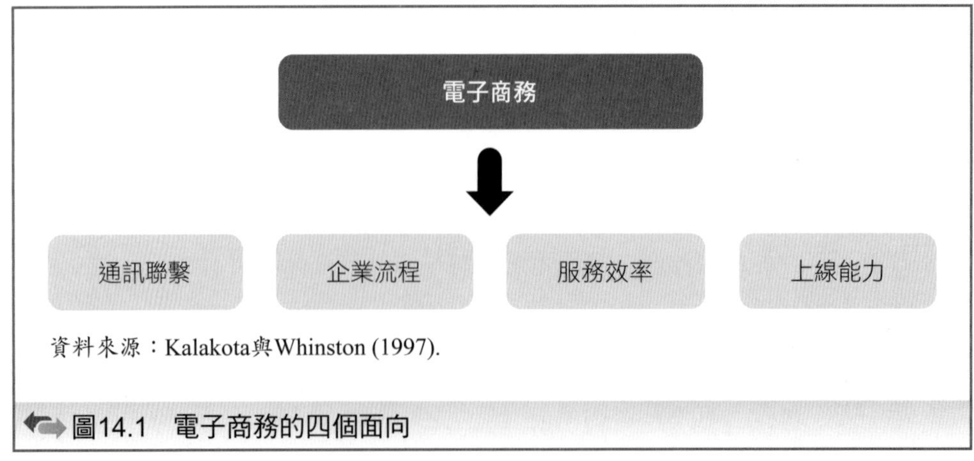

資料來源：Kalakota與Whinston (1997).

圖14.1　電子商務的四個面向

(三) 服務效率

是解決公司與管理階層想要降低服務成本，並提高貨物品質與加速服務傳遞速度的一種工具。

(四) 上線能力

提供在網際網路上，和其他線上服務之購買、銷售產品和資訊的能力。

此外，根據Kalakota與Whinston（1997）的說法，電子商務是藉由電腦與網路，將行銷、購買與各類服務等商業活動緊密結合在一起，以滿足企業、消費者多方面的需求，藉以提升產品價值、服務品質，並降低相關成本。

因此，電子商務也可說是企業（包含員工）、消費者，甚至政府等各類不同角色，透過網際網路（Internet）的媒介下，以高效率、高品質、低成本完成各類商業活動及作業需求的新模式。

14.2 電子商務發展

依據Kalakota與Whinston（1996）所提出的看法，電子商務是起源於政府與企業都想利用電腦及網路科技改善內部流程，並增加顧客與企業互動的觀念下所形成的環境。依據電腦及網路技術的發展與應用，可將電子商務的發展大致歸類如下：

1. 金融與資訊交換（1970s~1980s）

   在這個階段，以電子金融交換（Electronic Funds Transfer, EFT）技術為代表，使ATM、電子支付逐漸普及於銀行間，因此提升了金融界的效率，此時軟、硬體設備非常昂貴，僅有大型銀行負擔得起。

   由於電子資料交換（Electronic Data Interchange, EDI）的出現，使得企業內部的作業及溝通效率得以提升，但軟、硬體設備仍然非常昂貴，僅有大型企業及政府機關有能力導入。

2. Internet（1980s~1990s）

   網際網路成為不可抗拒的世界潮流，網路除了可以提供企業之間交易的行為（B2B），還發展出企業對消費者間（Business to Consumer，簡稱為B2C）與消費者對消費者間（Consumer to Consumer，簡稱為C2C）的電子商務等模式。由於網際網路的商業化運轉，相關設備的價格降低，此時免費的網路資訊、群組（Group）、電子布告欄（BBS）、電子郵件（E-mail）也出現，造就網路的虛擬世界不斷被擴大。

3. Web （1990s~2010s）

此時由於軟、硬體廠商的不斷努力，使得相關產品價格不斷下跌，造就全球資訊網（WWW）的逐漸壯大，網路聊天室、FTP的傳檔、政府部門及企業的首頁（Home Page）的全面普及，電子商務也逐漸成熟。

在Web 1.0的時代，所有網路資源的分配都取決於管理員或提供資源的企業，但由於網路資源的擴大，及網路語言演進到普羅大眾都可易學易用的程度，使得網路使用者可以根據自己的需求建立自己的網頁、上傳自己的概念、圖片、影片，達到雙向互動的管道，這就是群體智慧（Collaborative Intelligence）的展現，電子商務已經成為一項重要的貿易方式及商業管道。

相較於Web 1.0，Web 2.0 是一種新的網際網路方式，藉由網路應用（Web Applications）促進網路資訊交換和協同合作，Web 2.0並不是一個技術的標準，僅是一個用來闡述技術轉變的術語。典型的Web 2.0像是維基百科、Twitter、Facebook、YouTube、Flickr及Google閱讀器等。隨後，網路傳輸速度的突飛猛進，行動網路普及，愈來愈多的資料直接儲存於遠端網路空間，俗稱「雲端」，也因此建立了網路資料庫的時代，並由於LTE等技術的發展，雲端的應用進一步由網路資料庫演化成網路運算。因此，Web 3.0也可稱作是雲端網路的時代

4. 電子商務蓬勃發展（2010s~迄今）

全球電子商務的蓬勃發展，不管哪一種統計數字，都告訴我們全球電子商務零售額愈來愈高，而這些穩定上升的趨勢，沒有任何顯示下降的跡象。全球電子商務銷售一直在穩定的吞噬全球零售市場，事實上，2021年它已占全球零售總額的17.5%。這個現象在臺灣也不例外，當然也解釋了很多實體商圈沒落的現象。幾個未來電商發展的趨勢，下面簡單說明。

(1) 支付方式

支付方式的簡便性，即是消費者願意採用電子商務的重要原因之一，電子支付的出現，使得電商的發展更加快速，如Google Pay、Paypal、Apple Pay等，允許消費者透過電子交易進行購買。

(2) 社交平臺

藉由社交平臺購物愈來愈多，隨著社交媒體銷售能力的提高，社交媒體平臺不僅是社交，更是廣告通路。消費者可以方便快捷地在他們選擇的社交媒體平臺上購買產品。

(3) 全通路購物（Omni Channel Shopping）

愈來愈普遍的全通路購物也是電商普及的原因，多通路以往在消費者的購買路徑中本來就是選項，電子商務的普及，更成為主要驅動因素。消費者原來習慣在特定通路的購買習慣將會改變，產品的內容、地點、時間、原因和方式等，將會是完全分開的。全通路購物提供了多種方式進行，在線上研究產品，然後在店內購買，消費者使用的通路愈多，產品的附加價值可能性就愈大。

一、電子商務的分類

常見的電子商務分類，主要依據參與者的溝通對象而劃分，參與者常見的有企業（Business）與消費者（Consumer），而細分有企業對企業（B2B）、企業對消費者（B2C）、消費者對企業（C2B）、消費者對消費者（C2C）等四種電子商務型態的出現（見圖14.2），分述如下：

(一) 企業對企業（Business to Business, B2B）

利用電腦與網路科技，進行上、下游的整合，即所謂的「商際網路」（Extranet），多為「供應鏈」的自動化，以提升企業之速度及效率，配合客戶需求，以服務上、下游合作夥伴為導向，例如：Walmart、DELL電腦、聯強國際以及臺灣的電子代工業。

(二) 企業對消費者（Business to Consumer, B2C）

透過網路購物管道，企業跳過各地經銷商，直接提供銷售服務給消費者，也就是企業透過Internet銷售產品／服務給個人消費者，例如：亞馬遜書店（Amazon.com）。

(三) 消費者對企業（Consumer to Business, C2B）

同樣透過網路購物管道，消費者可形成社群的聚集，尋找電子商務的商機，

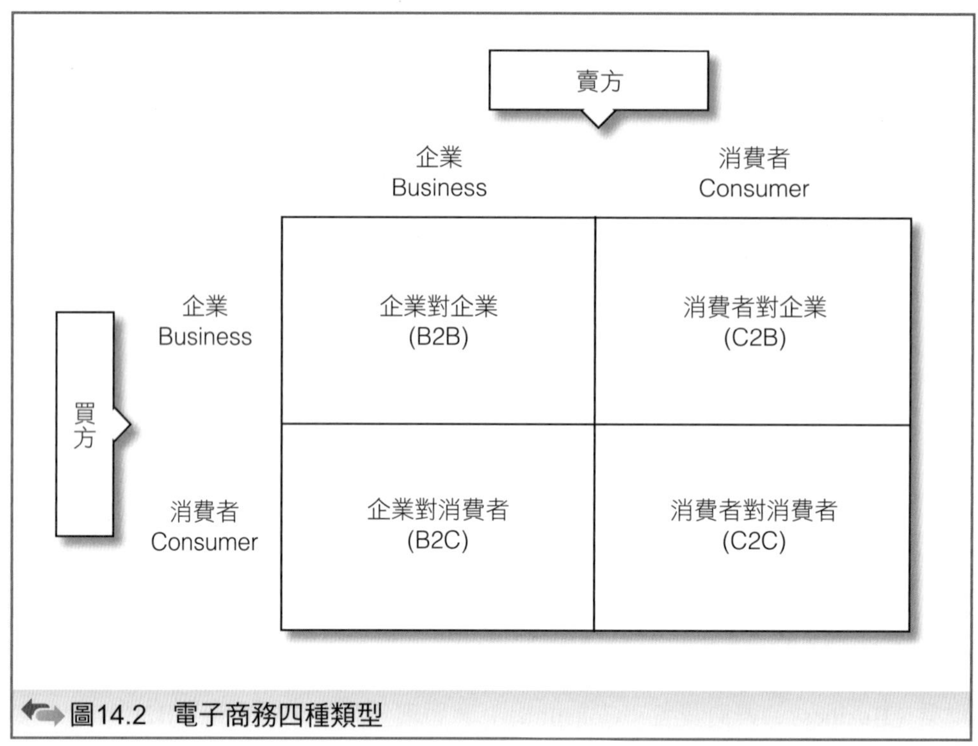

圖14.2　電子商務四種類型

彙集眾多消費者的需求，找到合適的商家完成交易，例如：網路購物的集體議價、團購網、合購網。

(四) 消費者對消費者（Consumer to Consumer, C2C）

透過網路，消費者形成點對點的消費型態，買賣雙方都是消費者，透過網站自行商量交貨及付款資訊透明化，建立雙方信任機制，例如：eBay、淘寶網、Yahoo拍賣、PChome商店街、露天拍賣、蝦皮等。

生活中的電子商務無所不在，舉例而言，《哈利波特》小說在英、美出版時，消費者若是不想等待，可透過亞馬遜書店（Amazon.com）的線上訂購先睹為快，此為B2C。在此之前，亞馬遜書店必須先透過內部供應鏈取得出版商的書，而出版商也必須先向上游廠商訂購紙張及印刷，此為B2B。也有消費者在網路上聯合起來，團體向出版商訂書，即為C2B。最後消費者在看完書或是團體訂書的消費者以較低的價格取得後，再上網拍賣這就是C2C（見圖14.3）。

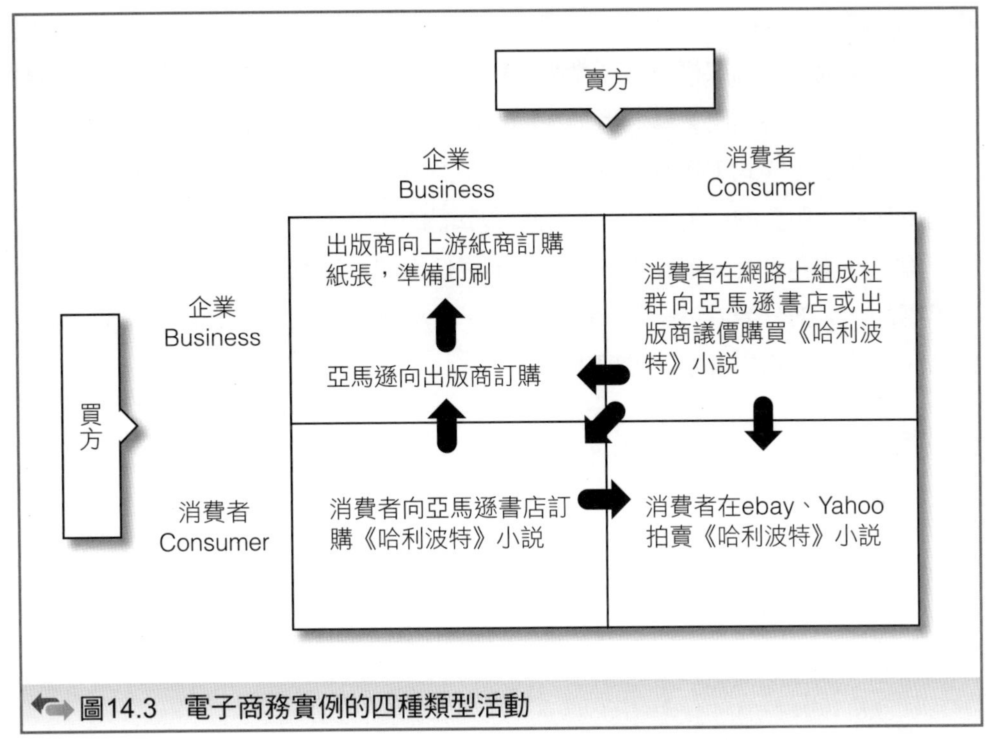

圖14.3　電子商務實例的四種類型活動

14.3 電子商務經營模式

一、經營模式定義

在討論電子商務時，最常被提起的一個名詞就是經營模式或商業模式（Business Model）。隨著網際網路的興起，經營模式的內涵也隨之改變，也產生了很多新的電子商務經營模式，到底什麼是經營模式呢？

經營模式為商業經營模式的簡稱，所以在本書中，商業模式、經營模式、商業經營模式等名詞，也經常交換著使用，但都代表著同一意義。這個名詞最早是出現在1970年代中期管理領域的文獻中，直到1990年代中期，因電子商務的出現，經營模式的用語才受到企業界與學術界的關注。很多學者對電子商務經營模式的說法都不一樣，列舉幾個學者的說法如下。

白話來說，商業模式指的是做生意的方法，也就是如何獲得利潤以維持企業本身的生存。比較嚴謹的學術說法，像是Chaudhury和Kuilboer（2002）認為，商業模式主要說明在電子商務的世界中，誰是需要被服務的（Who）、企業提供何種服務或產品（What）、服務如何產生（How）。Timmers（1998）定義商業模式是一個架構，這個架構包含了產品、服務與資訊流，也包含各個商業參與者與其角色的描述、各個商業參與者潛在利益的描述，以及獲利來源的描述。

本書將經營模式定義為「以商業活動或商業交易為中心，所有利害關係人之間有關商品或服務的流動、資金的流動、資訊的流動以及所有權流動的描述。」

雖然商業經營模式定義各有不同，但再仔細觀察則可以發現，有很多的內容是共通的。大部分學者都認為，商業模式是一種邏輯結構，由一些元素或元件所組成，這些元素都包含如下幾項：

1. 顧客。
2. 如何創造價值。
3. 如何將價值傳遞給顧客。

如將商業模式的定義用在電子商務上，則所謂的電子商務經營模式就是「利用網際網路來創造價值活動，並將價值活動傳遞給顧客」的方式。

二、經營模式之構成元素

上一節定義了經營模式，但如何正確的描述經營模式？經營模式包含哪些元素呢？Alexander Osterwalder（2012）提出一個模型來解釋，稱之為經營模式畫布（Business Model Canvas），一般將其翻譯成商業模式九宮格。商業模式九宮格包含：目標客層、價值主張、通路、顧客關係、收益流、關鍵資源、關鍵活動、關鍵合作夥伴、成本結構等九項（圖14.4）。

經營模式九宮格主要用於開發新商業模式和提供現有商業模式的策略管理基礎。九宮格主要提供了一個視覺圖表，可藉由分析其元素，幫助企業調整活動。

如果將經營模式九宮格用在電子商務，則這九大元素可以用下列的方式來說明。

1. 目標客層（Customer Segment）：企業利用電子商務，想要接觸和服務的不同人群或組織，稱之為目標客層。無論是B2B還是B2C，所有企業都有客戶。顧客購買供應商的產品、使用服務。所以，顧客是創造利潤的重要因素。顧客可以有多種不同定義，企業應首先關注核心顧客，然後評估潛在顧客。目標客層可能是大眾市場、利基市場、區隔化市場、多元化市場、多邊平臺或多邊市場等。

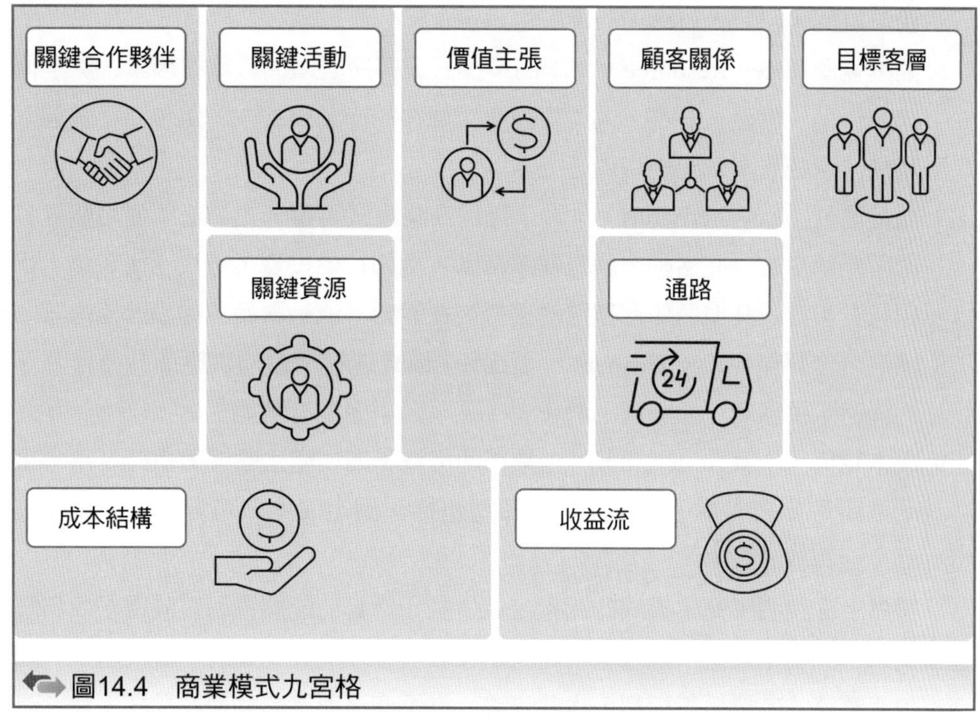

圖14.4 商業模式九宮格

2. 價值主張（Value Proposition）：價值主張指的是各種產品和服務的總和，企業如何在競爭中脫穎而出，讓這家企業比其他企業更好的獨特因素即為價值主張，故企業需要提供獨特的產品或服務，使顧客可以立即從眾多競爭中辨別出獨特企業。具體的價值主張可能是新穎、性能、客製化、設計、品牌／身分地位、價格、低成本、風險抑制、可達性、便利性／可用性等。
3. 通路（Channels）：和顧客互動、溝通的管道稱之為通路。不同的價值主張，會影響企業採用的通路，例如，消費者忙碌且常處於移動狀態，則可採用行動設備為通路，如果消費者常處於特定位置，也許還需要實體通路。通路提供客戶溝通，接觸客戶的管道，細分且傳遞其價值主張，以提升公司產品和服務在客戶中的認知，協助客戶購買特定產品和服務，提供售後客戶支援。例如實體通路、虛擬通路等。
4. 顧客關係（Customer Relationship）：藉由網際網路或電子商務，企業與顧客業務往來，留住顧客，擴大及開發新客戶。不同的顧客關係如：個人助理、專用個人助理、自助服務、自動化服務等。
5. 收益流（Revenue Streams）：從顧客端獲取的收入，包括了：銷售產品或服務、訂閱、租賃、Licensing及廣告等。

6. 關鍵資源（Key Resource）：讓商業模式運轉所必須的最重要因素，除了傳統的行銷、生產、財務、人力資源等，現在的商業模式中，還包括了智慧財產權、金融資產或土地資產等。
7. 關鍵活動（Key Activities）：為了確保商業模式可行，企業必須運用關鍵資源所要執行的一些活動，就是關鍵活動。例如初始投資，尋找天使資金，行銷和廣告等，其他例如台積電的獨特製造能力，或是聯發科的設計能力等。
8. 關鍵合作夥伴（Key Partners）：讓商業模式運轉所需的供應商和合作夥伴的網路，供應商、通路商、消費者，甚至競爭者都有可能。
9. 成本結構（Cost Structure）：企業在利用電子商務產生顧客價值時，每一項活動所需要的成本，成本結構的類型包括：固定成本、可變成本、規模經濟、範圍經濟等。

雖然上面說明了商業模式的元素，但這些元素真的能解釋所有的電子商務經營模式嗎？只怕不可能，因為電子商務還在發展中。另外，還有一個問題是，如何來說明整體的商業經營模型，也就是說，電子商務與實體的商業模式，常常是混在一起的，僅以一種模型來說明是不足的。舉例來說，戴爾公司首次在PC行業推出直銷模式，但在不同的環境和行業中，直銷是一種成熟的經營模式了。值得一提的是，每一種商業模式，在電子商務的環境下，其顧客價值都會改變。因此，改變公司的商業模式其實就是改變顧客價值，以滿足客戶需求。

表 14.1　商業模式九宮格元素

目標客層 (Customer Segment)	企業利用電子商務，想要接觸和服務的不同人群或組織
價值主張 (Value Proposition)	各種產品和服務的總和，企業如何在競爭中脫穎而出，讓這家企業比其他企業更好的獨特因素
通路 (Channels)	和顧客互動、溝通的管道
顧客關係 (Customer Relationship)	藉由網際網路或電子商務，企業與顧客業務往來，留住顧客，擴大及開發新客戶
收益流 (Revenue Streams)	從顧客端獲取的收入

表 14.1　商業模式九宮格元素（續）

關鍵資源 (Key Resource)	讓商業模式運轉所必須的最重要因素
關鍵活動 (Key Activities)	為了確保商業模式可行，企業必須運用關鍵資源所要執行的一些活動
關鍵合作夥伴 (Key Partners)	讓商業模式運轉所需的供應商和合作夥伴的網路
成本結構 (Cost Structure)	企業在利用電子商務產生顧客價值時，每一項活動所需要的成本

14.4 電子商務相關理論

經過多年的發展，電子商務也已累積許多相關理論，包括梅特卡夫定律（Metcalfe's Law）、殺手級應用（Killer Application）、長尾效應及長鞭效應等理論。

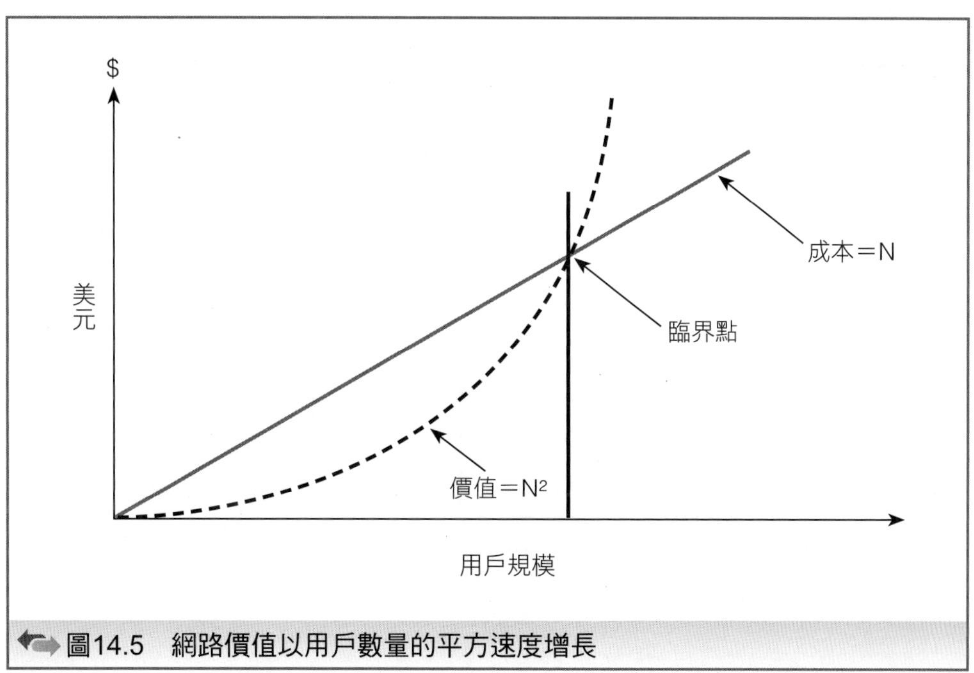

圖14.5　網路價值以用戶數量的平方速度增長

一、梅特卡夫定律（Metcalfe's Law）

梅特卡夫（Metcalfe）是3Com公司的創辦人，他認為網路的價值與用戶數的平方成正比，也就是「網路的價值是和使用者的平方成正比的」，當電腦有N臺時，網路的效用就是N（N-1），當N趨近於無限大時，N（N-1）就逼近N^2，也就是效用等於使用者的平方，因此電子化計畫必須要到臨界點後，才看得到效益（見圖14.5）。當然這個定律也常應用在電話（Telephone）、傳真（Fax）、操作系統（Operating System）、應用程式（Application）以及社群網絡（Social Networking Website）上。

二、殺手級應用（Killer Application）

這是1998年由Larry Downes和Chunka Mui所發表的，主要敘述隨著科技不斷進步，社會也會隨著進步，但不同的是，科技是以指數或倍數的速度在進步，相較之下，社會的進步卻呈現著線性的成長，使得科技與社會間的差距愈來愈大，在這種情況下，就會出現一種「殺手級的應用」來拉近社會與科技間的差距（見圖14.6）。

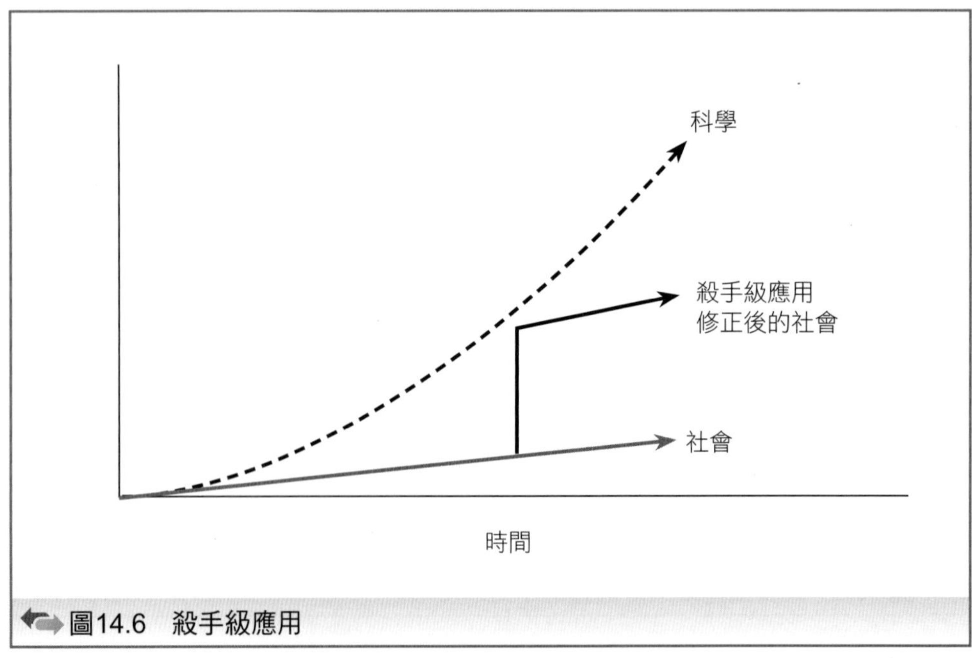

圖14.6　殺手級應用

三、長尾效應（The Long Tail）

長尾效應是80/20法則的顛覆者。80/20法則是由義大利經濟學家、社會學家Vilfredo Pareto於1897年提出。他在研究十九世紀英國社會財富和收入的模式發現：大部分的財富握於少數人的手裡，此一法則又稱為「重要少數法則」（Law of the Vital Few）。生活中許多數據顯示，有許多都符合80/20法則，例如：20%的產品占80%的營業額、20%的客戶占企業組織體80%的獲利率。尤其在傳統經濟市場裡，更因一些實體環境的限制，使得80/20法則具有顯著性。而在80/20法則的作祟下，書店內只放置暢銷的書、電影院只放映暢銷的電影，一切以暢銷導向的經濟，造成以暢銷導向的文化，把我們訓練成以「暢銷」這副有色眼鏡來看世界；而一味吹捧暢銷文化的結果，只會強化暢銷文化。

但由於電子商務的出現，使得消費者除了暢銷文化以外，還有其他長尾商品可供選擇，現在，亞馬遜約有57%的銷售量來自長尾（實體商店沒有賣的商品）（見圖14.7）。

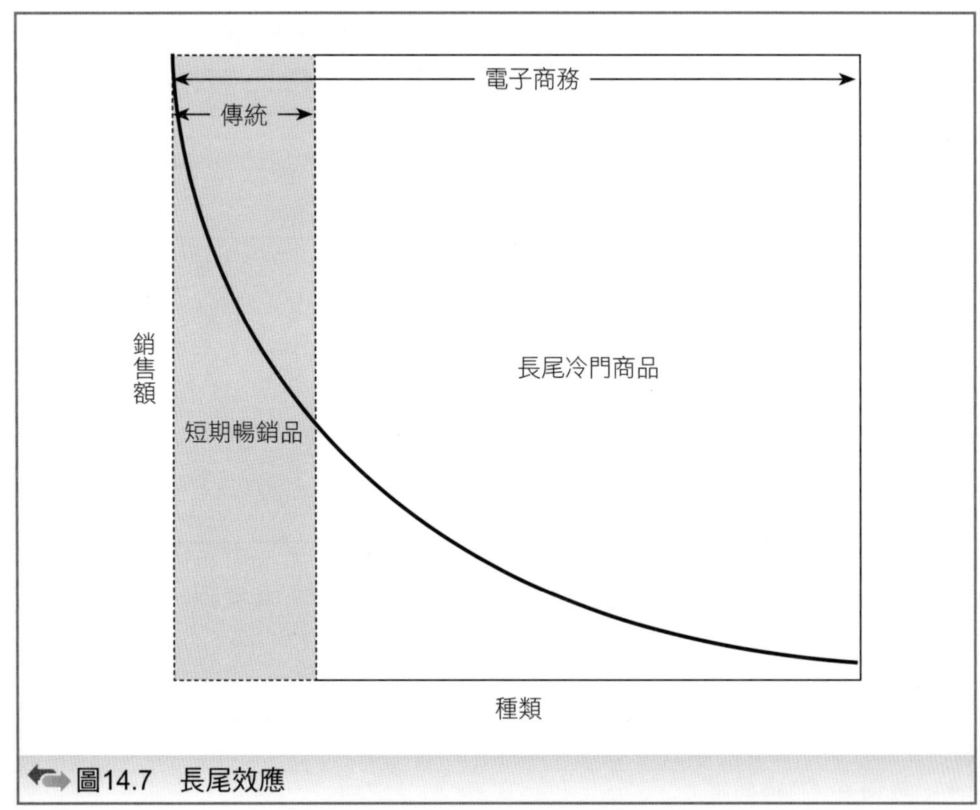

圖14.7　長尾效應

四、長鞭效應(Bullwhip Effect)

長鞭效應是對需求資訊在供應鏈中傳遞的一種現象描述。供應鏈的組成有很多的供應商與通路商，這些廠商形成了供應鏈上的各節點。廠商根據其下游企業的需求資訊，進行生產或決策，需求資訊如果不真實，會循著供應鏈逆流而上，產生逐級放大的現象。當資訊達到最原始的供應商時，其所獲得的需求資訊和實際消費市場中的消費者之需求資訊，會產生很大偏差。由於這種需求放大效應的影響，供應商通常維持比需求方更高的庫存水準。在供應鏈中，這種效應愈往上游，變化就愈大，距終端客戶愈遠，影響就愈大，從需求數量或訂單數量來看，圖形就會像是一條鞭子（圖14.8），所以稱為長鞭效應。

「長鞭效應」的產生會對企業的生產與供應造成困難，因而提高企業經營成本。如何降低長鞭效應對企業的影響，成為管理上的重要課題。「長鞭效應」的產生，主要來自於供應鏈中的資訊不對稱現象，導致資訊流動過程中被扭曲放大的結果，因此，降低「長鞭效應」可以從加強物流管理、降低資訊不對稱現象著手。電子商務中常用的協同規劃預測與補貨模式（Collaborative Planning, Forecasting & Replenishment, CPFR）、快速回應（Quick Response, QR）、電子資料交換（EDI）等資訊科技，以分享需求預測資訊的方式，可有效解決長鞭效應，降低產能過剩或嚴重不足的現象。

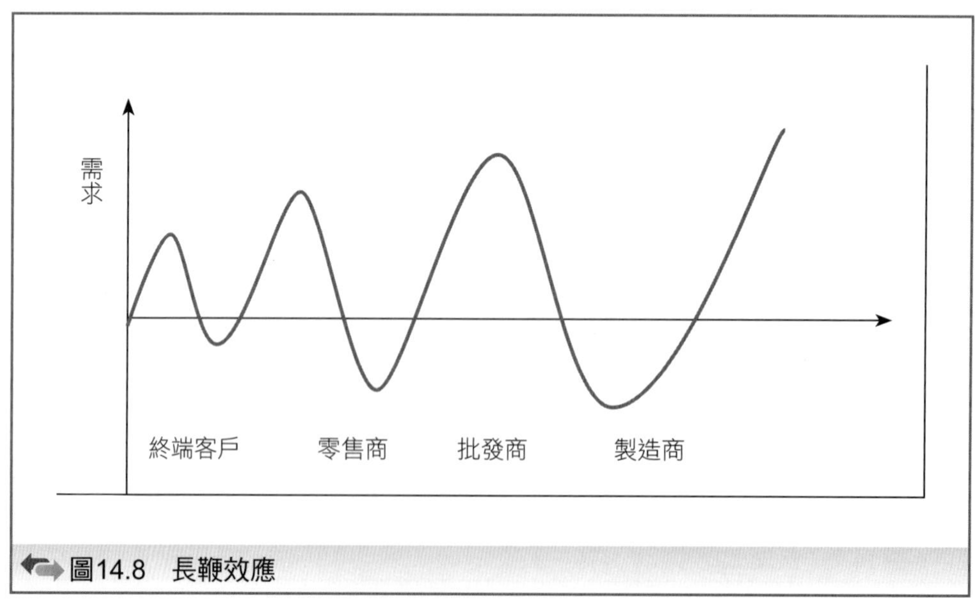

圖14.8 長鞭效應

Chapter 15

網路行銷

網路行銷就是以網際網路為基礎，利用數位化的資訊和網路媒體的互動性來輔助行銷目標實現的一種新型市場行銷方式。網路行銷也是電子商業活動的一部分，更是行銷通路的重要管道之一。網路行銷運用了資訊科技，為消費者提供價值。本章提供讀者基本的網路行銷概念，也説明了網路行銷在產品、定價及通路方面的基本理念與方法。

誤踩網紅發案之雷區？事先判斷這幾招

四年前，一位對社交平臺很熟悉的前輩在分享會中，提到幾個數位行銷的趨勢，其中一項寫著「與KOL的合作日增」，我直接問他KOL是什麼意思？他說，即Key Opinion Leader——「關鍵意見領袖」，就是對網路上有影響力的人，我心想，不就是「網紅」嗎？幹嘛用這麼艱澀的專用縮寫。

沒想到，去年開始我就是網紅KOL發案中心的負責人了，走闖臺灣、東南亞的網紅圈，才發現對於KOL的解讀其實很不同。狹義的Key Opinion Leader指的是具有專業背景，能做出影響受眾的評論，例如：球評、主播等新聞專業，又或是大學教授、心理諮詢專家、彩妝師、醫師等，總之在該領域內有相當可信度。

而像是網紅，比較接近的名詞是Influencer，在網路上有一定數量支持者，但本身多半是「素人」出身，以特定主題累積訂閱者。至於我之前文章提到的「網美」，稱之為Celebrity/Idol，以身材／顏值作為擔當，主力放在流行／穿搭，常外拍和表演，也常活躍於直播平臺上。

網紅發案在數位行銷上是很夯的，正式發案以來，大概也經手百來個案子，若每個案子需要提案平均五組（可能是個人或組合），加上提案不成功被打槍，詢問也超過上千組了，真是一個令人口乾舌燥、燒腦又勞力密集的工作。

許多公司沒有常態性發案給網紅，只是有時配合推廣或者舉辦活動，就由自家苦命的行銷／公關人員自行發案。每次我遞出名片就有人說：「一姊，我之前發案給網紅搞得人仰馬翻！」

有的是網紅配合度不好、有的觸及率不好，也有轉換率不好，更苦的是溝通過程有閃失，造成雙方不愉快，甚至對簿公堂都有。

因此這裡提供幾個事先判斷的要訣，給行銷／公關人員參考。

第一招：摸清溝通主體是誰？

通常一線網紅都有專屬經紀公司，少數是自己成立公司去統包發案和創作。同一家經紀公司旗下的經紀人，服務態度可能天差地遠，一旦換窗口就要有警覺。

再來就是透過經紀人、助理討論合作細節。經紀人通常能做決定，而助理就是個傳令兵，有時還會搞錯內容。

總之，要學習摸清溝通主體，過程太不上道的，比方說回信慢、送訊已讀不回，甚至明明有競品條款還忘記，報價內容反反覆覆沒有邏輯，這樣的對象寧願不要合作，不然發案下去，被上級盯得滿頭包更沒意思。

第二招：是否願意誠懇溝通合約／報價單

有些經紀人是網紅的親友，但不知道為什麼對於財務／法務一無所知，還有某阿舅敲定合作後，打電話來說：「你們公司的合約陷阱好多，我們不簽啦！」（無言）有的網紅自己接案，但碰到簽約細節就毛到不行，來回兩次修改合約細節，竟打來凶人！（大牌嘛）我們窗口哀怨地表示：「還不如一開始就說，要照我的合約簽，不然不要合作！」這樣還比較節省時間。

合約或報價單是為了保障雙方，事先對於發生什麼樣的狀況，願意怎麼解決，不是拿來互相陷害的。

舉例發案美妝：某網紅直播前突然過敏，臉部一片紅斑，是否在取消的條件中？客戶有時候對於那段時間的推廣下了資源，臨時也找不到其他網紅代打，到底是要延期、退費，還是賠償？

對於沒合作過的網紅，更要先完成簽約，事先不知道口碑，上線時間來個「No show」，遺漏合作內容，還有突然耍任性不想合作等，真是讓人欲哭無淚。

誠懇溝通合約／報價單，是開啟合作的先決條件！有的人雖然一開始斤斤計較，但會把產品／服務宣傳得很好，並如期交付，這種類型才能談發案。

第三招：摸清網紅的強項

觸及不好、轉換率不好，這是最多發案抱怨的大宗，聽過人說「發案成效不好，老闆不相信我了，這個世界好黑暗」。

老闆的失望，來自過度的期望，覺得網紅影片這麼多人看，上線一定能觸及超多人？不是，這跟買水果不一樣，沒有不甜包退這回事，尤其臉書的觸及演算法一直在改，影片性質也差異很大（業配太多、太無聊），若產品／服務跟受眾喜好不同，那就糟了。

抱怨轉換率不好的也很多，其實一般網紅的作用，在於購買週期（Customer Buying Cycle）中的第一步：知曉（Awareness），而不是倒數第二步的購買（Purchase）。你看親子社團的團媽，貼出一些兒童書桌照片馬上就揪來一團，但某個親子網紅說破了嘴還拍影片，卻賣不到幾張，為什麼呢？即使受眾一樣是35~44歲的女性，該親子網紅是以教養為主，受眾是想看教養類型的文章，對於兒童書桌就是「喔！有這個選擇」，還停留在知曉（Awareness）階段。

受眾對了，但情境不對，還是走不到購買（Purchase）。

有的網紅是強在話題性，有的是強在互動，少數網紅兼具團主功能，可以搞團購。還有些網紅貼文成效普通，但部落格在SEO（搜尋引擎優化）方面，卻為產品帶來長效的口碑。

第四招：多觀察網紅間的互動

我們曾接到委託，將兩個指定網紅組合起來介紹產品，後來才發現，原來他們素來「王不見王」，雖然沒有公開紀錄顯示他們不合，連經紀人也不清楚就簽約了！好在他們都很專業，現場氣氛稍微詭異的狀況下，還是完成了品質很好的影片，但事後經紀人也說：「以後我會想辦法溝通得更深入一點」。

一線網紅多半互相認識，互相拉抬、圈粉能對影片有更好的成效。但貿然找來不熟識的網紅，除非是一群人唱歌還是團體舞蹈，否則風格不同，拍出尷尬的影片不說，還演變成兩邊粉絲／黑特互相攻擊。

將心比心互相體諒

業主發案給網紅很辛苦，那網紅也要說，跟業主溝通也好辛苦。以我在發案中心這個中間角色，踩到網紅的雷區是一頭，另外一頭遇到的爛業主也不少啊！被惡意當成「免費提案機」不說，同一組網紅遭到好多不同單位詢問價格，亂殺價一通，或者是好幾次被抓去提案，要求保留時間，然後又不成案的，可說不勝枚舉。

習題演練

1. 何謂網紅？
2. 網紅的行銷與一般商品的行銷有何相同與不同之處？
3. 大數據在網路行銷能扮演何種角色？

資料來源：數位時代 2018.09.18 by 車庫一姊
https://www.bnext.com.tw/article/50611/kol-seo-marketing

15.1 網路行銷概論

根據嘉德集團（Gartner Group）的定義，電子商業（e-business）是透過數位科技持續改善企業的商務活動。電子商業的目的是吸引與留住合適的顧客和商業夥伴。在採購及銷售流程中，隨處可見電子商業，包括數位傳播、電子商務、線上研究等都是。其中，網路行銷（e-marketing）只是企業電子商業活動的一部分。

所謂網路行銷指的是藉由網際網路作為工具或方法，行銷產品或服務。由於網際網路的通路功能及行銷機制，網路行銷比傳統行銷有更廣泛的行銷元素。

網路行銷對傳統行銷的影響有二。第一，提升傳統行銷的效率與效果；第二，網路行銷技術改變傳統的行銷策略，許多新的商業模式應運而生，除為顧客增添價值外，也讓公司的獲利提高。

現今多數消費者與行銷人員都面臨資訊過量的問題，對行銷決策者而言，更是一大難題，因為他們收集了各種調查結果、產品銷售資訊、競爭對手次級資料，以及其他眾多資訊。從網站上、實體門市銷售、其他所有顧客銷售點所做的自動資料蒐集，都讓問題變得更複雜。

15.2 網路行銷與產品

在談網路行銷產品之前，我們必須先了解網際網路的「產品」。所謂產品，是一群效用的組合。而這樣的效用因能滿足組織或單一消費者的需求，因此這些組織或單一消費者也用金錢或其他有價物品作為交換（Kolter, 2000）。在網際網路時代，除了實體商品外，也產生了新的產品型態——數位商品。

數位商品（Digital Products）並沒有一致的定義，根據 Winston等人（1997）的說法，將數位商品定義為「能在網際網路上傳送（Transmit）之商品」。廣泛的數位商品包括不同的形式，如：數位產品、數位服務及數位內容。數位產品係指利用數位化的形式來表達實體的意義，讓原先利用實體來表達、儲存、傳送的商品，轉而以數位化的方式來處理。例如：原來的錄音帶改變成CD、錄影帶成為DVD。數位服務則是指提供具有加值功能的程式服務，例如：各大入口網站的搜尋引擎。然而，這樣的分類卻未必能夠清楚地解釋數位商品與數位服務，因為有些商品所提供之效用是數位產品與數位服務之混合體，例如：智慧手機、智慧家電等。至於數位內容涵蓋面也很廣，我國將數位內容定義為：「將圖像、字元、影像、語音等資料加以數位化，並整合運用之技術、產品或服務」。所以數位內容涵蓋了數位產品與服務也無不可。

行政院將數位內容產業（Digital Content Industry）定義為運用資訊科技來製作數位化產品或服務的產業，包括八大領域：數位遊戲、電腦動畫、數位學習、數位影音應用、行動應用服務、網路服務、內容軟體以及數位出版典藏等（圖15.1）。

1. 數位遊戲：以資訊硬體平臺提供聲光娛樂給予一般消費者，例如：網路遊戲軟體（Console Game）、個人電腦遊戲軟體（PC Game）等。
2. 電腦動畫：運用電腦產生製作的連續影像，用於娛樂產業或其他商業。
3. 數位學習：以資訊系統為輔助工具，進行線上或離線之學習活動，例如：數位學習內容製作、數位工具軟體、學習課程服務等。
4. 數位影音應用：運用數位化拍攝、傳送、播放之數位影音內容，例如：將傳統影音數位化。
5. 行動應用服務：運用行動通訊網路提供資訊內容及服務，例如：手機簡訊、導航或地理資訊系統。
6. 網路服務：提供網路內容、連線、儲存、傳送、播放之服務，例如：網路內容（Internet Content Provider）、應用服務（Application Service Provider）等。
7. 內容軟體：提供數位內容應用服務所需之軟體工具及平臺，例如：內容工具、平臺軟體、內容應用軟體、內容專業服務。

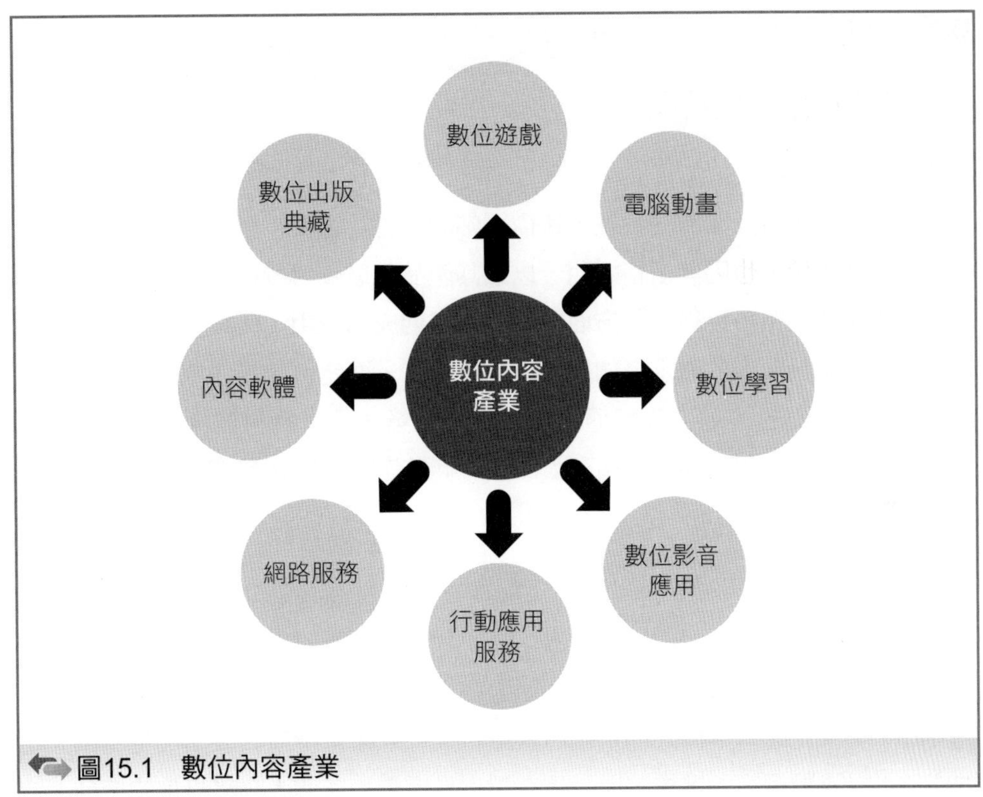

圖15.1 數位內容產業

8. 數位出版典藏：包括數位出版、電子書、數位典藏及新聞、資料、圖像等電子資料庫。

雖然網際網路的服務以數位商品或內容為主，但其實除了上述各種不同的數位商品之外，傳統一般商品的批發零售，也將網際網路視為新的通路，嘗試新的經營模式。除此之外，其他種類的數位商品還包括財務上的支付工具，如支票、信用卡、證券等金融工具，也可以在虛擬世界中達到交易付款的功能。

15.3 網路行銷與定價

不論是傳統行銷模式，或是新的網路行銷經營模式，所有的商品，只要生產愈多，其生產成本會逐漸下降，在網路行銷中，這部分更是明顯。採購過程中造成成本增加的原因，通常是資訊不對稱及交易成本的關係，藉由網際網路可以減少這部分的成本。例如：利用網際網路將採購資訊進行整合和處理，統一訂貨，也可以利用雲端資料庫解決採購管理及庫存管理。

一、網路行銷定價特點

(一) 價格敏感性

網際網路免費及開放的特性，比價網站的流行，都使得網路上產品的價格透明，也更為敏感。也因其價格透明，以致其產品定價較傳統通路更為低廉。前面已經說明網際網路可以從很多方面幫助企業降低成本費用，所以企業有更大的降價空間，以滿足顧客的需求。如果是以品質為主，而定價較高，或者降價空間有限的產品，網路也許並非良好通路，如果是工業產品、高科技產品、體驗產品等，而網路消費者對產品的價格不太敏感，此時不一定要擔心網路價格敏感度的問題。

(二) 顧客主導性

所謂顧客主導性的定價，指顧客以最小代價或自己訂定之價格，購買滿意的產品或服務。可以達成這樣的目標，原因在於網際網路的客製化生產及拍賣市場的流行。客製化的基本概念即是運用資訊科技，以大量生產的成本，生產個人化的產品，以達成顧客的需求，而大量客製化是大量生產個人高變異性的產品。資訊系統及網際網路所構建的彈性和快速回應系統，使得客製化、多樣化得以成形，以滿足不同顧客需求。在網路行銷的購物系統中，多數都已經實現大量客製化之精神。一般消費者可上網設定選購特定規格的商品，這些商品規格和需求量，透過網際網路及時傳輸至通路商之資訊系統中，供應商將待生產商品之相關資訊，傳輸到供應之工廠，由工廠的資訊系統進行生產。

「拍賣」是傳統的商業交易模式，也是消費者能主導價格的經典範例，在現實生活中仍到處存在拍賣。至於網路拍賣則是結合傳統拍賣和網際網路產生的商業模式。除了傳統拍賣的特色，網路拍賣還加上了無空間與時間的限制、資訊的傳遞快速、商品的選擇性提高、價格自由訂定等（圖15.2）特性。而價格自由訂定這一點，就成了顧客主導定價的雙贏策略，既能更好滿足顧客的需求，同時供應商的收益又不受到影響。

(三) 全球共通性

網路行銷面對的是全球化的開放性市場，消費者可以在世界各地藉由網站進行購買，與過去受地理位置限制的區域市場而言，不可同日而語，也使得網路行

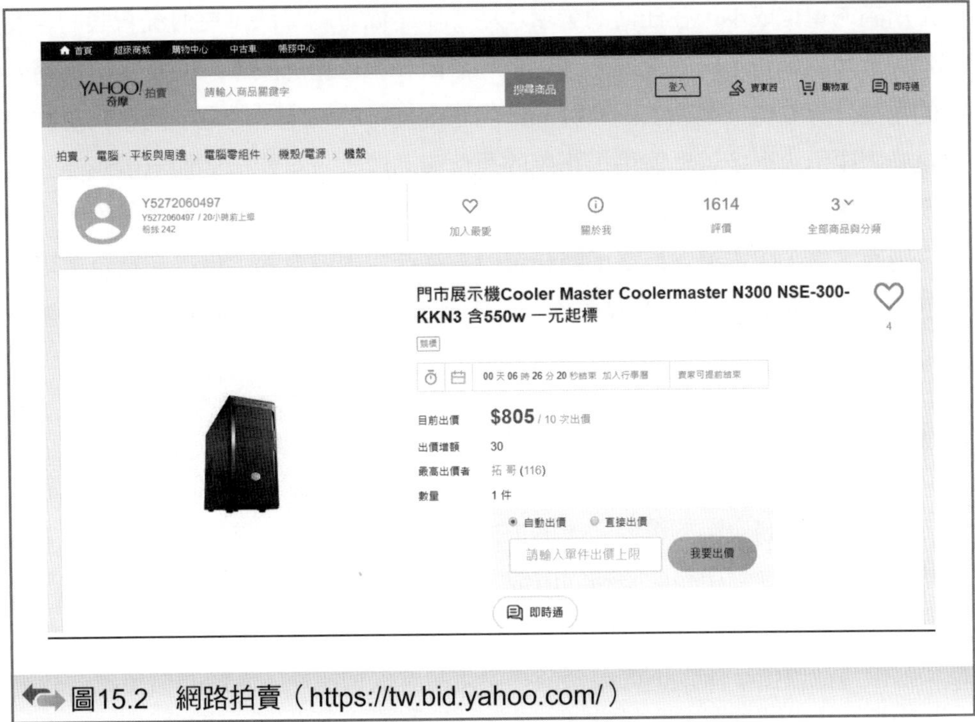

圖15.2　網路拍賣（https://tw.bid.yahoo.com/）

銷之產品定價，必須考慮不同目標市場變化的影響。如果產品的來源地和銷售目的地屬於傳統通路，則採用原來的定價方式，但如果產品的來源地和銷售目的地與原來的傳統市場通路差距大，定價時就必須考慮地理位置差異帶來的影響。

二、網路行銷定價模式

不論在傳統通路或是電子商務通路，價格永遠是消費者最在乎的議題，但傳統通路中價格的透明度較難掌握。無論是採用App、一般PC瀏覽器，或是社交媒體等，消費者永遠在他們認為便宜的地方消費。以下是一些網路行銷定價的策略。

(一) 成本導向定價（Cost-Based Pricing）

最基本的定價方式就是成本定價法，這種定價方法就是單純的以產品組合中每個產品的單位產品成本，然後提出定價，設定目標利潤率，讓顧客感受到其價值，聽起來似乎很簡單（圖15.3）。即使如此，也有很多電子商務公司未能應用這個基本策略，並完全忽略其單位成本和產品價格之間的平衡。其中主要原因應該是所謂的單位成本，在任何商業環境中都不是簡單的算法，更何況新興的電商模式，牽涉到公司不同的營運方式。換句話說，單位產品成本不僅是電子商務公司的單位計算基礎，還須加上該產品為供應商支付的成本。以電子商務為主的營運企業需要承擔很多管理費用，正確的單位產品成本，可能需要加上供應商的產品單位成本為間接運營成本。

總而言之，成本導向型電子商務定價方法存在兩種風險：電子商務企業可能會低估其產品價值，或者根據成本計算和利潤目標計算成本，但完全失去競爭力。

(二) 價值導向定價（Value-based pricing）

與成本導向定價法完全相反的方式，則是以客戶感受到價值為中心的定價法，也是電子商務企業的重要考慮的方式之一（圖15.4）。價值導向定價法主要根據消費者所感受到產品或服務的價值，然後才考慮成本及產品本身。電子商務企業應該思考本公司的獨特之處，是要提供獨特的價值滿足客戶？是否能以合適價格提供這個價值？所以，如果企業提供產品具備獨特性，處於高價值導向時，較高的利潤率、強調與產品相關的其他元素、較弱的定價說明以及較多的顧客溝通是正確的作法。因為這一類的消費者通常購買感性產品，而非理性產品。但如果公司所販售的是一般零售產品，或是所謂家用產品，很容易在其他場合找到的商品時，價值導向的定價就不是一種好的訂價方式。

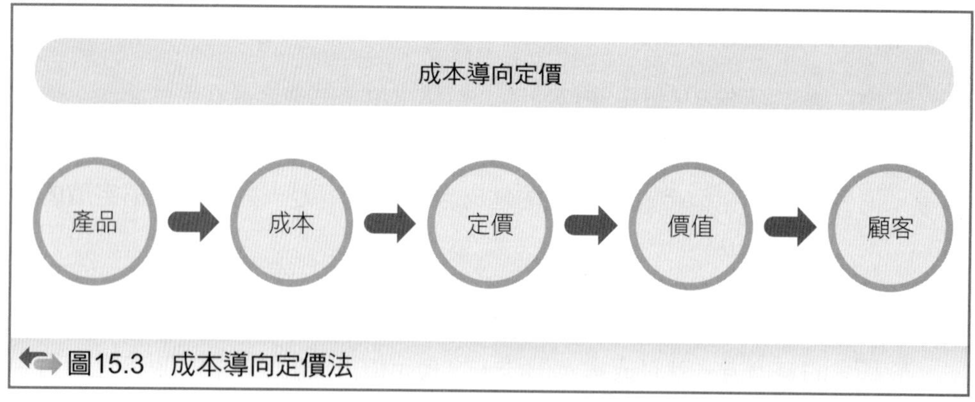

圖15.3　成本導向定價法

(三) 市場導向定價（Market-Based Pricing）

與任何行業或任何公司一樣，電子商務公司需要在市場上與對手競爭，而在電商市場上的競爭更是激烈且直接。因此，產品定價以自己的成本為主要考量，卻忽略市場競爭，將無法存活。以市場為導向的定價策略並不一定需要降低線上價格，或降到連利潤都消失。反而應隨時監控市場上其他競爭對手的定價，隨時評估，保持彈性

(四) 消費者導向定價（Consumer-Based Pricing）

以客戶為中心的定價法，也是電子商務企業的重要考量方式之一。為了提供消費者可以接受的價格，電子商務企業應該思考公司的獨特之處？若提供獨特的價值滿足客戶，是否能以合適價格提供這個價值？如果公司提供的產品具備獨特性，處於高價值導向時，較高的利潤率、強調與產品相關的其他元素、較弱的定價說明以及較多的顧客溝通，則是正確的做法。因為這類消費者買的是感性產品而非理性產品。但如果公司所販售的是一般零售產品，或是所謂家用產品，很容易在其他地方找到時，消費者導向定價就不是一種好的定價方式。

(五) 每日低價定價（Everyday-Low-Pricing）

這是剛起步的電商業者最常採用的策略，特別是沒有獨特的產品時，採用低價策略聽起來肯定誘人。雖然零售商盡量保持商品低價，儘管有些商品價格也許不是市場上最低的，但給顧客的印象是所有商品價格均比較低廉。每日低價定價容易抓住顧客的消費心理，網路消費族群有些只在降價時才購買商品，成功運用每日低價策略，會使對手從殘酷的價格戰中撤出，一旦消費者習慣了某些特定網站的價格相對較低，他們就會更經常性的購買。其次，藉由低價策略，也可以減

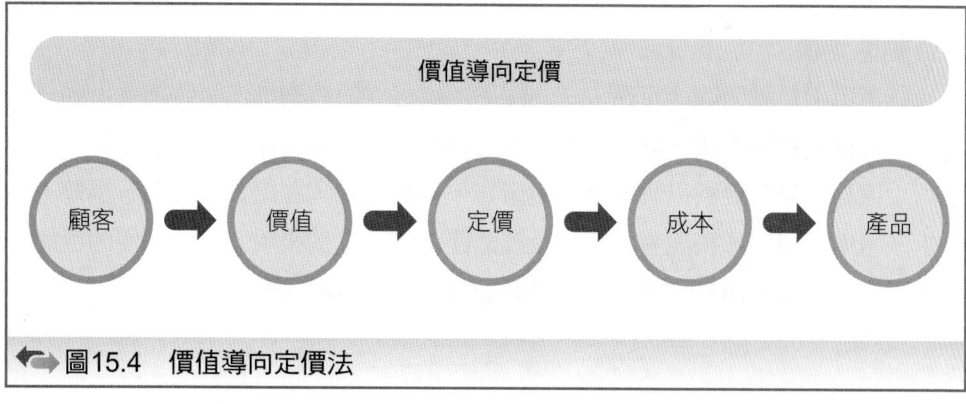

圖15.4　價值導向定價法

少廣告。每日低價策略的穩定價格會減少例行性的廣告支出，使獲利增加。

(六) 虧損領導定價（Loss Leader Pricing）

虧損領導定價是供應商以無利可圖的價格，提供的產品或服務，但其主要目的是為了吸引消費者購買其他產品和服務。就市場的新進入者，虧損領導定價是一種常見做法。適當的執行，虧損領導定價會是一個成功的策略。傳統通路中的「一元拍賣」，就是標準的虧損領導定價模式。特定商品以一元標價，吸引顧客上門，看起來是賣得愈多、賠得愈多。採用虧損領導定價模式可活絡商場氣氛，提高客流量，帶動銷售額。以網路行銷中最常採用的一元起標來說，最終消費者是否可以用一元帶回家，則很難說，但如果可以提高客流量，就算是達到效果。

(七) 專屬產品定價（Captive Pricing）

係指核心產品較便宜，但補充產品相對較高的價格策略，即消費者如果想繼續使用該產品，則必須購買高價位的補充包。即使在電子郵件、LINE、FB等社群媒體充斥的年代，消費者仍然需要印表機，這是專屬產品定價的標準個案，消費者可以用合理的價格購買一臺很好的印表機，但這些著名的印表機廠商綁著專用的墨水匣，消費者當然可以採用副廠墨水匣，但是當印表機廠商警告消費者，不採用原廠墨水容易導致機器故障時，消費者敢不相信嗎？其次，對於理智且具邏輯的消費者而言，訂定一個特殊的價格，可能會吸引消費者，在科技產品中尤其有效。消費者對價格的預估，通常是將產品零件總和相加而計算出來的，如果訂定一個特殊的價格，像是9,345，而不是9,999時，消費者會覺得這不是一個虛構的數字，而是一堆零件相加的結果。因此，如果網路產品本質上是實用的、科技的、獨家的，例如：電子、技術、工具等產品，就可以考慮這種基於邏輯的定價策略。

(八) 動態定價

其實市場是動態的，定價方式的採用，也可以隨時變動，隨時進入自動駕駛模式。這樣的定價方法，同時考慮成本、目標利潤、市場需求、消費者需求、競爭對手價格，隨時更動以設定靈活的價格。換句話說，在適當的時間，根據不同需求，考慮業務目標和競爭狀態，設置最優價格。舉例來說，設置高價的目的，並非提高銷售量，而是導流，則是電商經常採取的策略之一。

15.4 網路行銷與通路

大多數的產品都不是直接銷售給消費者，而是藉由中間機構（Intermediary）派送至各零售點銷售，這些中間機構被稱為「行銷通路」（Marketing Channel）。中間商或是行銷通路存在的實質助益，包括創造效用、展示銷售、掌握資訊及調節供需等。換句話說，中間商可充分運用其優越的效率，使產品可以遍及各處並接近目標市場，中間商主要扮演了一個撮合供給與需求的重要角色。

至於數位通路，或是電商通路，雖然沒有實際的店面，但存在於網路。而虛擬店面（Virtual Storefront）則是網路商店的入口，也就是網站或網路店面，可以讓消費者進入參觀，進而購買產品與服務的商店。自行經營網站或是網路店家，其實花費的精力與費用不低，藉由網路商城販售，則是另種通路。

一、數位通路的功能

(一) 實體分配功能（物流）

雖然已有很多店家宣稱24小時到貨，但實體物流的功能在數位通路方面仍有極大的改善空間。但單純就數位產品的寄送來說，包括文字、圖形、聲音、影像等數位產品，直接使用數位通路已經普及化。較令人訝異的是，由於頻寬或安全的理由，仍有許多數位化產品傳送速度很慢，須透過實體通路來配送，這是在未來5G普及後，可以改善之處。

(二) 促銷推廣功能（商流）

數位通路的促銷功能比傳統通路來得更為簡單。利用Banner或Interstitials就可以將促銷訊息發送給消費者，消費者在接收到促銷訊息後，可以利用網路直接訂購。比起傳統通路，數位通路會減少人力、加速流程。

(三) 資金融通功能（金流）

網際網路之資金融通功能，也因電子支付的普及而愈來愈完備，理想的電子支付系統應該包含成熟之安全技術、可支援多種交易類別、具隱私性、匿名性、可攜性及可分割性。

(四) 資訊情報功能（資訊流）

網際網路中的資訊擷取是一件省力的工作，現在的問題常是資訊過量，也使得如何擷取有用的情報顯得重要。網路行銷中常有的比價網，像是agoda，就是抓取大量資訊，提供旅遊消費者比較房價資訊，讓消費者更容易做決策。

二、通路選擇考慮

在數位通路的選擇上，物流永遠是重要之考慮，也就是考量商品的特性後，需要權衡商品的遞送方式。一般而言，商品可分為數位商品與實體商品。數位商品可以直接於網路上傳輸，而實體商品須以傳統物流方式運送。

(一) 數位商品線上遞送

當消費者線上訂購後，供應商利用網際網路，直接將商品傳送給消費者，消費者則可能採取電子付款或是貨到付款的方式來付費。如果消費者在收到線上遞送的商品後要求退貨，其退貨方式當然只是將檔案再回傳給商家，並將自己電腦中的數位商品檔案銷毀即可。只不過在實際運作上，如何保證購買人一定會銷毀該商品是一個難題。

(二) 數位商品實體遞送

儘管數位商品採用線上配送應該是最合理，也最省事的方法，但是安全、頻寬等因素，也可能迫使企業採用傳統的配送方式。例如：報稅資料可線上傳輸，但如果加上安全因素，有很多納稅人還是採取現場領取資料的方式。

(三) 實體商品實體遞送

這是傳統的配送方式，消費者透過網際網路在廠商的網站上下單，藉由物流系統將商品運至消費者處的方式。

不論選擇哪一種通路，在網際網路通路中，顧客關係的建立，包括對供應商、夥伴及客戶間的關係，都是極為重要的。舉凡在網際網路上與顧客關係的密切程度、是否能由接觸而成為長期客戶等，都會被企業用來衡量一個網站的市場價值。

行銷通路是消費者獲得產品或服務的途徑，在此過程中若能快速且順利，可以提高消費者對供應商的認同，所以行銷人員往往非常重視途徑，期望能建立可接近性、便利的配銷通路服務。網路行銷通路是一種虛擬行銷通路，也是傳統行銷通路的一大改革，目前更有所謂電子商務的體驗行銷，如何將傳統實體通路的體驗用於顧客，是一個新的挑戰。

15.5 網路行銷與廣告

在網際網路上的廣告，又被稱為線上廣告，指的是在網路上將促銷訊息傳送給消費者，除了以電腦網路為媒介的廣告行為外，還包括其他所有以電子裝置相互連接而成的網路為媒介的廣告行為，例如：電話網路等。

網路廣告就是在網路上做的廣告，與傳統的四大傳播媒體，例如：報紙、雜誌、電視、廣播等不同，線上廣告近來備受青睞，具有得天獨厚的優勢，是現代行銷媒體重要一部分。網路廣告與傳統廣告有很多類似的地方，也分為很多不同廣告形式，計費方式也很多元化。

網站廣告的形式非常多，而且隨著網站技術的日益精進，不斷有各種網站廣告被發展出來。常見的網站廣告，包括橫幅廣告、按鈕廣告、文字廣告、浮水印廣告、彈出式視窗廣告、影音廣告、插播式廣告等。

- 橫幅式廣告（Banner）：通常橫向出現在網頁中，有各種不同尺寸，是網路廣告比較早出現的一種形式，以往以jpg或者gif格式為主。
- 彈出式廣告（Pop-up Ads）：利用圖形用戶介面（GUI）彈出顯示區域的一個小窗口，在可視螢幕中突然出現「彈出」，用戶在進入網頁時，會自動開啟一個新的瀏覽器視窗，吸引讀者直接到相關網址瀏覽，從而收到宣傳之效。
- 按鈕式廣告（Button）：其之所以被稱為按鈕，主要原因是這種按鈕廣告排成一排時，確實很像是一排按鈕。按鈕廣告雖與橫幅廣告相同，也是以圖形方框的方式存在，但橫幅廣告因為橫跨的面積較大，每個網頁大約只能刊登1個橫幅廣告，而按鈕廣告橫跨的面積較小，因此1個網頁中往往可以同時存在多個按鈕圖案。
- 插播式廣告（Interstitial Ads）：又稱為過渡頁廣告，所運用的是類似於電視廣告、廣播廣告的運作原理，在網站使用者點選某一功能時，利用節目插播的觀念，先插播1則廣告，再把要呈現的訊息展現出來。插播式廣告有不同的出現方式，有的出現在瀏覽器主視窗，有的新開一個小視窗，有的可以創建多個廣告，也有一些是尺寸比較小的、可以快速下載內容的廣告。無論採用哪種顯示形式，插播式廣告的效果往往比一般Banner效果好。

- 浮水印廣告（Floating）：是一種浮動的圖形廣告，利用網頁技術讓瀏覽器的某一個位置出現該圖形廣告。最為常見的是，在瀏覽器視窗右方捲軸的固定位置中出現相同圖形，無論捲軸怎麼捲，該廣告都會停留在螢幕上的固定位置。這種廣告很容易吸引使用者的目光，因為使用者在點選捲軸時，一定會看到該圖形。由於捲軸旁邊的浮水印廣告容易讓使用者分心，干擾到使用者，因此許多網站並不願出售這種捲軸旁的浮水印廣告，以免影響到網站的形象。但其實要避免太過干擾使用者，除了完全不使用浮水印廣告外，還有一種變通方法，就是把浮水印改到螢幕的左方，這種方式雖然會降低吸引使用者的注意力，但至少能避免負面的印象。一般來說，一個網頁通常只能有一個浮水印廣告，而且浮水印廣告可能會干擾使用者的使用，因此浮水印廣告的價格通常所費不貲。
- 電子郵件行銷：是一種利用電子郵件傳遞商業訊息的形式。傳送電子郵件的目的，在於強化商家與其現行消費者或舊有顧客的關係，並加強客戶忠誠度。

除了上述網路廣告之外，現在的網路行銷方式相對多元化，線上廣告並非單純指一般的硬式銷售（Hard Sell）或直接銷售，更有很多軟式銷售或間接銷售方式，比如口碑行銷、關鍵字操作、Blog行銷、社群行銷等，藉由消費者之間的直接溝通，更能產生效果。

國家圖書館出版品預行編目(CIP)資料

資訊系統概論：理論與實務/方文昌著. --二版. --臺北市：五南圖書出版股份有限公司, 2022.11
面； 公分
ISBN 978-626-343-479-0(平裝)
1.CST: 管理資訊系統
494.8 111016985

1FPB

資訊系統概論：理論與實務

作　　者 — 方文昌
發 行 人 — 楊榮川
總 經 理 — 楊士清
總 編 輯 — 楊秀麗
主　　編 — 侯家嵐
責任編輯 — 吳瑀芳
文字校對 — 鐘秀雲
封面設計 — 姚孝慈
出 版 者 — 五南圖書出版股份有限公司
地　　址：106台北市大安區和平東路二段339號4樓
電　　話：(02)2705-5066　傳　　真：(02)2706-6100
網　　址：https://www.wunan.com.tw
電子郵件：wunan@wunan.com.tw
劃撥帳號：01068953
戶　　名：五南圖書出版股份有限公司
法律顧問　林勝安律師事務所　林勝安律師
出版日期　2019年12月初版一刷
　　　　　2021年9月初版二刷
　　　　　2022年11月二版一刷
定　　價　新臺幣450元

經典永恆・名著常在

五十週年的獻禮——經典名著文庫

五南，五十年了，半個世紀，人生旅程的一大半，走過來了。
思索著，邁向百年的未來歷程，能為知識界、文化學術界作些什麼？
在速食文化的生態下，有什麼值得讓人雋永品味的？

歷代經典・當今名著，經過時間的洗禮，千錘百鍊，流傳至今，光芒耀人；
不僅使我們能領悟前人的智慧，同時也增深加廣我們思考的深度與視野。
我們決心投入巨資，有計畫的系統梳選，成立「經典名著文庫」，
希望收入古今中外思想性的、充滿睿智與獨見的經典、名著。
這是一項理想性的、永續性的巨大出版工程。
不在意讀者的眾寡，只考慮它的學術價值，力求完整展現先哲思想的軌跡；
為知識界開啟一片智慧之窗，營造一座百花綻放的世界文明公園，
任君遨遊、取菁吸蜜、嘉惠學子！